Biología 1

SECUNDARIA

Transformaciones de la materia y la energía en los seres vivos.

El ecosistema como unidad de estudio.

Transformaciones de la materia y la energía en los ecosistemas.

María Victoria Bisheimer
Virginia Chirino
Miriam Feresin
Silvia Ana Fernández
Vanina Ferretti
Guillermo Enrique Soave

nueva edición

doceOrcasediciones

Biología 1

SECUNDARIA

Transformaciones de la materia y la energía en los seres vivos.

El ecosistema como unidad de estudio.

Transformaciones de la materia y la energía en los ecosistemas.

nueva edición

doceOrcasediciones

Dirección editorial
Eduardo M. Fernández
Miriam Feresin

Edición
Silvia Ana Fernández
Laura Peña

Diseño y diagramación
Marcelo Scaravaglione

Fotografía
Alejandro Alem, Hugo M. Álvarez, Lautaro Colace, Daniel O. Forcelli, Eduardo M. Fernández, José Laguna, Darío Podestá, Daniel M. Quaini, archivo Doceorcas

Ilustración
María del C. Fernández

Corrección
Quatro vías, soluciones editoriales

Biología 1: Transformaciones de la materia en los seres vivos. El ecosistema como unidad de estudio. Transformaciones de la materia y de la energía en los ecosistemas / Miriam Feresin ... [et.al.]. - 2a ed. - Buenos Aires : Doceorcas ediciones, 2008.

192 p. ; 28x20 cm.

ISBN 978-987-20604-8-0

1. Biología. 2. Enseñanza Media. I. Feresin, Miriam
CDD 570.071 2

La presente publicación se ajusta a la cartografía oficial establecida por el PEN a través del IGM por ley 22.963 y aprobada por expediente GG2 2299/5.

Moldes 2089 PB A (CP 1428)
Ciudad Autónoma de Buenos Aires, Argentina
Correo electrónico: doceorcas@fibertel.com.ar
Página web: www.doceorcasediciones.com.ar
Queda hecho el depósito que dispone la ley 11.723

Primera edición: enero de 2003
Segunda edición: diciembre de 2008

Acerca de la nueva edición

Transcurridos ya casi siete años desde la primera edición de **Biología 1**, esta **segunda edición** retoma los contenidos iniciales y los recrea a la luz de los cambios y las novedades ocurridos en las ciencias biológicas en los últimos años.

Con fines didácticos y con la intención de hacer más ameno el proceso del aprendizaje, hemos incorporado en esta segunda edición fotografías e ilustraciones en color. Creemos que este cambio ayudará a una mejor apreciación de la belleza de nuestras riquezas naturales y también contribuirá a percibir con más claridad ciertos aspectos enunciados.

Incorporamos, además, información producida recientemente, como la creación de nuevos parques nacionales y la nueva clasificación de los ambientes naturales de la Argentina en ecorregiones.

Los contenidos de **Biología 1 nueva edición** están agrupados en tres grandes bloques temáticos:

1. Transformaciones de la materia y la energía en los seres vivos.

2. El ecosistema como unidad de estudio.

3. Transformaciones de la materia y la energía en los ecosistemas.

Acerca de los capítulos

El **copete** y las **imágenes** de la primera página sirven de introducción al tema.

En el texto principal se desarrollan los contenidos del capítulo.

Las plaquetas "**Enciclopedia**" aportan información complementaria.

Las páginas de "**Actividades**" presentan propuestas variadas, como grillas, análisis de gráficos, estudio de mapas, etcétera.

Las páginas denominadas "**Taller**" proponen actividades especiales que apuntan a la puesta en práctica del conocimiento. Consisten en: salidas de campo, construcción de instrumentos meteorológicos, realización de censos, etcétera.

Las páginas de "**Experiencias**" desarrollan actividades dirigidas al aprendizaje de técnicas de laboratorio, métodos de investigación, realización de experimentos científicos, etcétera.

Las preguntas propuestas en la "**Autoevaluación**" permiten comprobar y analizar los conocimientos adquiridos, y corregir los conceptos erróneos. Las **respuestas** a la "Autoevaluación" se encuentran en las páginas finales del libro.

Índice temático

Transformaciones de la materia y la energía en los seres vivos

Transformaciones de la materia y la energía en los ecosistemas

1 La biología y el conocimiento científico

En el siglo XVII, el médico belga J. B. van Helmont escribió una fantástica receta para "fabricar" ratones, en tan sólo 21 días, a partir de una camisa sucia y un poco de trigo. En ese tiempo, muchos hombres de ciencia apoyaban la llamada teoría de la generación espontánea, que sostenía que los seres vivos surgían a partir de sustancias inanimadas. Experimentos científicos posteriores, en especial los realizados por Pasteur, dieron por tierra con esta teoría y abrieron el camino a nuevos descubrimientos.

Charles Darwin (1809-1882), autor de la teoría de la evolución de las especies.

Museo de Ciencias Naturales de la Plata.

Cráneo de *Tyrannosaurus rex* en el Museo Argentino de Ciencias Naturales "Bernardino Rivadavia".

Hasta las investigaciones de Pasteur, la mayoría de los científicos sostenían que la vida se generaba espontáneamente.

Las ciencias biológicas

Desde la Antigüedad el hombre se interesó por el estudio de los seres vivos. El filósofo griego Aristóteles (384 – 322 a.C.) describió centenares de especies y realizó una de las primeras clasificaciones de "la naturaleza" dividiéndola en tres reinos: animal, vegetal y mineral.

A través de los siglos, numerosos científicos aportaron estudios e investigaciones que enriquecieron gradualmente el conocimiento científico.

*La **biología** es la ciencia que estudia los seres vivos y todo lo concerniente a las características, propiedades y procesos relacionados con la vida.*

Entre las ciencias biológicas se pueden diferenciar varias ramas, como la **zoología**, que se ocupa de los animales; la **botánica**, de los vegetales; la **ecología**, de las interrelaciones entre los seres vivos y el ambiente, etc. No obstante estas divisiones, el estudio de la biología es fundamentalmente interdisciplinario, ya que recurre a otras ciencias como la química, la matemática y la física para ampliar sus conocimientos. Los avances de la biología colaboran de manera fundamental con otras disciplinas científicas como la genética y la medicina. Muchos descubrimientos y teorías de la biología han producido verdaderas revoluciones en el pensamiento científico y cultural de la humanidad, como ocurre con la teoría de la evolución de Charles Darwin, la teoría genética de Mendel y el nacimiento de la biología molecular a partir del descubrimiento del ADN.

La teoría de la evolución

En el siglo XIX, el término biología comenzó a popularizarse gracias al naturalista francés Jean B. Lamarck (1744-1829).

Lamarck fue el primer científico que comenzó a hablar de **evolución**. Observó que en las antiguas rocas existían restos de organismos que vivieron en otros tiempos. Postuló que los organismos actuales se habían originado por transformación de organismos primitivos más simples, y sostuvo que los **órganos** de los animales se fortalecían o debilitaban **según el uso** que el animal les daba. Por ejemplo, el cuello de las jirafas se iba alargando debido a que estos animales estiraban sus cuellos para alcanzar las ramas altas de los árboles. Esta característica, el cuello largo, era transmitida de padres a hijos.

Lamarck también postulaba la existencia de una voluntad o **fuerza vital** universal que impulsaba a todos los organismos a evolucionar hacia formas más complejas.

Sin embargo, fueron los postulados de la **teoría de la evolución** del naturalista inglés Charles Darwin (1809-1882) los que produjeron una verdadera revolución en el pensamiento científico y cultural de ese entonces y que perduran con más o menos modificaciones hasta la actualidad.

Las ideas centrales de la teoría de la evolución de Darwin son las siguientes:

1. En la naturaleza **nacen más individuos de los que pueden sobrevivir**.
2. Los organismos no son todos iguales, presentan **variaciones**, por ejemplo, algunas plantas de una misma especie tienen hojas más grandes que otras, algunos insectos nacen con un par de alas más que otros insectos de la misma especie, etcétera.
3. Estas variaciones son producidas al **azar**, es decir, no son producto de una fuerza vital, sino fortuitas.
4. Como no todos los organismos logran sobrevivir, es el ambiente el que **selecciona** a los que vivirán, aquellos que presenten las variaciones que mejor se ajusten a las exigencias del medio. Al igual que la selección que practican los criadores de animales o los que cultivan plantas, el ambiente selecciona los organismos que presentan variaciones favorables. Este proceso se denomina **selección natural**.

Charles Darwin publicó su teoría el 24 de noviembre de 1859, en su célebre obra *El origen de las especies*, casi veinte años después de comenzar a elaborarla.

Otro científico que revolucionó el pensamiento de la biología fue el monje agustino Gregorio Mendel (1822-1884) que con sus aportes dio origen a una de las ramas más importantes de la biología, la **genética**. Luego de infatigables observaciones y experimentos realizados con plantas, descubrió la forma en que se transmiten las características de padres a hijos, enunciando así las **leyes de la genética**. Explicó la transmisión de **caracteres dominantes** y **recesivos** sin que todavía se conocieran los cromosomas y las mutaciones.

enciclopedia

Darwin comenzó a elaborar su teoría de la evolución durante su travesía a bordo del "Beagle", un buque que zarpó de Inglaterra en 1831 al mando del capitán Fitz Roy y retornó en 1836, después de recorrer las costas de América del Sur. Durante su estadía en las islas Galápagos, Darwin tuvo oportunidad de estudiar los pinzones. Estas aves presentaban diferencias en sus picos como producto de la adaptación a los distintos tipos de alimentos disponibles en las islas. También llamaron su atención diferentes especies de tortugas e iguanas.

Iguana de Galápagos.

Louis Pasteur.

Los estudios de Pasteur

Louis Pasteur (1822-1895) fue un importante científico que con sus rigurosas investigaciones puso fin a la **teoría de la generación espontánea**, del siglo XVII. Actualmente sabemos que todo organismo vivo proviene de otro organismo vivo preexistente. Sus descubrimientos tuvieron numerosas aplicaciones en favor del bienestar de las personas. Pasteur sostenía que *los responsables de las enfermedades infecto-contagiosas eran los microorganismos, como los gérmenes y las bacterias*. Identificó muchos de ellos como el germen del forúnculo, el estreptococo de las infecciones puerperales, el origen del carbunco, del cual fue uno de los responsables del desarrollo de su vacuna. En 1885 descubrió la **vacuna contra la rabia**. Este hecho lo consagró como uno de los más importantes científicos de la historia.

La unidad que adquiere la biología con la teoría de la evolución de las especies y los conocimientos aportados por la genética a partir de Mendel se completa con el nacimiento de la **biología molecular** en el año 1953, cuando los científicos James D. Watson y Francis H. C. Crick revelan la estructura de doble hélice de la cadena de ADN, o ácido desoxirribonucleico, responsable de la **transmisión de la herencia**.

J. Watson y F. Crick mostrando una maqueta de la molécula de ADN.

enciclopedia

En nuestro país la introducción de especies exóticas, es decir, especies oriundas de otras regiones y ecosistemas, tanto de origen vegetal o animal, ha causado graves daños a las especies y ecosistemas autóctonos. Muchas veces ocurre que animales o plantas exóticos, traídos del exterior para ser mantenidos y criados en cautiverio, se escapan accidentalmente e invaden ecosistemas naturales. Los ecólogos evalúan el impacto que un accidente de este tipo podría causar al ambiente natural antes de autorizar el ingreso de estas especies. La ecología de esta manera brinda herramientas para la continuidad y armonía de las especies. Es hacia fines del siglo pasado que el hombre comienza a tener más conciencia del cuidado de la naturaleza y de los recursos no renovables gracias a la repercusión de numerosos estudios e investigaciones científicas.

La ecología

Seguramente todos habrán escuchado alguna vez hablar sobre temas de **ecología** en la radio o en la televisión. Por lo general, se la vincula con la conservación de la naturaleza y el cuidado del ambiente. Pero ¿qué es la ecología y cuáles son sus alcances?

La ecología es la rama de la biología que estudia las relaciones de los seres vivos entre sí y entre éstos y el ambiente que los rodea. El ambiente está representado por todo lo externo al organismo, ya sean los factores fisicoquímicos, como el suelo, las rocas, la temperatura, el agua, la luz, etc., y los otros seres vivos. Los factores fisicoquímicos, también llamados **factores abióticos** y los organismos vivos, o **factores bióticos**, relacionados entre sí constituyen un ecosistema. *La ecología se ocupa del estudio de los ecosistemas*.

Entre los temas de estudio de la ecología se encuentran: el indagarse acerca de por qué una población aumenta o disminuye de tamaño, las consecuencias que pueden tener estos cambios para la comunidad, la distribución de las poblaciones, el efecto de las inundaciones sobre los ecosistemas, los cambios climáticos, los derrames de sustancias químicas, la construcción de caminos, las radicaciones de industrias, el crecimiento de ciudades, etcétera.

Los conocimientos de la ecología se utilizan para analizar y predecir lo que puede ocurrir en un determinado ecosistema cuando se introduce un cambio. Los grandes avances tecnológicos muchas veces arrasan en poco tiempo con lo que la naturaleza ha tardado millones de años en crear.

La ciencia

Para el físico y epistemólogo argentino Mario A. Bunge (1919), la ciencia es un creciente cuerpo de ideas "que puede caracterizarse como conocimiento racional, sistemático, exacto, verificable y por consiguiente falible".

La **ciencia** constituye un conjunto de conocimientos que intenta dar explicaciones y fundamento a los fenómenos que rigen la realidad. Busca tener un dominio de las cosas a partir de conocer sus causas y principios.

La ciencia busca realizar descripciones exactas o lo más precisas posible de las cosas o fenómenos, mediante explicaciones claras, comprensibles y coherentes.

Muchas investigaciones científicas comienzan a partir de la observación de un fenómeno natural durante una salida de campo.

Según el objeto de estudio, las ciencias se clasifican en:

Fácticas: son las relacionadas con los hechos observables y con la experiencia. El objetivo de estas ciencias es describir, explicar y predecir los fenómenos de la realidad. Sus conocimientos deben ser verificados por medio de la experimentación. Podemos dividir las ciencias fácticas en dos grandes grupos: las **ciencias naturales** y las **ciencias sociales**. Algunas de las ciencias naturales son la física, la química, la geología y la biología, entre las ciencias sociales encontramos la psicología, la sociología, la historia, la economía, etcétera.

Formales: son las relacionadas con sistemas abstractos y lógicos de pensamiento. El objetivo de estas ciencias es desarrollar conceptos abstractos. Sus conocimientos se verifican mediante deducciones lógicas. Entre las ciencias formales se encuentran la matemática y la lógica.

El conocimiento científico

Para que un conocimiento quede enmarcado dentro del campo de las ciencias, es necesario que sea el producto de la aplicación de un método racional, objetivo y comprobable. Los conocimientos científicos deben tener carácter **universal**, esto significa que se debe arribar a una misma conclusión cada vez que se repiten las condiciones y los pasos con que se llegó a la primera, es decir, el resultado debe ser el mismo. Como correlato, si se respetan los pasos, se puede predecir la consecuencia. Cuando un científico realiza una investigación nueva, toma los conocimientos científicos preexistentes, recopila información y a partir de allí encamina su trabajo, por esto, los conocimientos científicos se consideran **acumulativos** y **progresivos**.

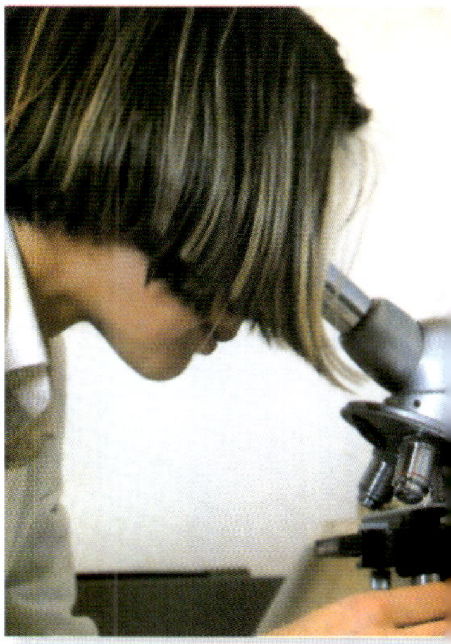

El conocimiento científico es acumulativo y progresivo.

Alexander Fleming (1881-1955), descubridor de la penicilina.

Aplicaciones del conocimiento científico

El avance de la ciencia trae aparejado innumerables beneficios para la calidad de vida de las personas. Por ejemplo, en el campo de la salud, el descubrimiento de una nueva vacuna permite que miles de personas estén protegidas contra una enfermedad. Muchos trabajos científicos son la respuesta a algún problema que atañe a la comunidad, por ejemplo, las investigaciones relacionadas con el virus del sida. Desde el descubrimiento del virus, hace aproximadamente veintisiete años, han avanzado las investigaciones para controlarlo mediante la utilización de fármacos. Mientras tanto, continúa la búsqueda de una posible vacuna para la erradicación de este mal.

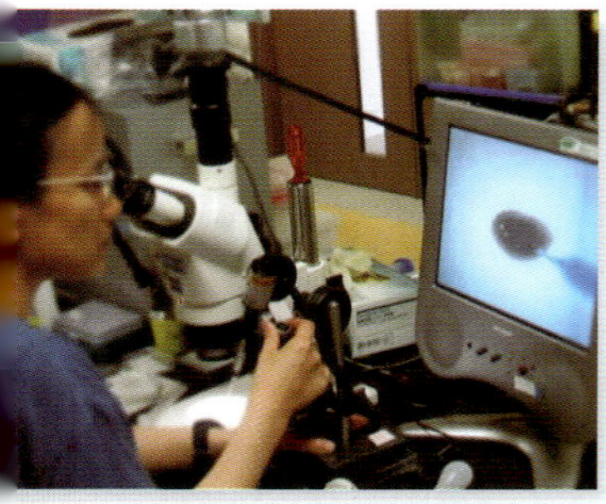

El trabajo de los científicos debe ser metódico y riguroso.

El método científico

La herramienta de trabajo de los científicos es el **método científico**, basado en un proceso de razonamiento sistemático y ordenado.

Este **método** consta de una serie de pasos:

1. **Observación:** la observación de la realidad nos lleva a descubrir fenómenos sobre los cuales queremos encontrar una explicación.
   En esta etapa podemos valernos de la observación directa del fenómeno que deseamos estudiar o utilizar ciertos instrumentos como un microscopio, lupa, etc. Es fundamental que la observación sea ordenada, precisa y que la descripción sea minuciosa, ya que aportará datos que después podrán ser explicados o que serán importantes para el planteo del problema. En este paso es muy importante la búsqueda de información.
2. **Planteo del problema:** en este paso se plantea el problema, por ejemplo, ¿por qué las plantas necesitan luz y agua para vivir? o ¿cuál es el estímulo que hace que una rana se lance a capturar un insecto?
3. **Formulación de hipótesis:** en este paso se postulan las explicaciones al problema planteado en la etapa anterior mediante la formulación de hipótesis. Por ejemplo, el estímulo principal para que una rana capture a su presa es el movimiento de la presa. De la hipótesis principal se deducen **consecuencias observacionales** que son las que se **contrastan** mediante la experimentación. De este modo se corrobora o se rechaza la validez de la hipótesis.
4. **Experimentación:** es la puesta a prueba de las **consecuencias observacionales** que se deducen de las **hipótesis**. En biología, la experimentación se puede realizar, según sea necesario, en condiciones artificiales (laboratorio) o en el campo. En un experimento científico se deben reproducir fidedignamente las condiciones en las que se dan los hechos y características observadas, para respetar lo enunciado en la hipótesis.
   Para la realización de un experimento científico debe tenerse en cuenta:
   - la preparación de los materiales a utilizar;
   - la enumeración de los factores o variables que intervendrán en el experimento;
   - la duración aproximada;
   - el orden a seguir en el experimento, planificando punto por punto su desarrollo;
   - el registro exhaustivo de los pasos y datos que surjan del experimento, tales como duración, medidas, cambios observados, etc. Por ejemplo, si se trata de experimentar alguna reacción de un ser vivo, se tendrán en cuenta las condiciones en que se encuentra el ser vivo, previas al fenómeno a comprobar, las condiciones durante la experimentación y las condiciones que se dan después de la experiencia.
5. **Validación de la hipótesis:** la hipótesis es considerada válida o rechazada, de acuerdo con los resultados obtenidos en la experimentación. Los experimentos deben repetirse un cierto número de veces. De este modo, el conocimiento científico se convierte en una aproximación gradual a la verdad.
   Cuando una hipótesis se comprueba un cierto número de veces, es aceptada como **ley**. Esto es de suma importancia para el avance científico ya que una ley da posibilidad de predecir comportamientos o resultados en las mismas condiciones en que fueron comprobados.

enciclopedia

Al científico italiano Galileo Galilei (1564-1642) se le atribuye la creación del método experimental que inicia la ciencia moderna. Propuso como primer paso del método la **observación** de hechos particulares, para luego formular una hipótesis que, de ser comprobada se convierte en **ley científica**.

Variables

Una **variable** es un factor que influye en el fenómeno que deseamos estudiar y que puede ser valorada cuantitativa o cualitativamente. En biología, la variable es una propiedad con respecto a la cual los individuos difieren de un modo verificable, por ejemplo, la longitud, altura, peso, color de pelo, etcétera.

Las variables biológicas pueden ser clasificadas en: cuantitativas o medibles, y en cualitativas o no medibles.

Las **variables medibles** son aquellas que se expresan en forma numérica ordenada. Pueden ser de dos tipos: continuas y discontinuas.

- Las **variables continuas** son aquellas capaces de tomar infinitos valores entre dos puntos determinados. La longitud, el peso y el área son variables continuas. Entre los 2 cm y los 4 cm puede haber organismos que midan 2,1 cm, 2,14 cm, etcétera.
- Las **variables discontinuas** o **discretas** son aquellas que sólo tienen valores fijos, por ejemplo, 1, 2, 3, 4, etc. El número de brazos de una estrella de mar generalmente es de 5, aunque también hay estrellas de 6, 7, 8 o más brazos. Lo que no puede haber es una estrella con 3,4 brazos. También son variables discretas el número de hijos de una pareja o el número de dientes de los mamíferos.

Las **variables cualitativas** son los atributos, por ejemplo, color de pelo, negro, castaño o rubio; el sexo, macho o hembra; la edad, joven, adulto o anciano, etcétera.

enciclopedia

René Descartes (1596-1650), filósofo y científico francés, aportó al método científico una serie de reglas: de la certeza del análisis, de la síntesis y de la enumeración, que pueden aplicarse a toda experimentación científica y que tienen como o bjetivo poder llegar a la verdad. También son importantes sus aportes desde la matemática, como el ordenamiento de los datos en los ejes de las **x** y de las **y**, que llevan el nombre de su creador "ejes cartesianos".

Variables dependientes e independientes

En una experimentación, los factores que influyen en los hechos a comprobar son considerados variables. En un experimento se buscan relaciones causa efecto entre variables. A la variable que consideramos la causa la denominamos **variable independiente** y a la que consideramos efecto la denominamos **variable dependiente**. Por ejemplo, si estudiamos el efecto de una determinada droga sobre la presión sanguínea de un animal, tomaremos la variable droga como variable independiente y la presión sanguínea como la variable dependiente. Las variables dependientes varían frente a las modificaciones que le impone el experimentador a la variable independiente. Existen modelos que permiten analizar cómo varía una variable en función de otra. Un modelo muy utilizado en biología es el de regresión lineal, que se expresa mediante una función lineal (una función es una relación matemática que nos permite predecir qué valores tomará la variable dependiente **y** ante determinados valores de la variable independiente **x**).

El gráfico de la derecha corresponde a una función lineal.

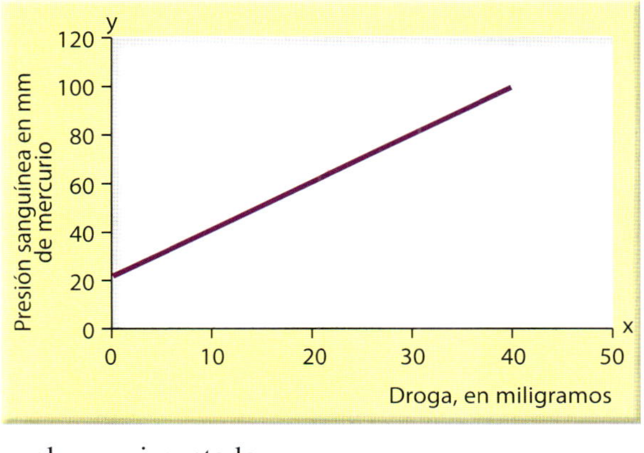

Los valores de las variables dependiente e independiente se vuelcan en el gráfico de ejes cartesianos que consta de dos ejes: el horizontal **x** y el vertical **y**. En el eje horizontal, o de las **abscisas**, se vuelcan los valores de la variable independiente, y en el eje vertical, o de las **ordenadas**, los valores de la variable dependiente. De esta forma se visualizan las dos magnitudes; esto permite establecer relaciones y comparaciones en los datos obtenidos de las experiencias. Al volcar en gráficos o tablas, se visualizarán rápidamente las relaciones y proporciones que hay entre los valores hallados en la experiencia.

Las **variables controladas** son mantenidas constantes por el experimentador para que no interfieran en el experimento. Por ejemplo, al estudiar el efecto de las drogas sobre la presión sanguínea debe controlarse la variable temperatura, cantidad de alimento, etcétera.

Los modelos

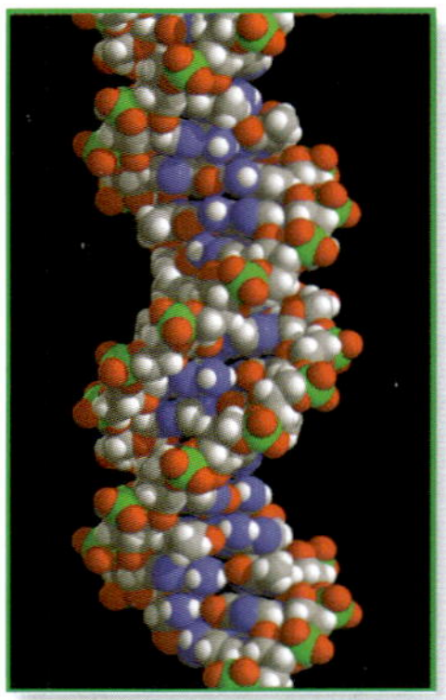

Representación de una biomolécula.

Los científicos, en su búsqueda por comprender y explicar de manera lógica y simple los fenómenos de la realidad, recurren a construcciones y representaciones. A este recurso científico se lo denomina **modelo**.

Un modelo es una representación de un fenómeno o de un sistema.

Los modelos se utilizan tanto en las ciencias fácticas como en las formales.

En biología, los modelos más utilizados son las **simulaciones de sistemas naturales**.

La mayoría de los fenómenos naturales son complejos, los modelos permiten generalizar datos a partir de reducir el fenómeno a sus líneas fundamentales y también, y esto es fundamental, *permiten simular problemas o fenómenos que no son observables, como el modelo atómico*. Los modelos posibilitan el estudio de ciertos fenómenos naturales que de otro modo serían muy difíciles de estudiar, como el modelo depredador-presa en el que se simulan los cambios que ocurren en la población de depredadores y de presas cuando aumenta o disminuye el número de uno u otro. También se utilizan modelos de simulación para estudiar cómo afectaría la desaparición de una determinada especie en un ecosistema o cómo se modificaría el número de animales carnívoros que se alimentan de animales herbívoros, si desapareciera una parte de la vegetación.

Antes de elaborar un modelo es necesario **definir sus objetivos**, por ejemplo: simular el crecimiento de una población.

Una vez definidos los objetivos es necesario **delimitar el sistema o fenómeno** que el modelo va a representar, por ejemplo, el sistema representado podría ser una población de flamencos de un determinado lugar.

El paso siguiente consiste en **establecer las variables del modelo**, por ejemplo, cantidad de alimento disponible para los flamencos, cantidad de depredadores, tasa de natalidad, tasa de mortalidad, etcétera.

En general, los modelos de simulación son volcados a programas de computación. Esto nos permite, por ejemplo, ver en pantalla los cambios que se producen en nuestro sistema cuando ocurren modificaciones, variación de la cantidad de alimento disponible, del número de predadores, etcétera.

Los modelos pueden ser **evaluados**. Una de las formas de evaluarlos es comparando los resultados obtenidos durante la simulación con los resultados reales.

El desarrollo de la ciencia en la Argentina

El desarrollo de la ciencia en la Argentina comenzó a cobrar impulso durante la última mitad del siglo XIX. En el año 1823 se fundó el Museo Público de la Ciudad de Buenos Aires, donde se destacó la labor del médico y paleontólogo Francisco Javier Muñiz (1795-1871). Muñiz fue un destacado médico especialista en enfermedades infecciosas y hoy un hospital de la Ciudad de Buenos Aires lleva su nombre como homenaje.

En 1862 este museo se convirtió en un prestigioso centro de investigación científica gracias a la intervención de Carls G. Burmeister (1807-1892), médico y naturalista alemán. Luego fue reformado a principios del siglo XIX y actualmente lleva el nombre de Museo Argentino de Ciencias Naturales "Bernardino Rivadavia".

Museo Argentino de Ciencias Naturales "Bernardino Rivadavia".

Durante la presidencia de Domingo F. Sarmiento (1811-1888), entre 1868 y 1874 se promovió el desarrollo de la ciencia, que tuvo su correlato en la fundación de la Sociedad Científica Argentina creada por la Universidad de Buenos Aires y de la Academia de Ciencias de la Universidad de Córdoba.

En 1884 se creó el Museo de Ciencias Naturales de la Ciudad de La Plata, dirigido por el prestigioso naturalista Francisco Pascasio Moreno (1852-1919). Este museo albergó importantes descubrimientos paleontológicos, muchos de ellos realizados por el mismo Moreno, que aportó sus hallazgos a la colección del museo. También contó con prestigiosos naturalistas como Florentino Ameghino (1853-1911), que realizó valiosas investigaciones paleontológicas en nuestro país y difundió su teoría que supone el origen del hombre en América.

En los museos de ciencias naturales se realiza una importante tarea de divulgación científica y continuos trabajos de mantenimiento y restauración de los restos fósiles allí conservados.

Bernardo A. Houssay (1887-1971), Premio Nobel de Fisiología y Medicina.

Posteriormente, el desarrollo de las ciencias siguió vinculado a las universidades. En la Universidad de Buenos Aires, en 1919, se creó el Instituto Nacional de Fisiología de la Facultad de Medicina, fundado y dirigido por Bernardo Houssay (1887-1971), Premio Nobel de Fisiología y Medicina, por sus investigaciones científicas sobre el metabolismo hidrocarbonado y la patogenia de la diabetes.

Importantes entidades privadas, como fundaciones y asociaciones, propician el trabajo científico. Un ejemplo de esto es la Fundación Campomar, que a partir de 1947 auspició un centro de estudios bioquímicos en el que trabajó el doctor Luis Federico Leloir (1906-1987), galardonado con el Premio Nobel de Química en 1970 por sus estudios sobre el metabolismo de los hidratos de carbono.

En la década del 50, el Estado Nacional asumió un papel importante en el desarrollo de la ciencia y las investigaciones científicas. Se crearon instituciones como la Comisión Nacional de Energía Atómica (CNEA) y el Instituto Nacional de Tecnología Agropecuaria (INTA), dedicado a las investigaciones relacionadas con la aplicación de conocimientos científicos y desarrollos tecnológicos en el sector agropecuario como, por ejemplo, mejoramiento de granos cerealeros, control de plagas, etcétera.

En el año 1958 se creó el Consejo Nacional de Investigaciones Científicas y Técnicas (CONICET). Esta institución apoya y subvenciona proyectos científicos de diversas disciplinas como la biología, la medicina y la genética. En 1960 se creó la carrera de investigador científico, responsable de la formación de numerosos científicos argentinos que han sobresalido por su labor en el exterior.

Como consecuencia de la reforma del Estado durante la década de 1990, estos institutos se han visto muy afectados ya que los subsidios que recibían se redujeron en forma drástica, perjudicando el trabajo de numerosos científicos quienes, de todos modos, siguieron trabajando en pos del desarrollo de la ciencia, con verdadera vocación.

enciclopedia

El químico argentino César Milstein (1927-2002) fue galardonado con el Premio Nobel de Química en el año 1984, por sus investigaciones sobre anticuerpos monoclonales que intervienen en el funcionamiento del sistema inmunológico.
Se recibió de químico en la Universidad de Buenos Aires, pero sus trabajos los realizó en el Laboratorio de Biología Molecular de Cambridge, en Inglaterra.

La ecología y el trabajo interdisciplinario

Para hacer frente a los desafíos que se plantea como ciencia, la ecología complementa sus estudios con otras ramas de la ciencia, como la genética, la biología evolutiva, la fisiología, la etología o estudio del comportamiento animal, etcétera.

Un caso muy difundido de estudio multidisciplinario de un ecosistema fue el de las polillas *Biston betularia*, las polillas de los abedules.

Biston betularia.

Los científicos sabían que hasta la Revolución Industrial, en el siglo XIX, la población de polillas era de color claro y que por algún motivo habían cambiado de color, ya no eran claras sino oscuras. ¿A qué se debía este cambio?

Cada una de las ciencias aportó sus conocimientos para develar el misterio.

¿Qué aportaron los estudios genéticos?

Los estudios genéticos indicaron que la población de polillas presentaba mucha variabilidad genética, y que si bien la mayoría de las polillas eran de color claro, algunos genes se manifestaban cada tanto produciendo polillas de color oscuro (marrón o negro con manchas claras) y de color intermedio.

¿Qué aportaron los estudios ecológicos?

Estas polillas utilizan las ramas y los troncos claros de los abedules –sobre los que crecen líquenes– para camuflarse y protegerse de los predadores. En el ambiente natural, en condiciones normales, son depredadas por murciélagos y pájaros insectívoros.

- Los pájaros insectívoros las identifican por el contraste de color entre la polilla y las ramas o troncos.
- Los murciélagos, en cambio, ubican las polillas por ecolocalización, utilizando el oído a modo de radar.

Las polillas se **camuflan** entre los líquenes que crecen sobre la madera de los árboles y se protegen así de los predadores.

¿Qué aportaron los estudios anatómicos, etológicos y fisiológicos?

Las polillas son insectos y tienen varios sentidos muy desarrollados: la presencia de ojos compuestos, las cerdas táctiles (mecanorreceptores) en el cuerpo, cerdas olfatorias (quimiorreceptores) en las antenas y, en especial, receptores auditivos en el abdomen y en el tórax. Todos estos órganos sensoriales les permiten detectar rápidamente los predadores y escapar.

¿Qué aportó la biología evolutiva?

La **selección natural** actúa en el seno de las poblaciones. Y aunque esto no puede observarse en una generación, ni siquiera muchas veces a lo largo de varias generaciones, se ha podido comprobar en el caso de las polillas.

Antes de la Revolución Industrial, la variedad de polillas de color claro, y aun del tipo intermedio, permitían el camuflaje con la madera clara y con los líquenes de los troncos del abedul. En un ambiente normal, no contaminado, las polillas oscuras eran fácilmente capturadas por los pájaros insectívoros.

A partir de la Revolución Industrial, los árboles del ecosistema del bosque (y en especial los abedules) se alteraron por la polución, o contaminación atmosférica creciente, que como resultado produjo el oscurecimiento de los troncos y la pérdida de los líquenes de la cobertura vegetal. En consecuencia, la población de polillas oscuras comenzó a aumentar ya que pasaban inadvertidas sobre los troncos oscuros poluidos, y terminaron imponiéndose a la población de polillas claras.

Actualmente se ha revertido esta situación por varios motivos. En primer lugar, la población de pájaros insectívoros ha descendido, pero no la de murciélagos. En segundo lugar, la contaminación se ha revertido y volvieron a crecer líquenes, cambiando de dirección la selección.

El microscopio óptico

TALLER

El **microscopio** óptico es un instrumento esencial para la investigación en el laboratorio de ciencias naturales, que permite aumentar la imagen de objetos muy pequeños, no perceptibles a simple vista. Éstos pueden ser examinados con diferentes aumentos.

Está constituido por una parte mecánica, un sistema óptico y un sistema de iluminación.

Parte mecánica

Es la estructura formada por el pie, el brazo, la platina y el tubo.

El **pie** sostiene el microscopio.

La muestra que se desea observar se coloca sobre la **platina**, una plataforma que suele ser metálica, redonda o cuadrada, donde se sujeta el preparado con dos pequeñas palancas móviles.

La platina puede moverse verticalmente mediante una cremallera accionada por tornillos para acercar o alejar el preparado a la fuente de luz.

En el centro presenta un orificio redondo por donde pasan los rayos luminosos que llegan desde el sistema de iluminación.

El mecanismo de enfoque está formado por los **tornillos de enfoque**. El más grande, o **macrométrico**, permite un movimiento rápido de enfoque, mientras que el pequeño, o **micrométrico**, se utiliza para lograr un ajuste fino.

Sistema óptico

El microscopio óptico posee dos sistemas de lentes, el ocular y el objetivo. El **ocular** está ubicado en el extremo superior del tubo donde el observador acerca su ojo para mirar. Tiene inscripto un número, usualmente 10 x o 12 x, que indica la cantidad de aumentos. El **objetivo** está ubicado cerca del preparado a examinar. Generalmente hay tres o cuatro objetivos con distintos aumentos montados sobre un sistema giratorio denominado **revólver**. En cada objetivo está inscripto el número de aumentos (10 x, 25 x, 40 x, 100 x).

Para calcular el número total de aumentos con que se observará un preparado, se debe multiplicar el número del objetivo por el número del ocular. Los aumentos totales del microscopio óptico suelen ir de los 40 a los 1.200 aumentos.

Sistema de iluminación

Está ubicado debajo de la platina y transmite la luz destinada a iluminar el preparado o muestra traslúcida. Este sistema consta de una **fuente de iluminación** (una lámpara eléctrica acoplada al pie), un **condensador**, que concentra los rayos de luz sobre el preparado, y un **diafragma**, que se abre y se cierra por medio de una palanca para permitir una mayor o menor entrada de luz.

Algunos microscopios carecen de fuente de iluminación propia y utilizan la luz solar o la luz de una lámpara externa. Mediante un **espejo** móvil se concentran los rayos de luz sobre el preparado.

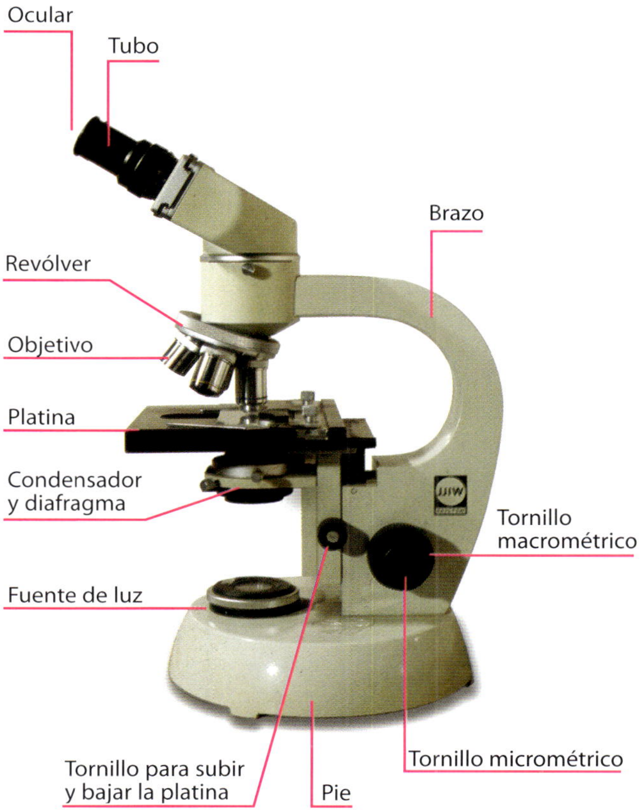

TALLER

Uso del microscopio óptico

Las preparaciones microscópicas son pequeñas muestras de lo que se desea observar, pueden estar en un medio líquido o seco. Se colocan en una capa de poco espesor sobre una lámina delgada de vidrio transparente de forma rectangular denominada **portaobjetos**. Sobre la preparación se coloca el **cubreobjetos**, también una delgada lámina de vidrio que protege la muestra y facilita la observación al dejar la superficie totalmente plana y uniforme.

El siguiente paso consiste en colocar la preparación sobre la platina sujetándola firmemente entre sus dos pequeñas palancas laterales.

Tornillo macrométrico.

Para comenzar a observar, se selecciona siempre el objetivo de menor aumento y se sube la platina mientras se mira por el costado del microscopio, para aproximar la muestra al objetivo.

Luego, con ambos ojos abiertos, se acerca sólo uno para mirar a través del ocular, y se acciona el **tornillo macrométrico** para alejar la platina hasta ver la muestra relativamente enfocada. El **tornillo micrométrico** permite lograr un enfoque más exacto de los distintos planos del espesor de la muestra, y se puede cambiar por otros objetivos de mayor aumento (25 x, 40 x) para observar la zona seleccionada.

Mediante la palanca correspondiente se modifica la abertura del diafragma para poder observar cómo varía el contraste al cerrarlo, a la vez que se hacen más visibles y nítidos los bordes y líneas del preparado.

Tornillo micrométrico.

Uso de objetivos de inmersión

Por lo general, los microscopios tienen un objetivo especial llamado de **inmersión** que es el de mayor aumento. Para observar un preparado con este objetivo, es necesario colocar una gota de aceite de inmersión entre el cristal del objetivo y el cubreobjetos del preparado. Este procedimiento debe hacerse con sumo cuidado por dos motivos, el primero, para evitar que se formen burbujas de aire entre el vidrio del preparado y el lente del objetivo, y el segundo, para evitar que el objetivo ejerza demasiada presión sobre el vidrio del preparado y se rompa. Los objetivos de inmersión permiten obtener aumentos de 1.200 x.

Los microscopios electrónicos

Para obtener aumentos mayores a los del microscopio óptico se utilizan los microscopios electrónicos. Éstos se caracterizan porque en lugar de emplear luz para iluminar el preparado, utilizan un haz de electrones que se propaga en el vacío. El enfoque se logra al modificar la trayectoria del haz de electrones mediante el empleo de campos electromagnéticos. La imagen se forma en una pantalla, de la que se puede obtener una fotografía. Mediante el empleo de este tipo de microscopios se logra aumentar hasta 1.000.000 de veces la imagen del objeto observado.

Existen dos tipos de microscopios electrónicos, los de **transmisión**, que sirven para observar cortes extremadamente delgados del preparado, y los de **barrido**, que se utilizan para estudiar las superficies de los microorganismos o de cualquier objeto y dan una imagen tridimensional.

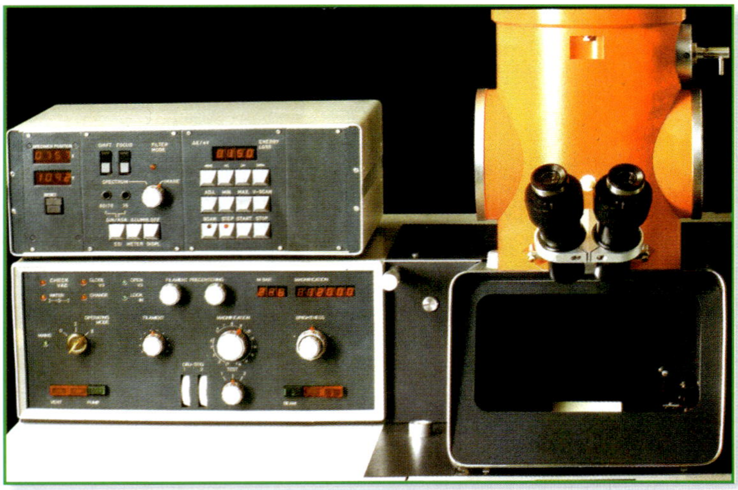

Microscopio electrónico.

TALLER

Observación de organismos vivos y polen de flores

Para familiarizarse con el uso del microscopio pueden realizar las siguientes actividades.

Observación de microorganismos en una gota de agua estancada

Materiales: microscopio óptico, agua estancada, un gotero, cubreobjetos, portaobjetos.

Procedimiento

1. Con un gotero tomen una gota de agua estancada y deposítenla sobre un portaobjetos, como se observa en la fotografía.
2. Acerquen suavemente un cubreobjetos hasta que uno de los bordes haga contacto con el líquido, luego déjenlo caer por su propio peso. De este modo evitarán que el aire forme burbujas que dificultan la observación.
3. Enfoquen con una luz suave y un objetivo de poco aumento, tratando de encontrar organismos acuáticos, como algas unicelulares, larvas, gusanos, etc. Luego coloquen objetivos de mayor aumento.
4. Realicen un dibujo de los elementos observados en la muestra para identificarlos posteriormente con bibliografía de consulta.
5. Cuando hayan finalizado la observación, es necesario limpiar el objetivo con un paño adecuado antes de guardar el microscopio.

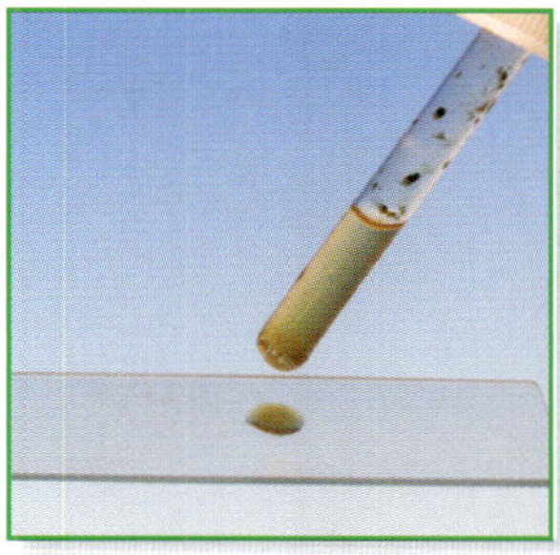

Observación de granos de polen de una flor

Materiales: microscopio óptico, una flor, portaobjetos, cubreobjetos, un gotero con agua, un cortante.

Procedimiento

1. Con ayuda del cortante, tomen una delgada capa de la antera de una flor. Colóquenla sobre un portaobjetos, agreguen una gota de agua, cubran con el cubreobjetos y observen en el microscopio con el menor aumento.
2. Dibujen lo observado colocando el aumento que utilizaron. Recuerden que el aumento total se obtiene de multiplicar el aumento del ocular por el del objetivo.
3. Coloquen un ocular de mayor aumento y repitan el procedimiento.

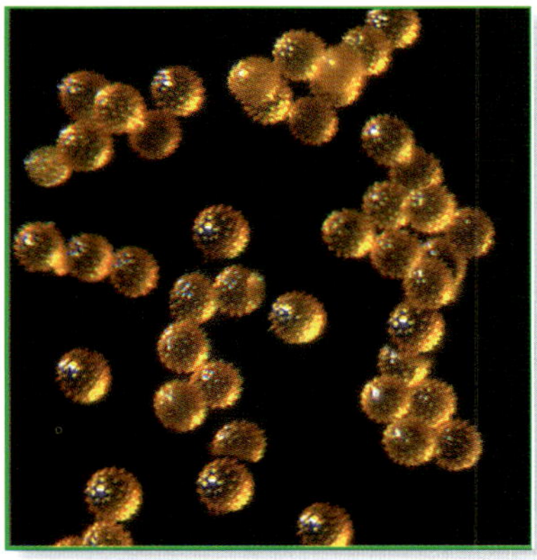

Granos de polen vistos en microscopio óptico.

Diseño de una experiencia en la que se utilice el microscopio

Seguramente habrán observado que el agua a la intemperie, luego de un cierto tiempo, adquiere un color verdoso. Se debe a la proliferación de algas.

¿Influye la luz en el desarrollo de las poblaciones de algas?

Teniendo en cuenta esta pregunta, planteen una hipótesis principal y una consecuencia observacional, o hipótesis de trabajo, que deberán contrastar mediante una experiencia.

Algunos de los elementos que pueden utilizar para realizar la experiencia son tubos de ensayo, agua, cartulina negra y un microscopio con el que podrán analizar las muestras de agua.

¿Cuál es la variable dependiente y la independiente en la experiencia?

¿Qué variable mantuvieron constante?

¿Qué otras variables pueden influir en el fenómeno que están estudiando y no han sido tenidas en cuenta?

ACTIVIDADES

Completen las siguientes oraciones

- Las ciencias ______________ son las relacionadas con sistemas abstractos y lógicos de pensamiento.
- Las ciencias ______________ están relacionadas con los hechos observables.
- Los pasos del método científico son: observación, ______________, formulación de hipótesis, ______________ y validación de hipótesis.
- En un experimento, la variable ______________ modifica los valores de la ______________ dependiente.
- A la variable que el investigador mantiene constante durante un experimento se la denomina ______________.

Indiquen "Verdadero" o "Falso" según corresponda

1. La biología se ocupa exclusivamente del estudio de los animales. V F
2. La ecología es una ciencia interdisciplinaria. V F
3. Jean B. Lamarck, Charles Darwin y Gregor Mendel fueron prestigiosos naturalistas norteamericanos que dieron empuje a la biología en el siglo XIX. V F
4. Louis Pasteur se dedicó muchos años a investigaciones científicas basándose en la teoría de la generación espontánea gracias a la cual desarrolló el método de pasteurización. V F
5. La vacuna contra la rabia fue descubierta por J. B. Lamarck en el año 1885, luego de numerosas investigaciones acerca de la vida de los microorganismos. V F
6. La ecología es la ciencia que se ocupa de las relaciones entre los seres vivos y su ambiente. V F
7. La ciencia es un conjunto de conocimientos aislados, subjetivos y lógicos que intentan dar explicaciones y fundamentaciones que rigen la realidad. V F
8. Las ciencias formales se ocupan de los conocimientos de la realidad que nos rodea. V F
9. En la Argentina, el desarrollo del conocimiento científico tuvo un fuerte auge en la época del Virreinato del Río de la Plata. V F
10. El naturalista Francisco P. Moreno fue el fundador del prestigioso Museo Público de Buenos Aires. V F
11. Los trabajos de Bernardo Houssay merecieron el Premio Nobel de Fisiología y Medicina en el año 1970. V F
12. El CONICET es un organismo privado que se ocupa de la subvención de proyectos de investigación científica. V F

El rey de Suecia le entrega el Premio Nobel de Química al doctor Luis Federico Leloir.

ACTI VIDA DES

Sopa de letras

Descubran las doce palabras escritas en forma horizontal, que se relacionan con los contenidos del capítulo:

A	L	S	D	A	R	W	I	A	E	V	O	L	U	C	I	O	N	S
O	P	H	I	P	O	T	E	S	I	S	G	E	R	E	C	U	F	E
G	H	A	F	G	J	R	E	R	V	A	L	I	D	A	C	I	O	N
B	E	U	D	A	R	W	I	N	H	M	O	D	E	L	O	S	U	A
V	A	R	I	A	B	L	E	P	F	R	M	O	D	I	O	D	S	S
V	C	I	E	N	C	I	A	X	L	E	L	O	I	R	F	R	E	W
H	O	U	S	S	A	Y	F	I	S	I	O	N	A	L	F	E	U	Y
L	F	P	A	S	T	E	U	R	F	R	E	B	H	N	E	E	C	V
E	P	R	E	E	X	P	E	R	I	M	E	N	T	A	C	I	O	N
A	F	E	D	E	C	O	L	O	G	I	A	F	V	F	A	D	H	T

El "Beagle", mientras le realizan reparaciones. A bordo de este barco, Darwin realizó su travesía.

autoevaluación

Elijan la respuesta correcta

1. La ciencia:
a) es un conjunto de ideas subjetivas que son consideradas verdades universales. ☐
b) es un conocimiento teórico, independiente de la realidad que intenta dar una explicación clara y precisa de los hechos. ☐
c) es un conjunto de conocimientos racionales, sistemáticos, exactos, verificables que se construyen progresivamente. ☐

2. La vacuna contra la rabia fue descubierta por el científico:
a) J. B. Lamarck en el año 1885, luego de numerosas investigaciones acerca de la vida de los microorganismos. ☐
b) Louis Pasteur en el año 1885, luego de numerosas investigaciones acerca de la vida de los microorganismos. ☐
c) Louis Pasteur, autor de la teoría de la generación espontánea. ☐

3. Los pasos del método científico son los siguientes:
a) observación, planteo del problema, comprobación experimental, formulación de hipótesis, validación de hipótesis. ☐
b) planteo del problema, observación, comprobación experimental, formulación de hipótesis, validación de hipótesis. ☐
c) observación, planteo del problema, formulación de hipótesis, experimentación, validación de hipótesis. ☐

4. La siguiente es una variable discreta:
a) la longitud de un grupo de insectos. ☐
b) el peso de un grupo de insectos. ☐
c) el número de segmentos que forman las patas de un grupo de insectos. ☐

5. Cuál de estas instituciones del Estado creó la carrera de investigador científico:
a) el CONICET. ☐
b) la CNEA. ☐
c) el INTA. ☐

6. El naturalista Francisco P. Moreno dirigió:
a) el Museo de Ciencias Naturales de la Ciudad de La Plata. ☐
b) el Museo Público de Buenos Aires. ☐
c) la Academia de Ciencias de la Universidad Nacional de Córdoba. ☐

7. En el método científico, después de la formulación de hipótesis:
a) se deducen las consecuencias observacionales. ☐
b) se deducen los resultados. ☐
c) se da por terminada la investigación. ☐

8. Una hipótesis debe ser aceptada como válida cuando:
a) es formulada por un científico prestigioso, aunque no haya sido puesta a prueba. ☐
b) es formulada por mucha gente. ☐
c) es corroborada a través de la experimentación. ☐

9. Las hipótesis se ponen a prueba:
a) antes de ser formuladas. ☐
b) en forma directa a través de la experimentación. ☐
c) a través de las consecuencias observacionales. ☐

10. Para la teoría de Darwin, la evolución de las especies se produce:
a) por selección natural. ☐
b) por una fuerza vital. ☐
c) por ejercitación de los órganos. ☐

2 Materia, energía y transformaciones

Materia y energía son dos conceptos que utilizamos a diario. La materia se caracteriza por ocupar un lugar en el espacio y tener masa; puede ser sentida, tocada, vista, medida, pesada o almacenada. La energía es un poco más difícil de definir. Por lo general, se la conoce por sus efectos, como la capacidad de realizar trabajo y de producir cambios.

Cristales de permanganato de potasio disolviéndose en agua.

Durante la descarga de un rayo la energía eléctrica se transforma en otras formas de energía, como luz, calor y sonido.

La combustión es una reacción química en la que se libera energía en forma de calor y luz.

Estructura de la materia

Todos los cuerpos que nos rodean están compuestos por **materia**: una mesa, un ladrillo, un trozo de hierro o el aire contenido dentro de un globo. *Un cuerpo es una porción limitada de materia*.

Al observar un vidrio, podríamos pensar que el material del que está hecho es algo continuo y compacto, lo mismo ocurre si pensamos en la madera de una silla o un trozo de hierro. Si tomamos un trozo de madera y lo miramos con una lupa, veremos que se trata de un material irregular, con pequeñas cavidades y rugosidades. Lo mismo ocurrirá si miramos una muestra de metal a través de un poderoso microscopio electrónico, comprobaremos que está formado por partículas muy pequeñas, al igual que el vidrio.

En 1808, el químico inglés John Dalton postuló sus ideas sobre la **estructura de la materia**. Los enunciados de Dalton son:

1. Toda **materia** se compone de unidades indivisibles llamadas **átomos**.
2. Cada **elemento** se compone de un tipo determinado de átomo.
3. Todos los átomos que componen un elemento tienen **propiedades idénticas**.

Estos postulados sirvieron de base para lo que se conoce actualmente con el nombre de **modelo corpuscular de la materia**.

Hoy sabemos que la materia es **discontinua** y que toda la materia que existe en el universo está formada por átomos y moléculas. Sin embargo, a diferencia de lo que planteó Dalton, también sabemos que bajo ciertas condiciones los átomos pueden ser divididos en partículas más pequeñas: **protones**, **electrones** y **neutrones**, denominados **partículas subatómicas**.

En la naturaleza existen distintos tipos de átomos que se diferencian entre sí por su estructura, y cada uno de ellos identifica a un **elemento químico**.

Los átomos

Básicamente, un átomo está integrado por un **núcleo** central alrededor del cual se mueven los **electrones**, partículas de carga negativa y masa extremadamente pequeña, formando nubes u órbitas con distintos niveles de energía.

En el núcleo del átomo se encuentran los **protones**, partículas con carga positiva, y los **neutrones**, partículas sin carga o neutras, cuya masa es similar a la de los protones. Las cargas positivas de los protones se equiparan con las cargas negativas de los electrones, ya que la cantidad de protones y electrones es la misma, por lo tanto el átomo es eléctricamente neutro.

Los protones, neutrones y electrones se denominan **partículas subatómicas**.

Los átomos de las sustancias simples (constituidas por un solo tipo de átomo) se denominan **elementos químicos**. El hidrógeno (H), el oxígeno (O) y el carbono (C) son elementos químicos.

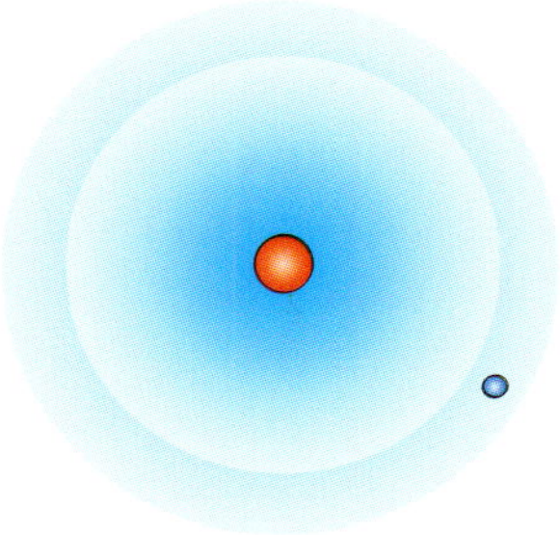

El átomo de hidrógeno tiene 1 protón en su núcleo y 1 electrón alrededor del núcleo.

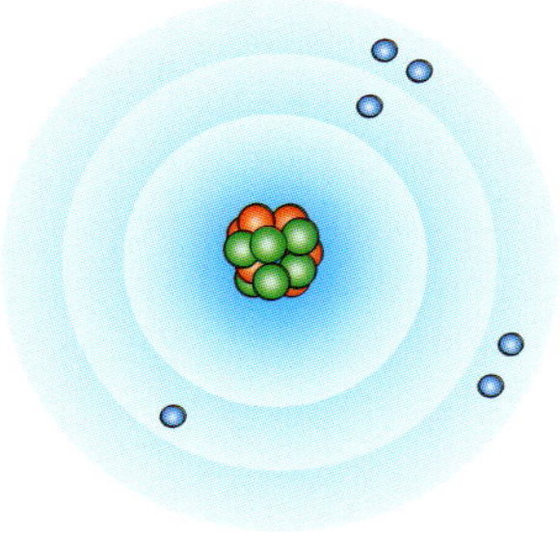

Átomo de carbono con 6 protones y 6 neutrones en el núcleo, y 6 electrones alrededor del núcleo.

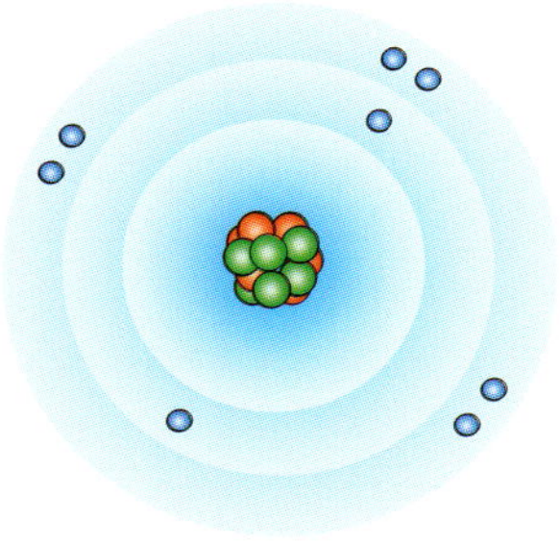

El átomo de oxígeno tiene 8 protones y 8 neutrones en su núcleo y 8 electrones en órbitas alrededor del núcleo.

Los iones

Hemos dicho que los átomos son eléctricamente neutros, ya que tienen la misma cantidad de cargas positivas (protones) que negativas (electrones). Bajo determinadas circunstancias, un átomo puede ganar o perder uno o varios electrones. Cuando ocurre esto, la partícula deja de ser un átomo neutro y queda cargada eléctricamente. A esta partícula con carga se la denomina **ion**.

Las moléculas

Los átomos se pueden unir entre sí para formar partículas de mayor tamaño, llamadas moléculas, que tienen propiedades distintas de las de los átomos aislados. Por ejemplo, la molécula de glucosa, que resulta de la asociación del carbono, hidrógeno y oxígeno, tiene un sabor dulce que no es cualidad de los átomos aislados. Una molécula es una partícula muy pequeña de materia que posee las mismas propiedades que el resto de la sustancia que conforma. Así, una molécula de agua es la unidad más pequeña de materia que tiene las mismas propiedades que el resto del agua.

Algunas moléculas son el resultado de la unión de dos o más átomos del mismo elemento, por ejemplo, la molécula de oxígeno (O_2) está formada por dos átomos de oxígeno, esto se representa colocando el subíndice 2 al lado del símbolo del oxígeno, O_2. Otras moléculas, como la del helio (He), son monoatómicas, es decir están formadas por un solo átomo. Una molécula también puede estar compuesta por la asociación de átomos diferentes, como la molécula de agua (H_2O), compuesta por dos átomos de hidrógeno y uno de oxígeno.

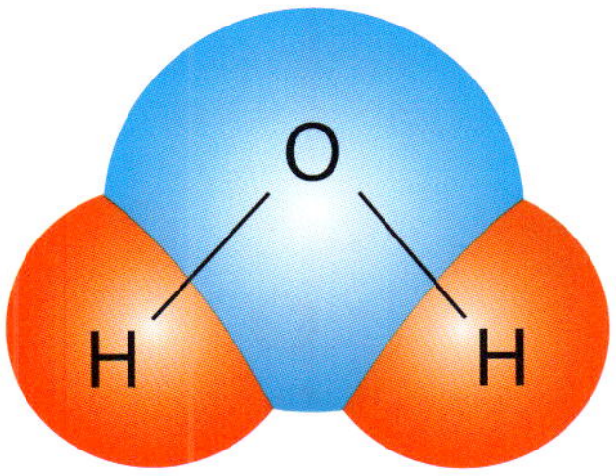

Molécula de agua formada por dos átomos de hidrógeno y uno de oxígeno.

Isótopos

En sus postulados, Dalton sostenía que todos los átomos de un mismo elemento eran idénticos. Actualmente sabemos que *existen átomos de un mismo elemento que pueden tener más o menos neutrones que otros átomos de ese mismo elemento*. Por ejemplo, hay átomos de cloro que tienen 17 protones y 18 neutrones, mientras otros tienen 17 protones y 20 neutrones. El átomo más abundante de hidrógeno es el que tiene un solo protón y ningún neutrón en su núcleo, pero se sabe que una pequeñísima cantidad de átomos de hidrógeno, además de un protón, tiene un neutrón, y otros, 2 neutrones en su núcleo.

A los átomos de un mismo elemento que se diferencian por el número de neutrones se los denomina ***isótopos***.

La sal disuelta en agua forma una solución.

Sustancias puras y soluciones

Las **sustancias puras** tienen propiedades que las identifican y las diferencian de otras sustancias; por ejemplo, a nivel del mar, el agua pura hierve a 100 ºC y se congela a 0 ºC. Las sustancias puras pueden ser **simples**, cuando están constituidas por un solo tipo de elemento, como ocurre con el oxígeno (O_2), o **compuestas**, cuando la constituyen dos o más tipos de elementos, como ocurre con el agua (H_2O).

La sal es una sustancia pura, al igual que el agua. Pero ¿qué ocurre si en un vaso de agua colocamos sal? Obtenemos una **solución** en la que ya no podemos diferenciar el agua de la sal. Sin embargo, mediante la aplicación de métodos físicos, como la destilación, es posible volver a separar el agua de la sal. *Una solución es una mezcla homogénea de dos o más sustancias*. El componente de la solución que se encuentra en mayor cantidad (generalmente un líquido) se denomina **solvente**, y el o los componentes que se encuentran en menor cantidad, **solutos**.

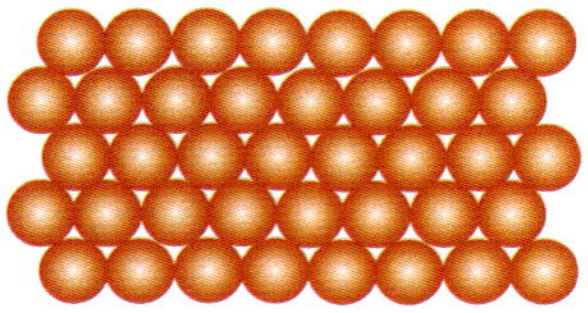

Sólido
Partículas juntas.
Predominan las fuerzas de atracción.
Partículas ordenadas regularmente.

Estados de agregación de la materia

¿En qué se diferencian el hielo, el agua líquida y el vapor de agua, si en los tres casos se trata del mismo tipo de materia: agua? La materia se presenta en la naturaleza en tres estados diferentes, sólido, líquido y gaseoso, con propiedades físicas distintas.

Hemos visto que la materia está constituida por partículas (átomos y moléculas). Entre estas partículas existe una cierta distancia y actúan fuerzas de atracción y de repulsión.

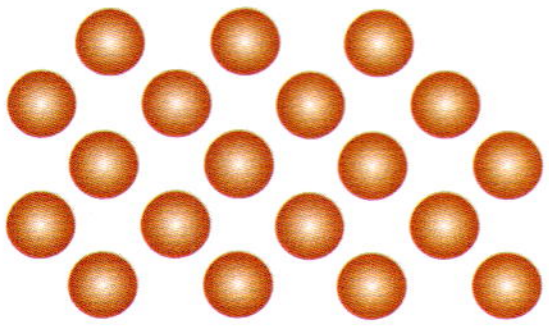

Líquido
Partículas próximas.
Equilibrio entre las fuerzas de atracción y repulsión entre partículas.
Partículas moviéndose al azar.

Estado sólido: los sólidos tienen forma definida, ya que las partículas que los forman están ordenadas. Entre estas partículas **predominan las fuerzas de atracción**. Las **fuerzas de repulsión** son relativamente bajas. La distancia entre las partículas es corta. Los sólidos son **incompresibles** debido a que las partículas se encuentran tan juntas que es imposible acercarlas más.

Estado líquido: los líquidos no tienen forma definida, adoptan la forma del recipiente que los contiene. Tienen la capacidad de fluir libremente ya que las moléculas que lo integran pueden moverse una sobre la otra. Las fuerzas de atracción y de repulsión entre las moléculas de un líquido se encuentran **en equilibrio**. La distancia entre las partículas de un líquido es mayor que entre las de un sólido, pero no tanto como para permitir la compresión, por eso los líquidos son prácticamente incompresibles.

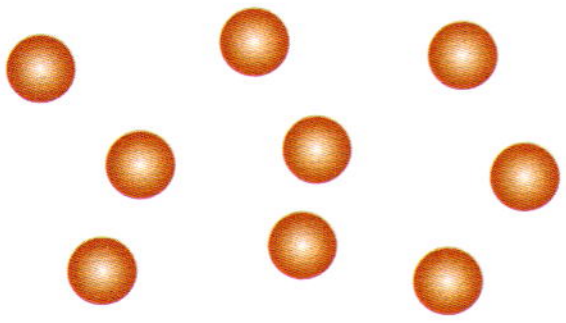

Gas
Partículas muy alejadas unas de otras. Predominan las fuerzas de repulsión. Las partículas ocupan todo el espacio disponible.

Estado gaseoso: los gases se expanden libremente ocupando todo el espacio disponible. Entre los átomos o moléculas que forman un gas, y que se mueven a gran velocidad, **predominan las fuerzas de repulsión**. Los gases no tienen una forma definida y el espacio vacío entre los átomos o moléculas es enorme comparado con el tamaño de las partículas.

La teoría cinética de los gases

La **teoría cinética de los gases** postula que *las partículas que componen un gas se encuentran en continuo movimiento y chocan unas con otras. Este movimiento o energía cinética es proporcional a la temperatura del gas*. Cuanto mayor es la temperatura, mayor es la energía cinética de las moléculas.

El **estado gaseoso** se caracteriza porque las moléculas tienen mucha energía cinética y se mueven al azar rápidamente, ocupando todo el espacio disponible. Las partículas de los gases tienen movimiento de vibración, traslación y rotación (figura 1).

En el **estado líquido**, la energía cinética de las moléculas es menor que en el estado gaseoso. Las partículas también tienen movimiento de vibración, rotación y traslación lo que les permite moverse al azar, pero lo hacen muy lentamente (figura 2).

En el **estado sólido**, la energía cinética de las moléculas es baja y el movimiento se circunscribe a la vibración de las partículas, pero manteniendo un ordenamiento regular. La distancia entre las moléculas es relativamente corta (figura 3).

La energía

Materia y energía son dos conceptos estrechamente relacionados entre sí. Hemos visto que un cuerpo en movimiento tiene energía cinética. La energía puede adquirir distintas formas; la electricidad, el calor, la luz, etc., son algunas de ellas. Todas las formas de energía tienen algo en común: la capacidad de producir cambios. Tradicionalmente se define la energía como *la capacidad de realizar trabajo*.

En física se define el trabajo como *el producto de una fuerza por una determinada distancia*.

La energía puede ser almacenada en la materia, aunque la materia no se encuentre en movimiento. Una botella en una estantería tiene energía por más que esté inmóvil. Si empujamos la botella, caerá liberando su energía en forma de movimiento y ruido al chocar contra el piso.

Alguna vez habrán oído decir: "He gastado mucha energía". ¿La energía se gasta? No, no se gasta en el sentido de destrucción. Cuando hablamos de que un organismo "gasta" energía nos referimos a que *esa energía ya no está disponible para el organismo, se ha transformado*, por ejemplo, en calor.

Es importante tener presente que *la energía no se destruye, puede transformarse una y otra vez, pero no puede crearse ni destruirse*. Este concepto, fundamental para comprender el funcionamiento de los sistemas biológicos, constituye la **primera ley de la termodinámica**.

Transformaciones de la energía

Hemos dicho que la energía se transforma. ¿Cuáles son las distintas formas que puede adoptar la energía? Entre las principales, podemos mencionar la energía potencial, cinética, eléctrica, térmica, radiante, nuclear y química.

La lamparita transforma la energía eléctrica en luz y calor.

Energía potencial: una botella, quieta, apoyada sobre una estantería, tiene energía. Esta energía dada por la posición que ocupa el cuerpo en el espacio se denomina energía potencial.

Energía cinética: la energía cinética es la que poseen los cuerpos en movimiento, depende de la masa y de la velocidad del cuerpo.

Energía eléctrica: la corriente eléctrica que utilizamos para hacer funcionar los electrodomésticos en nuestros hogares o para encender una lamparita es una manifestación de la energía eléctrica.

La energía eléctrica se produce por la atracción o el rechazo entre los cuerpos cargados eléctricamente.

Energía térmica: cuando se quema una madera se libera energía térmica. El calor fluye de los cuerpos que se encuentran a mayor temperatura a los que se encuentran a menor temperatura. Si colocan un trozo de hielo en un vaso con agua tibia, comprobarán que al cabo de un tiempo el hielo se derretirá y toda el agua tendrá la misma temperatura. El calor fluye del agua tibia al hielo.

En los reactores nucleares se genera energía por desintegración de núcleos atómicos pesados.

Energía radiante: la energía radiante se propaga en el vacío en forma de ondas electromagnéticas. La luz visible, los rayos x, los rayos gamma, los rayos ultravioleta, los rayos infrarrojos son ondas electromagnéticas. La luz visible es una de las formas de la energía radiante.

Energía nuclear: cuando se rompe el núcleo de un átomo se liberan grandes cantidades de energía. El proceso de fisión nuclear comprende la ruptura del núcleo del átomo de un elemento pesado, como el uranio, mediante el bombardeo con neutrones. Estas reacciones son las que se realizan en los reactores de las centrales nucleares para generar energía eléctrica. La fusión nuclear implica la combinación de núcleos de bajo número de masa para formar otros elementos. Las reacciones de fusión nuclear ocurren en las estrellas a temperaturas cercanas a los cien millones de grados centígrados.

Energía química: es la energía "almacenada" en los enlaces químicos entre los átomos y las moléculas. La energía química es absorbida o liberada durante las reacciones químicas. Las plantas utilizan la energía radiante del sol para producir energía química almacenada en moléculas orgánicas.

Eficacia de las transformaciones de la energía

La conversión de una forma de energía en otra nunca es 100% eficaz. Por ejemplo, no toda la energía eléctrica utilizada para mantener encendida una lamparita eléctrica se transforma en luz, una parte se pierde en forma de calor. Decimos que se pierde como calor porque, en el caso de la lamparita, lo que queremos es generar luz.

Fenómenos físicos y químicos

Un **fenómeno** es un cambio o transformación. Hemos visto que la materia puede presentarse en la naturaleza en tres estados diferentes: sólido, líquido y gaseoso. Si colocan un trozo de hielo dentro de un recipiente y lo calientan, verán que éste se transforma en agua líquida. Si continúan calentando el agua, ésta alcanzará la temperatura de ebullición a los 100 °C y comenzará a transformarse en vapor de agua. La materia, el agua, ha pasado por los tres estados físicos: sólido, líquido y gaseoso. Estos cambios se denominan **fenómenos físicos**, *porque no se produjeron cambios en la composición química de la materia*, es decir, tanto el hielo, como el vapor de agua y el agua líquida continúan siendo la misma sustancia: agua.

Los **fenómenos químicos** *implican transformaciones en la composición de la materia*. Por ejemplo, cuando un papel se quema, se transforma en otras sustancias diferentes, como dióxido de carbono y agua. Es decir, los fenómenos químicos implican transformaciones que convierten una sustancia en otra diferente. De este modo, si mezclamos vinagre con bicarbonato de sodio, obtendremos productos diferentes, como CO_2 y sales minerales.

enciclopedia

El hielo seco que se utiliza para la conservación de helados es dióxido de carbono en estado sólido. A presión ambiente, el hielo seco pasa directamente del estado sólido al gaseoso, salvo que se lo mantenga a temperaturas inferiores a los –78 °C. Este cambio de estado del dióxido de carbono es un fenómeno físico.

Las fórmulas químicas

Hemos visto que los elementos se representan con un símbolo químico que puede estar integrado por una o dos letras, por ejemplo, el carbono se representa con la letra C y el calcio con Ca.

La mayor parte de los elementos gaseosos están formados por moléculas constituidas por dos átomos; así, la molécula de hidrógeno tiene dos átomos de hidrógeno (H_2) y la molécula de oxígeno, dos átomos de oxígeno (O_2).

Las **fórmulas químicas** son una forma de representar cómo está constituida una molécula, por ejemplo, la fórmula química del dióxido de carbono es CO_2 porque la molécula de dióxido de carbono está formada por un átomo de carbono y dos átomos de oxígeno, y la fórmula química del agua es H_2O porque la molécula de agua está formada por dos átomos de hidrógeno y uno de oxígeno.

Las reacciones químicas

En una **reacción química** las sustancias iniciales son distintas de las sustancias finales de la reacción.

Las reacciones químicas se representan por medio de **ecuaciones químicas**.

En una ecuación química se anotan a la izquierda las sustancias iniciales de la reacción, o **reactivos**, y a la derecha los **productos** de la reacción. Entre los reactivos y los productos se coloca una flecha:

$$S + O_2 \longrightarrow SO_2$$

Reactivos azufre + oxígeno — **Productos** dióxido de azufre

Adelante del símbolo de cada molécula se coloca un número que indica la cantidad de moléculas que intervienen en esa reacción.

Por ejemplo:

$$2\,H_2O \longrightarrow 2\,H_2 + O_2$$

Los números delante de las moléculas en la ecuación de arriba indican que por cada dos moléculas de agua (H_2O), se forman dos moléculas de hidrógeno (H_2) y una de oxígeno (O_2).

Reacción química de combustión.

Ley de conservación de la masa

En una reacción química no se crea ni se destruye masa. Por ejemplo, si se combinan 71 g de cloro con 2 g de hidrógeno se obtienen 73 g de cloruro de hidrógeno.

$$Cl_2 + H_2 \longrightarrow 2\,ClH$$

71 g de cloro + 2 g de hidrógeno = 73 g de cloruro de hidrógeno

La **ley de la conservación de la masa** establece que: *en un sistema cerrado la suma de las masas de los reactivos es igual a la suma de las masas de los productos.*

Ley de las proporciones definidas

En toda reacción química las masas de los reactivos se combinan para formar un determinado producto en una proporción constante.

Hemos visto que cuando se combinan el cloro (Cl) y el hidrógeno (H) lo hacen en la siguiente proporción:

71 g de cloro + 2 g de hidrógeno → 73 g de cloruro de hidrógeno
142 g de cloro + 4 g de hidrógeno → 146 g de cloruro de hidrógeno
35,5 g de cloro + 1 g de hidrógeno → 36,5 g de cloruro de hidrógeno

$$\frac{71}{2} = 35{,}5 \qquad \frac{142}{4} = 35{,}5 \qquad \frac{35{,}5}{1} = 35{,}5$$

35,5 es la proporción en que se combinan el cloro y el hidrógeno para formar cloruro de hidrógeno.

enciclopedia

En los comercios se venden unos dispositivos especiales para producir frío. Se trata de bolsas que contienen dos componentes, generalmente urea y cloruro de amonio. Cuando la bolsa se dobla, se mezclan los componentes y se produce una reacción química endotérmica que absorbe el calor de la zona en contacto con la bolsa, por ejemplo, una región del cuerpo, y la enfría.

Conservación de la energía en las reacciones químicas

En las **reacciones químicas** ocurren **transformaciones de la materia y de la energía**. Como la energía no se crea ni se destruye, cuando una reacción química ocurre en un sistema aislado –aquel donde no se intercambia materia ni energía con el ambiente–, la energía inicial del sistema es igual a la energía final; pero la mayoría de las reacciones químicas no ocurren en sistemas aislados sino que hay un intercambio de energía con el ambiente.

Reacciones endergónicas y exergónicas

Algunas reacciones químicas liberan energía al ambiente y otras toman energía de él para llevarse a cabo. De acuerdo con esto podemos diferenciar dos tipos de reacciones químicas:

Reacciones endergónicas: son las que absorben energía.

Reacciones exergónicas: son las que liberan energía.

Cuando la energía que se absorbe durante una reacción química es calor, la reacción química se denomina **endotérmica**, y cuando se libera calor, **exotérmica**.

¿Conocen alguna reacción química en la que se libere energía? La combustión, por ejemplo, es una reacción química en la que se libera energía en forma de calor.

Los materiales de laboratorio

El trabajo experimental en el laboratorio requiere un conocimiento previo de algunos materiales, aparatos e instrumentos que se utilizan con mayor frecuencia para el desarrollo de las actividades o experiencias sencillas en el área de las Ciencias naturales.

Los materiales de vidrio (tubos de ensayo, vasos de precipitados, etc.) son especialmente resistentes a las sustancias químicas y al calor. Otros elementos metálicos sirven para armar aparatos donde se sujetan o apoyan los materiales de vidrio (agarraderas, aros, pinzas, etcétera).

Resulta útil, además, contar en el laboratorio con una tijera, papel absorbente y trapos rejilla.

Agarraderas: se emplean para sujetar al soporte universal tubos de ensayo, balones, buretas, etcétera.

Balón: es un recipiente de vidrio que se emplea para realizar reacciones químicas o calentar sustancias.

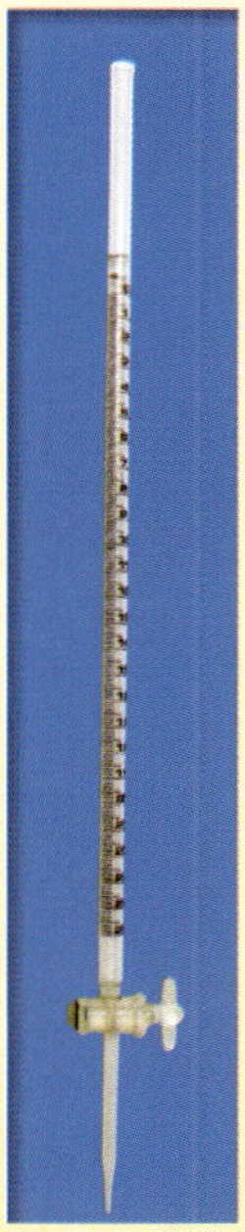

Bureta: permite medir y dosificar pequeños volúmenes de líquidos a partir de una llave y vástago que controla el pasaje del líquido.

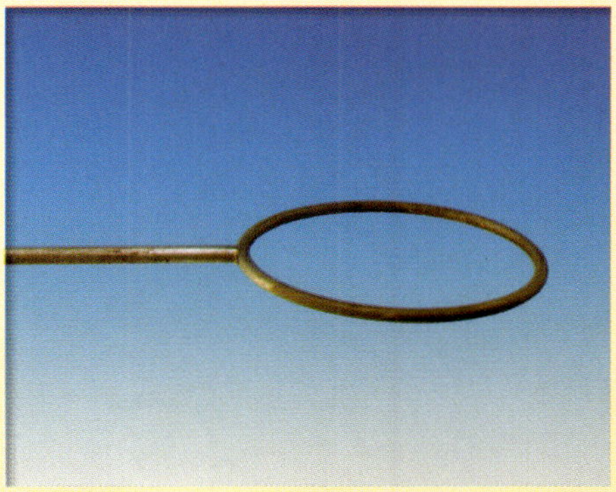

Aro: sirve para sostener telas metálicas y embudos.

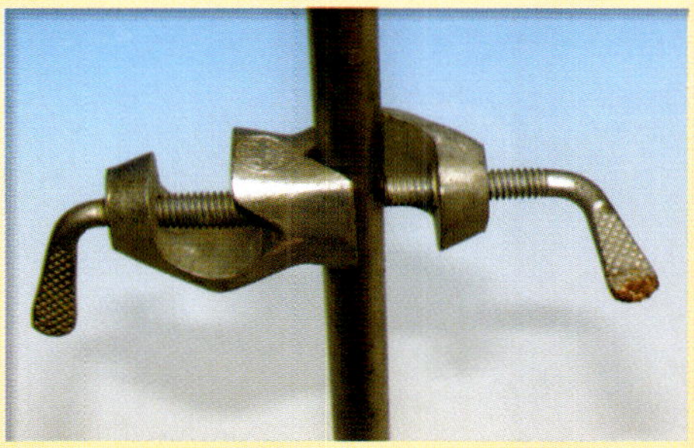

Doble nuez: sirve para sujetar aros, agarraderas y otros materiales al soporte universal.

Escobilla de lavado: se emplea para lavar enérgicamente los tubos de ensayo con agua y detergente.

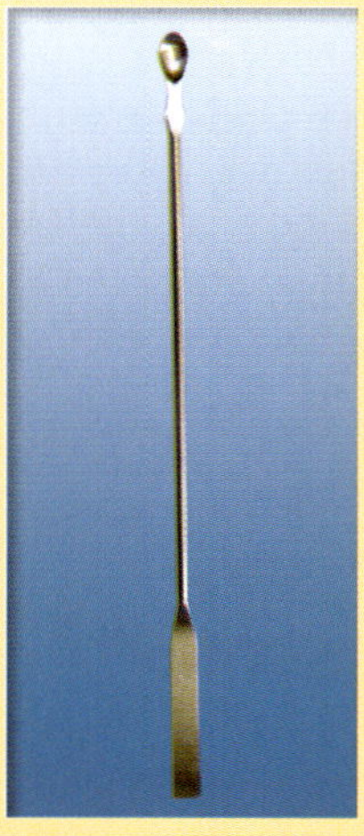

Espátula: sirve para tomar pequeñas cantidades de sustancias.

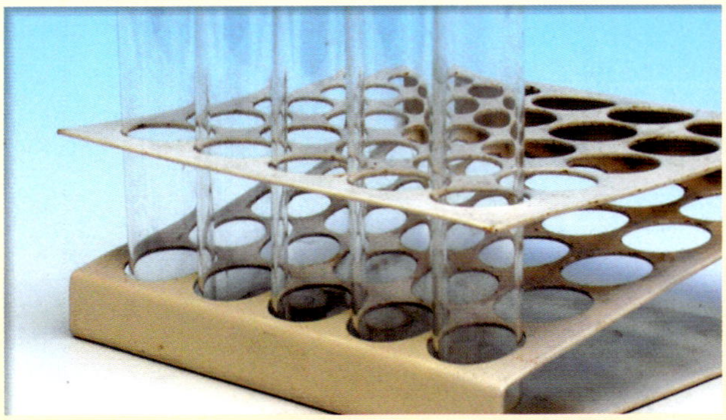

Gradillas: se emplean para colocar los tubos de ensayo. Por lo general, son de hierro o madera.

Cápsula de porcelana: sirve para calentar o fundir sustancias sólidas, mezclas o evaporar líquidos.

Matraz aforado: este recipiente tiene una sola marca o aforo que sirve para medir un volumen exacto.

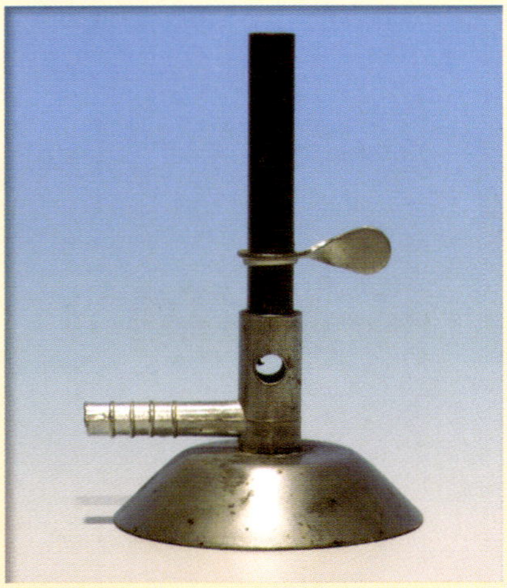

Mechero de Bunsen: es un elemento metálico de gas con llama regulable, empleado para calentar recipientes con sustancias.

Embudo: elemento de forma cónica que sirve para trasvasar líquidos de un recipiente a otro.

Erlenmeyer: es un recipiente cuyo diseño permite mezclar o agitar las sustancias empleadas durante una reacción en la que se deben evitar las salpicaduras.

Mortero: puede ser de vidrio o de porcelana y sirve para moler o triturar sustancias sólidas. Está provisto de una mano o pilón que se adapta a la superficie interna del mortero para mayor eficacia.

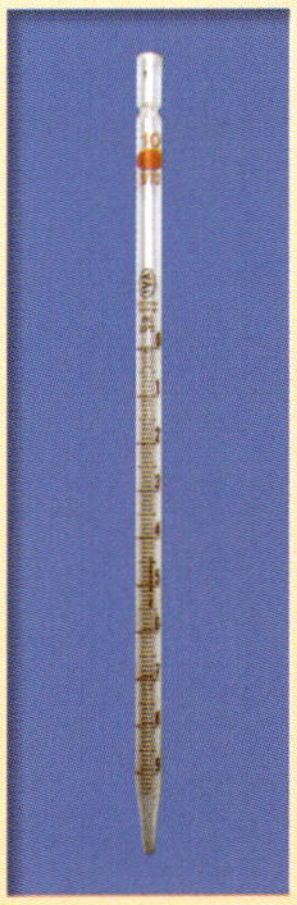

Pipeta graduada: se utiliza para extraer líquidos de frascos o muestras a distintas profundidades y medir volúmenes.

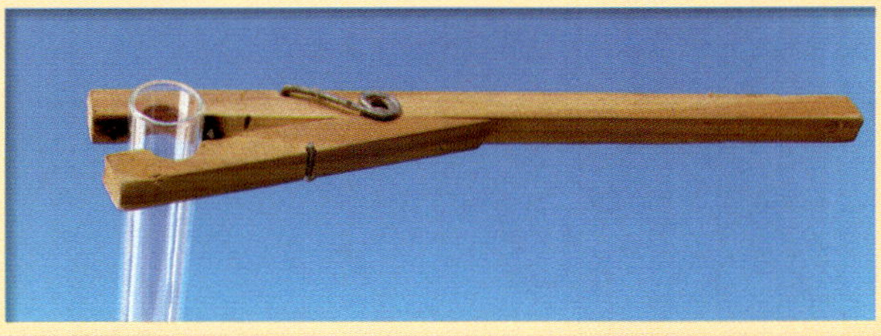

Pinza de madera: se usa para sujetar los tubos de ensayo mientras se calientan sobre la llama directa del mechero.

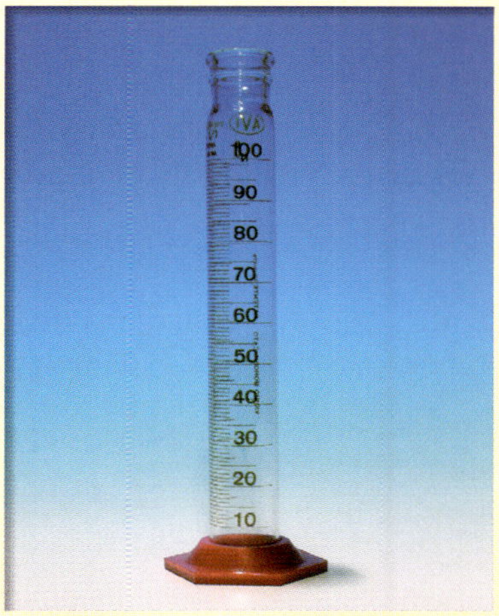

Probetas: son recipientes cilíndricos de vidrio o plástico con escalas graduadas, empleados únicamente para medir volúmenes.

Trípode: dispositivo metálico sobre el que se coloca la rejilla metálica.

Varillas de vidrio: se emplean para mezclar las sustancias en una reacción.

Soporte universal: se trata de un soporte con una base, o pie, y un vástago sobre el que se fijan las agarraderas, la doble nuez y otros dispositivos utilizados durante el trabajo en laboratorio.

Rejilla metálica: se coloca entre la llama del mechero y el recipiente de vidrio que se desea calentar.

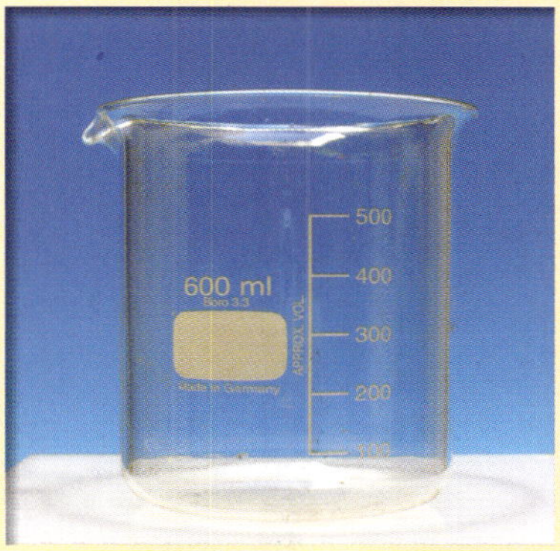

Vaso de precipitados: es un recipiente de vidrio que se utiliza para calentar, mezclar o disolver sustancias.

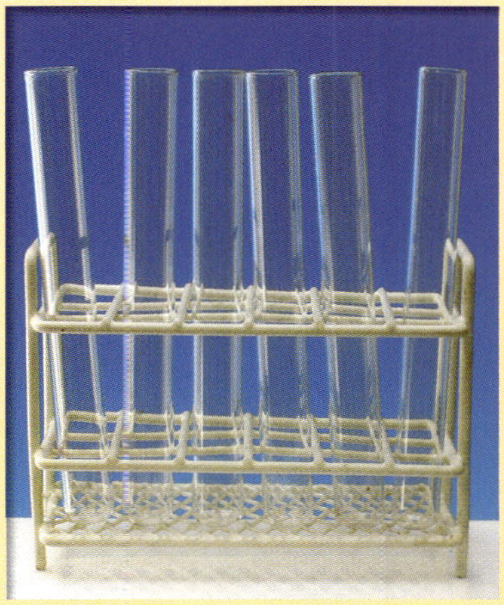

Tubos de ensayo: son de vidrio Pyrex, de diverso diámetro y longitud, se emplean para colocar distintos tipos de sustancias que pueden ser mezcladas o calentadas.

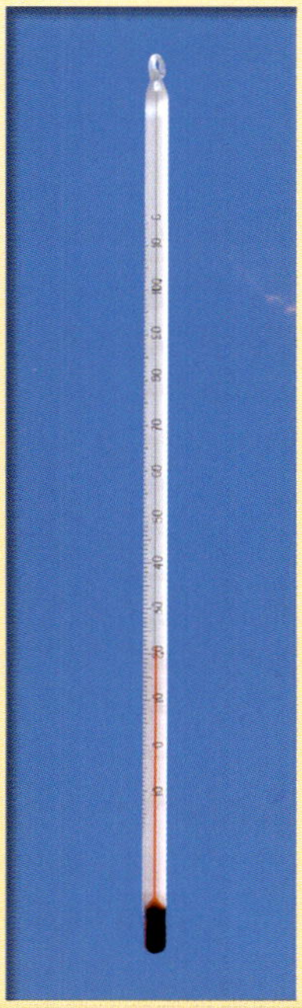

Termómetro: instrumento que indica la temperatura.

Vidrio de reloj: este recipiente cóncavo sirve para colocar muestras de líquidos, pequeños organismos para su observación con lupa binocular, o bien para tapar un vaso de precipitados en el que se efectúa alguna reacción química.

EXPERIENCIAS

Realización de una reacción química

Las reacciones químicas implican la transformación de una sustancia en otra y el cambio de sus propiedades químicas y físicas. En esta experiencia realizarán una reacción química en la que dos compuestos, el azufre y el hierro, se transformarán en una nueva sustancia, el sulfuro de hierro.

Materiales

Tubo de ensayo, mechero, pinza de madera, azufre en polvo, limaduras de hierro, imán, papel y lápiz.

Procedimiento

1. Describan el color del azufre y de las limaduras de hierro.
2. Comprueben cómo el imán atrae las limaduras de hierro.
3. Mezclen una parte de azufre y otra de hierro.
4. Utilicen el imán para separar el hierro del azufre.
5. Vuelvan a mezclar y coloquen una parte de la mezcla en un tubo de ensayo.
6. Calienten el tubo de ensayo sobre la llama del mechero recordando no dirigir la boca del tubo hacia ustedes ni hacia ningún compañero.
7. Dejen enfriar. ¿De qué color es la sustancia que obtuvieron?
8. Comprueben si se puede separar el hierro con el imán.

Resultados

Comparen el color de los reactivos antes de comenzar la experiencia.
¿De qué color es el producto que obtuvieron? ¿Cómo se denomina?
¿Pudieron separar con el imán el hierro del sulfuro de hierro?
¿De qué tipo de fenómeno se trata esta transformación?

Comprobación de la Ley de la conservación de las masas en una reacción química

El vinagre reacciona con el bicarbonato de sodio formando sales, agua y CO_2 gaseoso.

Materiales

Vinagre de alcohol, bicarbonato de sodio, Erlenmeyer, un globo, una bandita elástica, balanza de platillos, una cucharita.

Procedimiento

1. Coloquen 50 ml de vinagre dentro del Erlenmeyer.
2. Pongan una cucharadita de bicarbonato de sodio dentro del globo.
3. Ajusten la boca del globo a la boca del Erlenmeyer y sujeten el globo con la bandita elástica. Esta maniobra deben realizarla con cuidado para evitar que el bicarbonato de sodio que se encuentra en el globo caiga dentro del Erlenmeyer.
4. Coloquen el dispositivo sobre uno de los platillos de la balanza e igualen la masa del dispositivo agregando pesas en el otro platillo.
5. Con cuidado, vuelquen el bicarbonato de sodio que se encuentra dentro del globo sobre el vinagre del Erlenmeyer.

Resultados

¿La balanza indicó algún cambio entre la masa de los reactivos y la de los productos?
¿Qué sucedió con el globo? ¿Cómo se llama el gas producido dentro del globo?
Repitan el procedimiento pero esta vez dejando el Erlenmeyer destapado con el globo y la bandita elástica sobre el platillo.
¿Qué indica la balanza? ¿Cómo pueden explicarlo?

ACTIVIDADES

Completen la siguiente grilla

Referencias

1. Partícula integrada por protones, neutrones y electrones.
2. Elemento químico cuya molécula gaseosa está formada por dos átomos, que interviene en las reacciones de combustión y en la respiración de los seres vivos.
3. Partícula subatómica de carga negativa.
4. Nombre de las sustancias iniciales de una reacción química.
5. Forma de energía que fluye de un cuerpo de mayor temperatura a otro de menor temperatura cuando están en contacto.
6. Nombre de las sustancias finales de una reacción química.
7. Sirve para guardar los tubos de ensayo.
8. Recipiente de vidrio que se emplea para realizar reacciones químicas o calentar sustancias.

autoevaluación

Elijan la respuesta correcta

1. En el núcleo del átomo se encuentran:
a) los electrones. ☐
b) los protones y los electrones. ☐
c) los protones y los neutrones. ☐

2. La carga del neutrón es:
a) negativa ☐
b) positiva. ☐
c) neutra. ☐

3. La masa del protón es igual que:
a) la masa del electrón. ☐
b) la masa del neutrón. ☐
c) la masa del neutrón más la del electrón. ☐

4. Los electrones se mueven en órbitas:
a) con distintos niveles de energía. ☐
b) con el mismo nivel de energía. ☐
c) a la misma distancia del núcleo. ☐

5. Las sustancias simples están constituidas por:
a) dos o más elementos químicos. ☐
b) dos o más tipos de moléculas. ☐
c) un solo tipo de átomos. ☐

6. Las sustancias compuestas:
a) están constituidas por varios tipos de moléculas. ☐
b) están formadas por moléculas constituidas por dos o más tipos de átomos. ☐
c) están formadas por un solo tipo de elemento. ☐

7. La energía cinética de las moléculas de un gas:
a) es mayor que la de las moléculas de un sólido. ☐
b) es menor que la de las moléculas de un líquido. ☐
c) es igual a la energía cinética de cualquier molécula. ☐

8. En un sistema aislado:
a) la energía inicial es igual a la energía final. ☐
b) la energía final siempre es mayor que la inicial. ☐
c) la energía inicial es mayor que la final. ☐

9. En una reacción química:
a) siempre se destruye masa. ☐
b) a veces se destruye masa. ☐
c) no se crea ni se destruye masa. ☐

10. Las reacciones exergónicas:
a) son las que liberan energía. ☐
b) son las que absorben energía. ☐
c) ni liberan ni absorben energía. ☐

Composición química de los seres vivos

Los primeros organismos vivientes surgieron hace más de 3.500 millones de años en los mares primitivos. Fue allí donde algunos elementos se combinaron en presencia de energía, para formar moléculas complejas. Actualmente, las sustancias elementales que forman nuestro cuerpo y el de todos los seres vivos, con su diversidad de formas y tamaños, son del mismo tipo.

Fósil de organismo marino que vivió hace más de 400 millones de años.

Elefante marino hembra.
Los organismos vivos están integrados por complejas moléculas biológicas, y también por compuestos inorgánicos simples, como el agua.

Componentes de la materia viva

¿Qué es un ser vivo? Al observar una planta, una mesa, un insecto y una roca, intuitivamente podemos distinguir algunas diferencias entre la materia viva, o animada, y la materia inanimada. Si bien están constituidos por los mismos elementos que se encuentran en la Tierra, los seres vivos tienen características distintivas.

Los **elementos químicos** más abundantes en la materia viva son el oxígeno, el hidrógeno, el nitrógeno, el fósforo, el azufre y el carbono, este último elemento es característico de los compuestos orgánicos, por eso a estos compuestos se los llama también **compuestos del carbono**.

Los seis elementos mencionados representan el 99% de la composición de los organismos vivientes. Otros elementos, también importantes, pero presentes sólo en pequeñas cantidades, son el calcio, potasio, sodio, hierro y magnesio.

Compuestos orgánicos e inorgánicos

Tradicionalmente se han diferenciado dos tipos de compuestos químicos: los **inorgánicos** y los **orgánicos**.

Los compuestos químicos inorgánicos son los que se encuentran presentes mayormente en las sustancias sin vida o inanimadas, como las rocas y los minerales. Sin embargo, algunos compuestos inorgánicos como el **agua**, el **oxígeno**, el **dióxido de carbono** y los **minerales** también forman parte de los seres vivos, por ejemplo, el hierro de los glóbulos rojos, entre otros. En la constitución de los compuestos inorgánicos intervienen todos los elementos, inclusive el carbono cuando forma parte de la molécula de dióxido de carbono y de las sales minerales.

Compuestos inorgánicos

Son compuestos formados por moléculas relativamente pequeñas, de estructura química sencilla. Entre los compuestos inorgánicos podemos mencionar los **óxidos**, como el óxido férrico, los **hidróxidos** o **bases**, como el hidróxido de sodio, los **ácidos**, como el ácido clorhídrico y las **sales**, como el cloruro de sodio o sal común. Algunos compuestos inorgánicos forman parte de los seres vivos, pero sin duda, el agua es la sustancia clave para todas las formas de vida.

Las plantas absorben agua a través de las raíces. Disueltas en el agua, ingresan sales minerales, indispensables para su crecimiento y desarrollo.

El agua

El **agua** tiene una importancia extraordinaria para todos los organismos. Los tejidos poseen entre un 75 y un 90% de moléculas de agua en su composición. El agua se encuentra en el interior de las células, en los líquidos circulantes de los vegetales y en la sangre de los animales.

Los organismos vivos necesitan un medio acuoso para realizar sus funciones metabólicas de digestión y circulación. Por esta razón su presencia es vital para el desarrollo y el mantenimiento de la vida.

Características del agua

El agua es un **solvente** muy importante para los seres vivos, tiene una **capacidad de disolución muy alta**. Muchos componentes de los organismos se encuentran disueltos en agua, como las sales minerales y los azúcares. Además, el agua en la naturaleza contiene **gases**, como el oxígeno y el dióxido de carbono.

El **calor específico** del agua es alto en relación con otros líquidos (alcohol, aceite). *El calor específico es la cantidad de calor, medida en calorías, que un gramo de una sustancia necesita para aumentar 1 °C su temperatura.* Como el agua necesita una gran cantidad de calor para elevar su temperatura, se transforma en un *estabilizador de la temperatura celular.*

Las moléculas de agua requieren más energía que otras sustancias para pasar del estado líquido al estado de vapor. Al **evaporarse**, las moléculas de agua absorben el calor de la superficie de los cuerpos y los enfrían. Este mecanismo es utilizado por los seres vivos para eliminar el exceso de calor de sus cuerpos mediante la **transpiración**, especialmente durante el verano.

Otras características importantes del agua son:

- Facilita las reacciones químicas dentro y fuera de las células.
- Permite la actividad enzimática.
- Es el medio de transporte y circulación de distintos componentes de los seres vivos. La sangre de los vertebrados contiene un 90% de agua.
- Ayuda a mantener la forma de las células y su tamaño (turgencia).

El agua congelada, o hielo, flota sobre las masas de agua líquida. Ésta es una de las propiedades especiales del agua.

Propiedades especiales del agua

Casi todos los líquidos aumentan su ***densidad*** *a medida que desciende la temperatura*, es decir que *un mismo volumen de líquido es más pesado cuanto menor es su temperatura*. Con el agua ocurre lo mismo, pero por debajo de los 4 °C y hasta que se congela, a los 0 °C, el agua se comporta de una forma "extraña": se vuelve menos pesada. Seguramente habrán comprobado que el hielo flota cuando lo colocan en un vaso con agua. Esta propiedad tan especial del agua es muy importante en la naturaleza. En las aguas congeladas de un lago o del mar se forma una capa de hielo que flota en la superficie, mientras el agua del fondo permanece en estado líquido, esto permite la existencia de vida por debajo de la capa de hielo.

Compuestos orgánicos

Caña de azúcar.
Las plantas fijan el CO_2 de la atmósfera y lo utilizan para producir hidratos de carbono.

Las **moléculas** de los **compuestos orgánicos** están constituidas principalmente por **carbono**, **hidrógeno**, **oxígeno** y **nitrógeno**, y algunos otros elementos en pequeñas cantidades. Los átomos de carbono se caracterizan por su capacidad para combinarse de múltiples maneras y pueden formar cadenas de materia orgánica estables y fuertes. Cada disposición particular de los átomos de carbono produce un compuesto diferente, que tiene características químicas propias.

¿Todos los compuestos orgánicos forman parte de los seres vivos? No, existen compuestos orgánicos, como el petróleo, que si bien proceden de los seres vivos, son producto de la transformación de éstos a lo largo de millones de años. Para diferenciar unos de otros, denominamos **compuestos biológicos**, o **bioquímicos**, a aquellos que *forman parte de los seres vivos e intervienen en sus reacciones químicas*. Entre los compuestos biológicos más importantes podemos mencionar los **hidratos de carbono**, o azúcares, los **lípidos**, las **proteínas** y los **ácidos nucleicos**.

Hidratos de carbono o azúcares

Los **hidratos de carbono**, o **azúcares**, están formados por tres tipos de átomos: carbono, hidrógeno y oxígeno. También se los llama **glúcidos**, debido al característico sabor dulce que tiene la mayoría de los hidratos de carbono.

Los azúcares son la principal fuente de energía que utiliza la célula para realizar los procesos metabólicos. Los animales almacenan **glucógeno** como reserva energética y los vegetales lo hacen en forma de **almidón**.

Los hidratos de carbono incluyen **sustancias simples** y **complejas**. De acuerdo con esto se clasifican en:

Monosacáridos: están constituidos por un solo tipo de molécula. Tienen sabor dulce. Ejemplo: glucosa, fructosa.

La glucosa es un azúcar simple, presente en las uvas y en la miel, que provee energía a todas las células. Su molécula está formada por 6 átomos de carbono, 12 de hidrógeno y 6 de oxígeno ($C_6 H_{12} O_6$). Interviene en los procesos de fotosíntesis y respiración.

El azúcar común es sacarosa, un disacárido.

Disacáridos: están constituidos por dos unidades de monosacáridos. Tienen sabor dulce. Ejemplo: lactosa, sacarosa, maltosa.

La lactosa es un azúcar presente en la leche y está formada por la unión de dos moléculas simples de glucosa y galactosa.

La sacarosa es el azúcar común que empleamos para endulzar los alimentos. Habitualmente se la obtiene de la caña de azúcar y de la remolacha. Está formada por la unión de glucosa y fructosa.

Polisacáridos: están constituidos por la unión de muchos monosacáridos. No tienen sabor dulce. Ejemplo: glucógeno, almidón, celulosa.

El glucógeno está formado por la unión de muchas unidades de glucosa. Los animales lo almacenan en el hígado, y lo utilizan como una sustancia de reserva de energía ante una necesidad urgente, ya que lo pueden transformar rápidamente en glucosa.

El almidón constituye una reserva de energía para las plantas.

La celulosa interviene en la estructura y sostén de la pared celular de todos los vegetales.

Lípidos

Los **lípidos** son compuestos insolubles en agua y solubles en éter, cloroformo, benceno y nafta. Dentro de los lípidos encontramos las **grasas**, los **aceites**, las **ceras** y los **fosfolípidos**. Los lípidos son más ricos en reservas energéticas que los hidratos de carbono, aunque esta energía la proveen a largo plazo, ya que el organismo recurre a la energía de los lípidos cuando se han agotado las reservas energéticas de los glúcidos.

Las grasas son lípidos sólidos a temperatura ambiente, mientras que los aceites son líquidos. Los aceites se extraen de los frutos y semillas de las plantas, como el aceite de girasol, de maíz, de uva, de soja o de oliva.

Los animales almacenan grasas como reserva energética, mientras que los vegetales almacenan aceites en sus frutos o semillas.

Algunos mamíferos presentan depósitos de grasa en su cuerpo cuya función es de protección mecánica, otros tienen una capa de grasa debajo de la piel que utilizan de abrigo para protegerse de la pérdida de calor. Algunas aves pueden almacenar grasas para la época de migraciones.

Las ceras son lípidos que cumplen funciones de protección de las superficies de los animales expuestas al aire, como plumas, pelos y piel. En las plantas, se las encuentra en los frutos y los tallos. Quizá la cera más conocida sea la cera que producen las abejas para construir sus panales.

Otros lípidos como el **colesterol** y los **fosfolípidos** desempeñan un papel fundamental en la estructura de la membrana celular.

La grasa de las ballenas no sólo les sirve como reserva energética sino que también las aísla del frío.

Las abejas utilizan cera para sellar las celdas con miel de sus panales.

Aminoácidos y proteínas

Las **proteínas** son moléculas complejas, muy abundantes en los organismos, que cumplen funciones importantes para la vida. Están formadas por carbono, hidrógeno, oxígeno, nitrógeno y pequeñas cantidades de otros elementos.

En el hombre existen aproximadamente 5.000.000 de proteínas diferentes. La bacteria *Escherichia coli*, que vive en el intestino grueso del hombre, puede contener hasta 3.000 proteínas distintas. Esta enorme variedad está construida sobre la base de moléculas pequeñas, presentes en todos los seres vivos, denominadas **aminoácidos**, que se unen entre sí formando grandes moléculas o macromoléculas de proteínas.

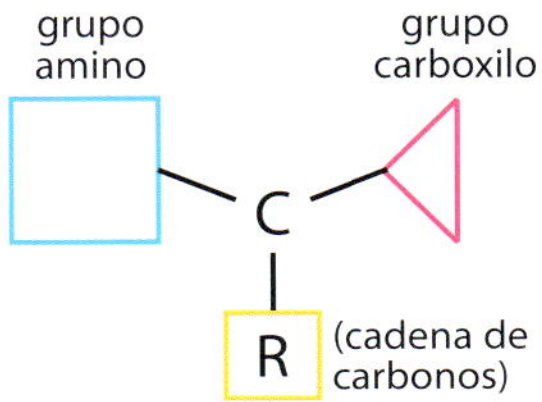

Esquema de un aminoácido.

Si bien una molécula de proteína puede estar formada por la unión de cientos de aminoácidos, sólo 20 son los que se utilizan para construir una proteína, por lo tanto, muchos de ellos se repiten varias veces en una molécula.

Un aminoácido es básicamente una sustancia orgánica que posee un **grupo ácido** (**carboxilo**) y un **grupo básico** (**amino**). El grupo amino de un aminoácido se une al grupo carboxilo de otro, como si fueran los vagones de un tren, para formar las moléculas de proteínas. Este tipo de enlace se denomina **unión peptídica**.

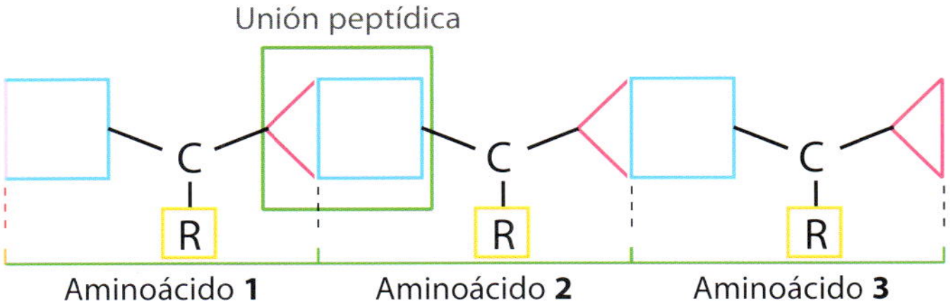

Las proteínas forman parte de la piel y los pelos.

Estructura de las proteínas

La forma lineal en que se combinan los aminoácidos y la distribución espacial de las cadenas determinan los distintos tipos de proteínas:

- La secuencia lineal de aminoácidos se denomina **estructura primaria** de una proteína.
- La **estructura secundaria** es cuando se disponen en forma de lámina.
- La **estructura terciaria** es una formación tridimensional que adquiere una proteína debido al establecimiento de enlaces entre las cadenas proteicas.
- La **estructura cuaternaria** es cuando las proteínas están formadas por varias cadenas proteicas.

Funciones de las proteínas

Estructurales: constituyen parte de los músculos, cartílagos y membranas celulares. Hay proteínas contráctiles que posibilitan el movimiento y el trabajo muscular. El colágeno es una proteína que proporciona la estructura a los cartílagos; la queratina forma el pelo y las uñas de nuestro cuerpo y de los animales.

Catalizadoras: las enzimas son proteínas que intervienen en las reacciones bioquímicas de los seres vivos.

Protección: forman parte de las cubiertas protectoras del cuerpo, como los pelos y la piel.

Transporte de oxígeno: esta función la lleva a cabo la hemoglobina, una proteína de la sangre presente en gran cantidad en los glóbulos rojos.

Defensa: los anticuerpos del sistema inmunitario son proteínas que intervienen en la defensa del cuerpo contra los microorganismos invasores.

Reguladoras: las hormonas son proteínas que intervienen en la regulación de las funciones vitales del organismo.

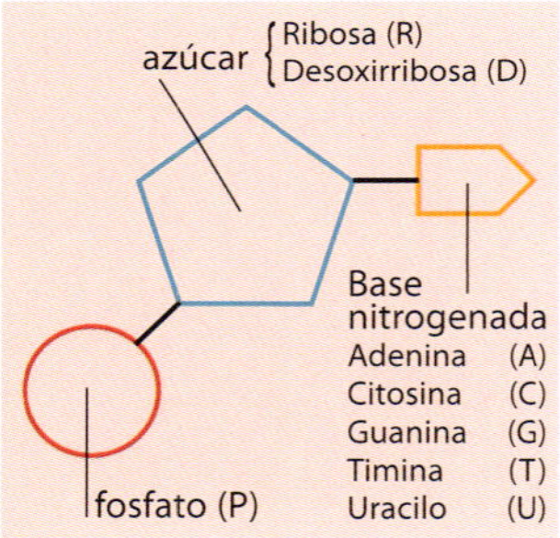

Esquema de un nucleótido.

Enzimas

Las **enzimas** son proteínas formadas por grandes moléculas. Se las considera **catalizadores biológicos**. *Un catalizador biológico es una sustancia que interviene en las reacciones químicas de los seres vivos modificando la velocidad de la reacción*. Las reacciones químicas de los seres vivos ocurren en forma ordenada y controlada gracias a las enzimas. Éstas se recuperan sin sufrir cambios químicos luego de terminada la reacción. Las enzimas se caracterizan porque:

1) son **específicas**, es decir, catalizan un tipo de reacción química y no otro;
2) actúan en **pequeñas cantidades**;
3) actúan a una **determinada temperatura**.

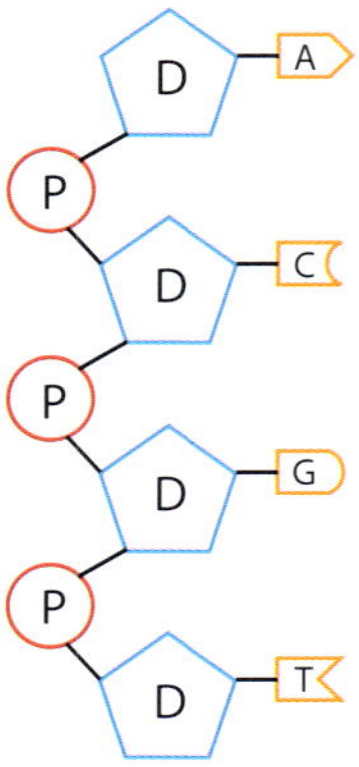

Los nucleótidos se unen formando una cadena.

Ácidos nucleicos

¿Dónde se encuentra la información que determinará que un nuevo ser se convierta en una planta o en un ser humano? La respuesta está en los **ácidos nucleicos**, las moléculas clave de la vida. *Los ácidos nucleicos son los responsables de la síntesis de proteínas y de transmitir el código genético o herencia*. Existen dos tipos de ácidos nucleicos: el **ADN**, o **ácido desoxirribonucleico**, y el **ARN** o **ácido ribonucleico**.

Los ácidos nucleicos son grandes moléculas, largas y enrolladas, formadas por unidades menores denominadas **nucleótidos**. Un nucleótido está constituido por:

a) una **base nitrogenada**, es una molécula que tiene uno o varios átomos de nitrógeno. Existen cinco tipos de bases nitrogenadas: adenina, timina, citosina guanina y uracilo;
b) un **azúcar**, que puede ser de dos tipos: ribosa o desoxirribosa;
c) un grupo **fosfato**.

ADN o ácido desoxirribonucleico

El **ADN** es una macromolécula de estructura tridimensional, formada por dos largas cadenas de **nucleótidos** enrolladas en el espacio en forma de "doble hélice", semejante al dibujo que forman las barandas de una escalera caracol.

En los organismos eucariotas, el ADN se encuentra en el núcleo, en los procariotas se encuentra libre en el citoplasma de la célula.

La molécula de ADN está construida por nucleótidos apareados transversalmente que, a su vez, están unidos longitudinalmente.

Hay cuatro tipos de nucleótidos que se diferencian por sus bases *nitrogenadas*. Cada una de estas bases nitrogenadas sólo puede aparearse transversalmente de este modo: guaninas con citosinas y adeninas con timinas. Los pares de nucleótidos así ubicados se unen longitudinalmente sin restricciones para formar largas cadenas de ADN.

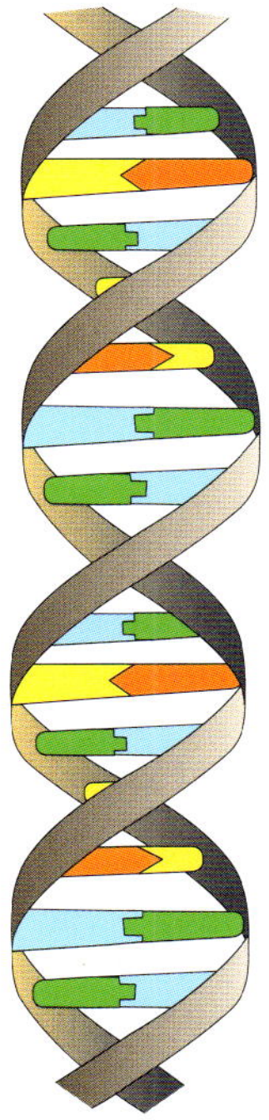

Representación tridimensional de la molécula de ADN.

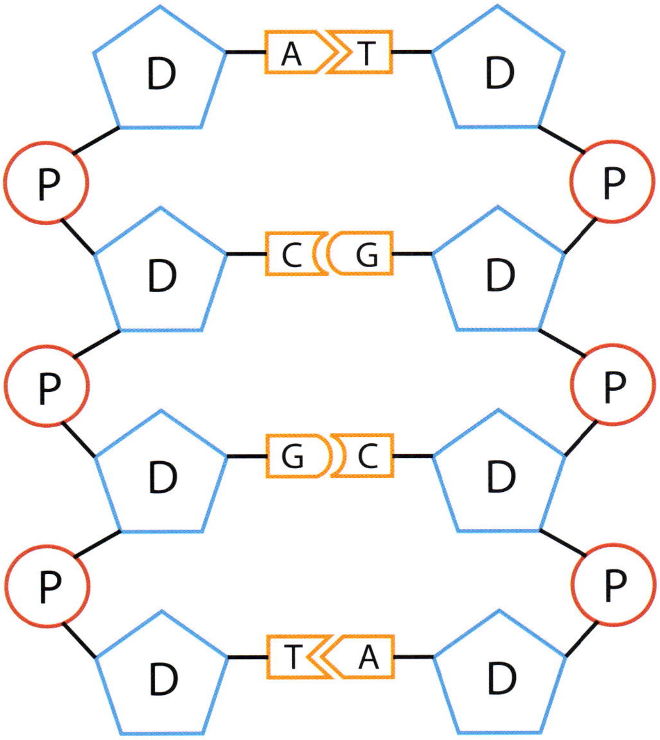

Esquema de un fragmento de molécula de ADN.

ATP: la molécula energética de los seres vivos

La mayoría de las actividades que se llevan a cabo en las células necesitan el aporte de energía. Las uniones químicas entre las moléculas conservan parte de la energía que se utilizó para crearlas. Cuando se rompe un enlace químico, esa energía se libera. Parte de la energía puede perderse en forma de calor y otra parte puede ser transferida a otras moléculas que la **almacenan** en nuevos enlaces. Los hidratos de carbono, por ejemplo, constituyen una reserva de energía para el organismo. Pero existe una molécula energética por excelencia que constituye una forma rápida de obtener y transportar energía, se trata de un compuesto de alta energía denominado **ATP**, adenosín-tri-fosfato. El ATP suministra la energía para la mayoría de las reacciones químicas de síntesis biológicas. La molécula de ATP es como una "batería" que se carga y descarga rápidamente.

enciclopedia

Los virus son microorganismos que se encuentran en el límite entre los seres vivos y la materia inanimada. Están formados por una molécula de ácido nucleico y proteínas. No pueden reproducirse por sí mismos, penetran en el interior de las células de otros seres vivos, las destruyen y utilizan los materiales celulares para fabricar nuevos virus.

enciclopedia

El ATP provee de energía a todos los organismos vivos. Participa en muchísimas actividades, desde la transmisión del impulso nervioso a la producción de descargas eléctricas en algunos peces, como la raya eléctrica. También interviene en la emisión de luz de algunos seres vivos. Las luciérnagas adultas, por ejemplo, tienen un órgano que emite luz en el extremo ventral del abdomen.

Región ventral de una luciérnaga donde se encuentra el órgano luminiscente.

TALLER

El trabajo en el laboratorio

El **laboratorio** es el lugar adecuado para realizar las experiencias y las investigaciones del área de ciencias. Allí se manejan diversas sustancias que requieren una técnica y un tratamiento apropiados, por lo que se deben respetar las normas básicas de seguridad.

El laboratorio debe ser un lugar limpio, ventilado, con buena iluminación. Es importante que cuente con instalaciones de agua, gas y electricidad, piletas de lavado y un sistema de eliminación de residuos. Deberá contar con extinguidor de incendios y un botiquín de primeros auxilios, ubicados ambos en un lugar fácilmente visible.

Las siguientes son algunas **recomendaciones** para sacar el máximo provecho de las prácticas que llevarán a cabo en el laboratorio y para cumplir con algunas normas básicas de seguridad.

Antes de ingresar al laboratorio

1. Lean atentamente la planificación del trabajo práctico: el objetivo, los materiales a utilizar y el procedimiento a emplear.
2. Es aconsejable que retiren los accesorios personales que puedan ocasionar riesgos de accidentes mecánicos o químicos, como collares o pulseras.
3. En lo posible, cúbranse con guardapolvo o uniforme.
4. Utilicen siempre los elementos de protección indicados para cada experiencia, como máscara y guantes.
5. Comuniquen rápidamente al profesor cualquier complicación durante la ejecución de la experiencia.
6. Lleven un cuaderno o anotador de laboratorio donde conste el detalle de las sustancias o reactivos que utilizarán y los resultados de la experiencia.

Dentro del laboratorio

1. Sigan las medidas de seguridad en el manejo de equipos, materiales y reactivos.
2. No ingieran alimentos o bebidas dentro del laboratorio.
3. Eviten los desplazamientos bruscos y los traslados con corridas de un lugar a otro.
4. Mantengan la mesa del laboratorio limpia y ubiquen en ella sólo los elementos de trabajo.
5. Rotulen todos los recipientes con etiquetas.
6. Coloquen el mechero, trípode y soporte apoyados de modo firme para que sean seguros en el momento de utilizarlos.
7. Las sustancias deben volcarse lentamente una sobre otra, evitando salpicaduras.
8. Si calientan una sustancia dentro de un tubo de ensayo, no orienten la boca del tubo hacia ninguna persona ni hacia ustedes mismos.
9. El material de vidrio calentado tarda bastante tiempo en enfriarse, por lo que es importante sujetarlo con protección para no quemarse.

Antes de retirarse del laboratorio

1. Coloquen los residuos de la experiencia en un lugar determinado para tal fin.
2. Guarden los frascos con los reactivos no utilizados.
3. Laven el material de vidrio y guárdenlo limpio, seco y ordenado.
4. Verifiquen que las llaves de paso de los mecheros de gas estén cerradas.

EXPERIENCIAS

Reconocimiento de glucosa

Es importante aprender a reconocer la presencia de determinados compuestos biológicos que forman parte de los seres vivos. En la siguiente experiencia aprenderán a reconocer la presencia de hidratos de carbono simples, como la glucosa, mediante el reactivo de Fehling.

Objetivo

Reconocer la presencia de glucosa mediante el empleo del reactivo de Fehling.

Materiales

Glucosa, sacarosa, agua, dos tubos de ensayo rotulados A y B, espátula, varilla de vidrio, gradilla, pipetas, mechero, reactivo de Fehling A y B.

Procedimiento

1. Coloquen aproximadamente 5 cc de agua en el tubo de ensayo A y agréguenle una pizca de glucosa en polvo. Mezclen la solución con la varilla de vidrio. Coloquen la misma cantidad de agua y sacarosa en el tubo de ensayo B y mezclen.
2. Agreguen 2 cc de Fehling A y 2 cc de Fehling B en cada tubo. Verán que los líquidos adquieren un color azulado.
3. Calienten lentamente los tubos de ensayo sobre la llama del mechero.
4. La reacción será positiva si el líquido de la muestra pasa de color azulado a color rojo-ladrillo. La reacción será negativa si el líquido queda de color azulado o verdoso.

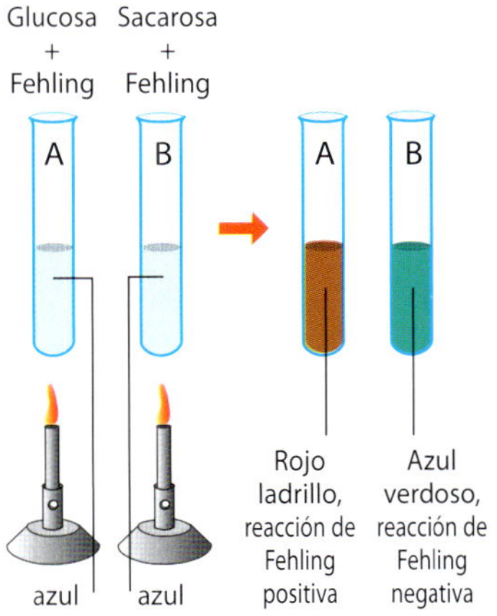

Resultados

¿Qué cambios observaron en el color del agua con glucosa?
¿Qué ocurrió con la sacarosa?

Reconocimiento de almidón

El almidón es un polisacárido que se colorea de violeta en presencia de yodo. La sustancia utilizada es alcohol yodado, conocida como Lugol.

Objetivo

Reconocimiento de la presencia de almidón mediante el empleo de Lugol.

Materiales

Solución diluida de almidón (para prepararla, coloquen una punta de espátula de almidón en 30 cc de agua), dos tubos de ensayo rotulados, A y B, varilla de vidrio, pipetas, Lugol, gradilla.

Procedimiento

1. Coloquen aproximadamente 5 cc de agua en el tubo de ensayo A y agréguenle una pizca de almidón. Mezclen la solución con la varilla de vidrio. Coloquen la misma cantidad de agua en el tubo de ensayo B y mezclen.
2. Agreguen una gota de Lugol en cada tubo.
3. La reacción será positiva si el color del líquido de las muestras se vuelve violeta.
4. Prueben la presencia de almidón colocando una gota de Lugol sobre distintos alimentos: una rodaja de papa, un trozo de pan, una rodaja de zanahoria, un trozo de carne, una porción de manteca.

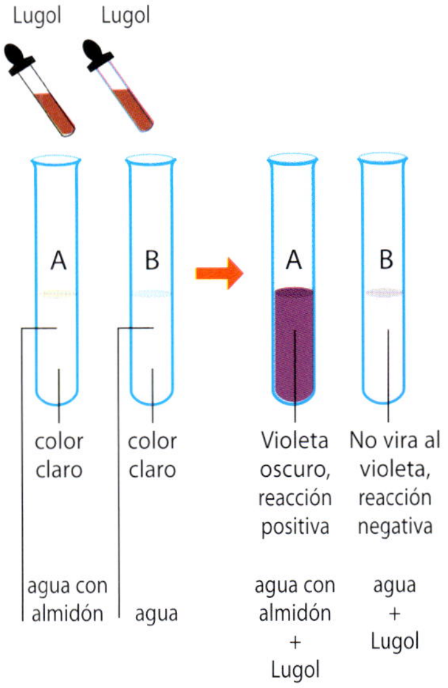

Resultados

¿Qué cambios de color observaron al emplear Lugol?
¿En qué alimentos reconocieron la presencia de almidón?

EXPERIENCIAS

Demostración de la acción de las enzimas

La ptialina es una amilasa, enzima que hidroliza al almidón rompiendo su molécula y permitiendo la formación de glucosa.

En esta experiencia colocaremos una solución con agua, almidón y saliva. Al cabo de un tiempo, la ptialina de la saliva actuará sobre el almidón ayudando a la formación de unidades de glucosa que serán reconocidas mediante el reactivo de Fehling.

Objetivo

Demostrar la actividad de la ptialina, una enzima presente en la saliva.

Materiales

Solución diluida de almidón, dos tubos de ensayo rotulados, A y B, varilla de vidrio, gradilla, pipetas, mechero, vaso de precipitado, termómetro, saliva, reactivo de Fehling A y Fehling B.

Procedimiento

1. Coloquen aproximadamente 5 cc de agua en cada uno de los tubos, A y B. Agreguen una punta de espátula de almidón a ambos tubos. Mezclen las soluciones con la varilla de vidrio.
2. Agreguen abundante saliva en el tubo A.
3. Coloquen agua a 37 °C en el vaso de precipitados, utilicen el termómetro para controlar cada tanto que la temperatura se mantenga aproximadamente dentro de ese valor. Si la temperatura ambiente es baja, pueden dejar el vaso de precipitados cerca de una fuente de calor, cuidando de que ésta no supere los 40 °C. Introduzcan los dos tubos dentro del agua a 37 °C.
4. Al cabo de media hora retiren los tubos con las soluciones. Agreguen 2 cc de Fehling A y 2 cc de Fehling B dentro de cada tubo.
5. Calienten lentamente los tubos de ensayo.

Resultados

¿Qué diferencias de color observan en los tubos A y B?

¿Qué contenía la solución del tubo A que no contenía la del tubo B?

¿Por qué el reactivo de Fehling dio reacción negativa en el tubo de ensayo B y positiva en el A?

¿Por qué la temperatura de la reacción no debe ser muy alta ni muy baja?

Averigüen qué factores influyen en la actividad de las enzimas.

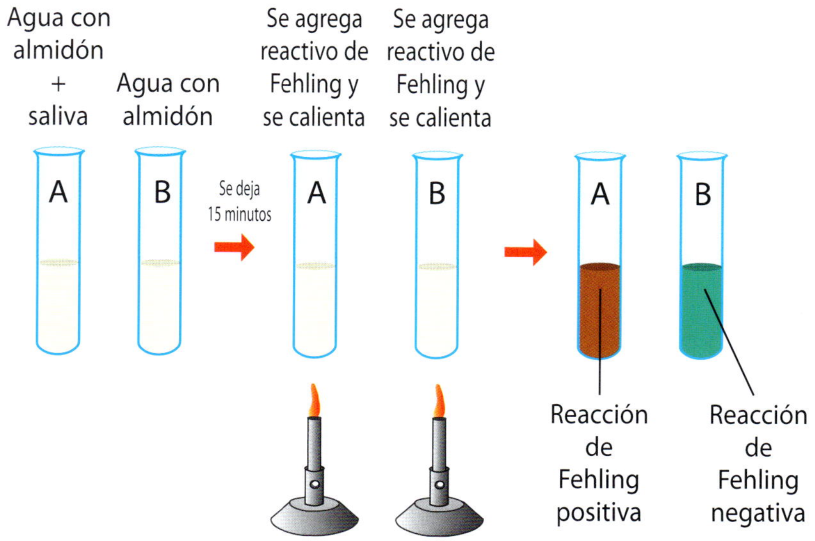

EXPE RIEN CIAS

Reconocimiento de proteínas

El reactivo de Biuret permite reconocer la presencia de proteínas al cambiar de color, de celeste claro a violeta claro.

Objetivo

Reconocer la presencia de proteínas en la clara de huevo.

Materiales

Reactivo de Biuret (se puede preparar colocando 100 g de hidróxido de sodio en 300 cc de agua y luego añadir algunos cristales de sulfato de cobre), clara de huevo, vaso de precipitado, varilla de vidrio.

Procedimiento

Coloquen 50 cc de reactivo de Biuret en un vaso de precipitado. Observen el color. Agreguen una parte de la clara de huevo y mezclen con la varilla de vidrio. Observen el cambio de color.

Resultados

¿Qué cambios de color observaron?
¿Qué indica este cambio?

Completen el siguiente cuadro:

Sustancia	Se reconoce con:	Color inicial	Color final
Almidón			
Glucosa			
Proteínas			

autoevaluación

Elijan la respuesta correcta

1. **Los organismos vivos:**
   a) sólo están integrados por compuestos orgánicos. ☐
   b) sólo están integrados por compuestos inorgánicos, como el agua. ☐
   c) están integrados por compuestos orgánicos e inorgánicos. ☐

2. **Los compuestos orgánicos son también llamados:**
   a) compuestos del carbono. ☐
   b) compuestos del nitrógeno. ☐
   c) compuestos del oxígeno. ☐

3. **Los siguientes son hidratos de carbono:**
   a) glucosa y almidón. ☐
   b) glucosa y grasa. ☐
   c) aceite y almidón. ☐

4. **A los hidratos de carbono también se los denomina glúcidos por:**
   a) su sabor dulce. ☐
   b) su sabor ácido. ☐
   c) su sabor amargo. ☐

5. **Los polisacáridos, como la celulosa, están formados por:**
   a) la unión de dos unidades de monosacáridos. ☐
   b) la unión de muchas unidades de monosacáridos. ☐
   c) la unión de monosacáridos y lípidos. ☐

6. **Para reconocer la presencia de almidón se utiliza:**
   a) alcohol yodado o Lugol. ☐
   b) reactivo de Fehling. ☐
   c) alcohol etílico. ☐

7. **Los lípidos son:**
   a) solubles en agua. ☐
   b) solubles en agua y alcohol. ☐
   c) solubles en éter, cloroformo, benceno y nafta. ☐

8. **A temperatura ambiente, los lípidos:**
   a) se denominan aceites si son sólidos. ☐
   b) se denominan grasas, si son sólidos, y aceites, si son líquidos. ☐
   c) se denominan grasas únicamente si permanecen en estado sólido, aun después de ser calentados. ☐

9. **Las proteínas:**
   a) tienen como principal función biológica la de constituir una reserva de energía. ☐
   b) están formadas por la combinación de miles de aminoácidos diferentes. ☐
   c) están formadas por la combinación de 20 aminoácidos diferentes. ☐

10. **Las enzimas:**
   a) son catalizadores biológicos que facilitan las reacciones metabólicas de los organismos. ☐
   b) son proteínas que no se recuperan una vez que intervienen en una reacción. ☐
   c) son lípidos que actúan en grandes cantidades. ☐

4 Obtención de materia y energía por los seres vivos

Dentro del Sistema Solar, nuestro planeta es muy especial debido a que es el único en el que se desarrolla la vida. En él han surgido y evolucionado, a lo largo de millones de años, seres capaces de aprovechar la materia y la energía del ambiente para utilizarlas en su propio provecho.

Los animales incorporan materia y energía a través de los alimentos.

Las plantas aprovechan la energía del Sol para elaborar sus propios alimentos.

Anabolismo y catabolismo

La vida en nuestro planeta es muy variada, comprende desde organismos simples constituidos por una sola célula (unicelulares), a organismos formados por muchas células (pluricelulares). La célula es la unidad básica de los seres vivos. Cada una de las células que conforman un organismo pluricelular cumple con todas las funciones necesarias para mantenerse con vida, tal como lo hace la única célula de los organismos unicelulares. Además, cada tipo de célula del organismo pluricelular se especializa en una tarea que contribuye a mantener con vida al individuo al que pertenece, actuando en su conjunto como una unidad. Las células, a su vez, están formadas por un sinnúmero de moléculas diferentes que sirven como maquinaria para cumplir con las funciones vitales.

La mayor parte de todas las moléculas que forman una célula se fabrican dentro de esa misma célula. Al total de las reacciones químicas que contribuyen a la **síntesis**, o formación, de nuevas moléculas se las denomina **anabolismo**. Estas reacciones necesitan un **aporte de energía** para llevarse a cabo.

En las células también se producen constantemente reacciones químicas que consisten en la **degradación** de grandes moléculas orgánicas para dar moléculas más pequeñas. Al conjunto de estas reacciones se las denomina **catabolismo**. Las reacciones catabólicas **liberan energía** que es aprovechada por la célula.

Las **reacciones anabólicas y catabólicas** están íntimamente relacionadas y dependen unas de otras.

Las reacciones de degradación de moléculas mayores a moléculas más simples, o reacciones catabólicas, cumplen con dos propósitos:

1. Liberar energía útil para las reacciones de síntesis de nuevas moléculas, o reacciones anabólicas.
2. Aportar materia prima para las reacciones anabólicas.

Muchas de las grandes moléculas que se degradan durante las reacciones catabólicas han sido previamente fabricadas en el propio organismo por un proceso anabólico. La célula funciona como un gran juego de ladrillos donde se rompe lo que había sido construido previamente para poder utilizar esas mismas piezas en la construcción de algo nuevo.

Al conjunto de reacciones anabólicas y catabólicas que ocurren en el organismo se las denomina ***metabolismo****.*

Zorro gris comiendo un trozo de carne.

Organismos autótrofos y heterótrofos

Como ya hemos visto, todos los seres vivos, ya sean unicelulares o pluricelulares, necesitan un aporte continuo de energía para poder cumplir con todas las funciones vitales. Además de la energía, también requieren del aporte de materia orgánica para poder crecer, crear sus propias moléculas y a partir de ellas formar nuevas células.

Según la manera en que obtienen esa materia orgánica podemos clasificar a los seres vivos en **organismos heterótrofos** y **organismos autótrofos**.

Los organismos heterótrofos se alimentan de otros seres vivos y así obtienen la materia orgánica que necesitan.

Los organismos autótrofos tienen la capacidad de fabricar la materia orgánica a partir de moléculas inorgánicas simples, que obtienen del suelo y del aire, de modo que no necesitan de otros seres vivos para obtener su propio alimento, por esta razón se los denomina autótrofos (del griego *auto*: uno mismo, y *trofos*: alimento).

Existen dos tipos de organismos autótrofos: los **autótrofos fotosintéticos** que utilizan la luz para elaborar la materia orgánica, como todas las plantas verdes y las algas, y los **autótrofos quimiosintéticos**, que no la necesitan. Estos últimos obtienen la energía de compuestos inorgánicos sencillos extraídos del ambiente en que viven. Sólo cierto tipo de bacterias tienen esta forma de alimentación.

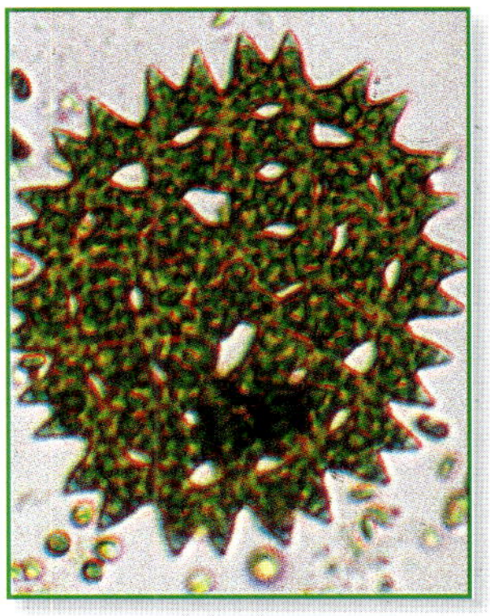

Las algas, al igual que las plantas, son organismos autótrofos que fabrican sus propios alimentos.

La nutrición

Los organismos vivientes, al igual que el motor de un automóvil, necesitan energía para poder realizar sus funciones, y así como la energía que emplea un motor para funcionar la obtiene del combustible, los organismos lo hacen de los alimentos.

A diferencia del motor, los organismos no sólo obtienen energía del alimento sino que este alimento también les aporta los "repuestos" para reemplazar partes dañadas de su cuerpo y el material para crecer.

A los procesos que implican la incorporación de materia y energía, la asimilación de nutrientes y la eliminación de desechos se los denomina ***nutrición****.*

La **nutrición** comprende los procesos de alimentación, respiración, circulación y excreción. Como pueden ver, la alimentación sólo representa una parte de los procesos de nutrición.

Los árboles son organismos autótrofos fotosintéticos.

Obtención de materia y energía por los heterótrofos

Los animales heterótrofos incorporan materia y energía mediante la ingesta.

Todos los animales, incluyendo el hombre, comen otros animales o vegetales.

Al ingresar al organismo, estos alimentos sufren una serie de transformaciones conocidas como **digestión**. El alimento comienza a degradarse en la boca con la **masticación** y continúa en las distintas partes del aparato digestivo donde se van separando las sustancias nutritivas, como las proteínas, los azúcares, las grasas, las vitaminas y los minerales de las sustancias de desecho. En el intestino se **absorben** estas sustancias nutritivas y pasan directamente a la sangre que las transporta a cada célula del organismo.

Los desechos que se generan son finalmente **expulsados** al exterior del organismo.

Algunas de las sustancias nutritivas que ingresan a las células son utilizadas para construir nuevas moléculas, otras son **degradadas** en moléculas más y más pequeñas hasta convertirse, por último, en agua y CO_2 (véase más adelante "Respiración celular"). El CO_2 pasa a la sangre y es llevado a los pulmones donde se desecha durante la **espiración**. Todo este proceso libera la energía contenida en los alimentos. Parte de la energía se pierde como calor y otra parte se guarda en moléculas especializadas para esta tarea, llamadas ATP. Estas moléculas funcionan "guardando" la energía hasta que la célula la necesite, entonces la liberan.

La finalidad de todo este proceso es **producir** la **materia prima** y la **energía** que un ser vivo necesita para crecer, reproducirse, generar calor y realizar todas las funciones vitales.

enciclopedia

Órganos de reserva

Tanto en animales como en vegetales, cuando hay un exceso de disponibilidad de sustancias elaboradas que no han de ser utilizadas en el corto plazo, éstas se almacenan en órganos o tejidos especializados para tal fin.

Los órganos de reserva de los animales son el hígado para los hidratos de carbono y el tejido adiposo para los lípidos.

En los vegetales, los órganos de reserva son las raíces, los tallos y las semillas, y las sustancias que se almacenan son almidón y aceites.

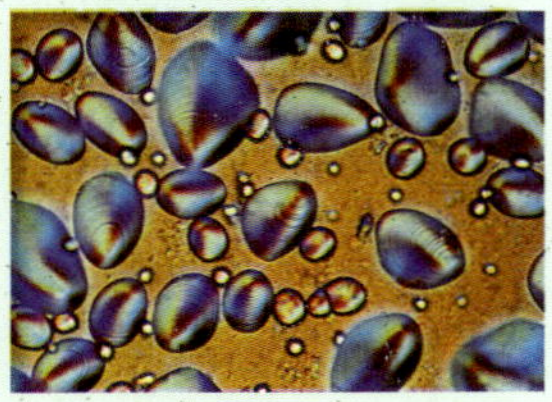

Gránulos de almidón en un preparado de papa vistos a través de un microscopio.

Fotosíntesis

Mediante el proceso de **fotosíntesis**, las plantas verdes y las algas fabrican su propio alimento, la **glucosa**, un azúcar simple. Este proceso se realiza en presencia de luz solar, a partir del CO_2 y del agua. Además de la glucosa, durante la fotosíntesis se produce oxígeno que es liberado al ambiente.

¿Cómo hacen las plantas para producir sus propios alimentos?

El proceso comienza con la incorporación de sustancias inorgánicas, principalmente agua y sales minerales del suelo y CO_2 del aire. ¿Cómo toman las plantas el agua del suelo?

La **raíz** es el órgano especializado en la absorción de agua. El ingreso de agua a la planta se realiza a través de los **pelos absorbentes** de las raíces. Como el agua está más concentrada en el suelo que en la raíz, ingresa directamente, sin gasto de energía. Las sales minerales que se encuentran disueltas en el agua ingresan junto con ella al vegetal conformando la **savia bruta**. Ésta asciende por un conjunto de conductos o tubos que forman un tejido de conducción llamado **xilema** y recorren el tallo hasta las hojas. Las hojas de las plantas cumplen varias funciones, una de ellas es la de dejar salir y entrar gases en el interior de la planta, como el dióxido de carbono y el oxígeno. Para esto, tienen en su superficie unos poros microscópicos llamados **estomas**. A través de los estomas la planta realiza un intercambio gaseoso con el ambiente, según sus necesidades. En las hojas se fabrican los alimentos, azúcares, utilizando el agua proveniente del suelo y el dióxido de carbono que toman del aire, en presencia de la luz solar.

El principal responsable de la captación de la energía lumínica del Sol es un pigmento fotosintético llamado **clorofila**, que es el que le da el color verde a las plantas y que está presente en la mayoría de ellas. Los pigmentos son sustancias capaces de absorber energía. Los diferentes tipos de pigmentos se caracterizan por absorber distintas longitudes de onda de la energía lumínica. La clorofila absorbe las longitudes de onda del rojo, el violeta y el azul. Existen dos tipos de clorofila, la *a* y la *b*, con algunas diferencias en su composición química. La clorofila es la que interviene directamente en la captación de la energía lumínica del Sol. Además de la clorofila existen otros pigmentos, como los **carotenos**, de coloración rojiza, y las **xantófilas**, de color amarillo, también presentes en los tallos y en las hojas. Estos pigmentos cumplen una función semejante a la clorofila, pero con menor eficiencia. Los pigmentos fotosintéticos están almacenados en pequeñas organelas dentro de las células vegetales llamadas **cloroplastos**.

Cloroplastos y tilacoides

Los cloroplastos son estructuras rodeadas de dos **membranas**, una **externa** y otra **interna**, entre las que se halla un **espacio intermembranoso**. Dentro del cloroplasto existen unas pequeñas vesículas membranosas: los **tilacoides**. Éstos se encuentran inmersos en una solución denominada **estroma**. Los tilacoides se agrupan en gran número formando pilas de tilacoides denominadas **granas**. En la membrana de los tilacoides se encuentran los **pigmentos fotosintéticos**. Las células de organismos fotosintéticos procariotas, como las cianobacterias, carecen de cloroplastos, sólo poseen tilacoides.

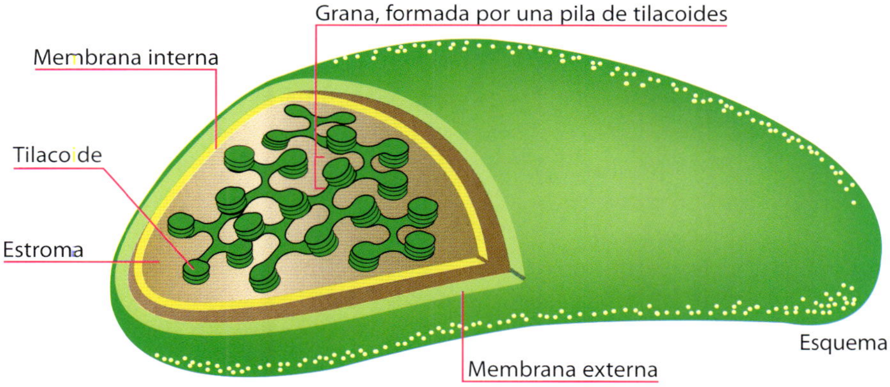

Esquema de cloroplasto.

Aprovechamiento de la luz

Un tallo erguido en el que se insertan las hojas en forma alternada le permite a la planta exponer al máximo las hojas a la luz solar, y así poder captar la mayor cantidad de energía lumínica. Al mismo tiempo que se elaboran sustancias orgánicas, se forma oxígeno que es expulsado al ambiente a través de los **estomas**. Éstos pueden graduar el tamaño de su abertura para favorecer o dificultar la salida de agua y el intercambio gaseoso.

Desde las hojas, las sustancias orgánicas disueltas en agua (savia elaborada) son transportadas al resto de la planta a través de una red de conductos paralelos al xilema denominados **floema**. Ya en las células, los materiales fabricados pueden utilizarse para extraer energía.

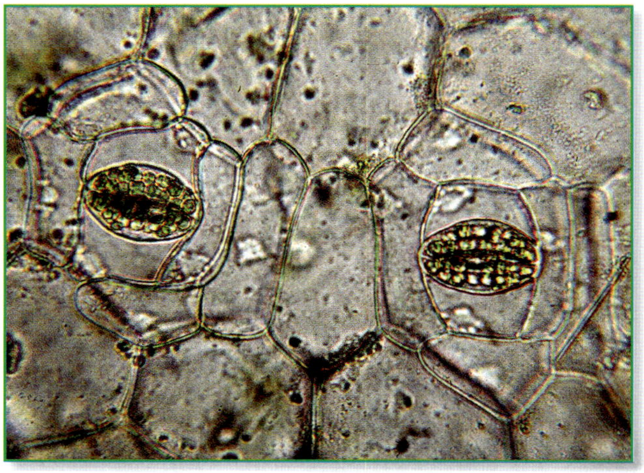

Microfotografía de estomas.

Etapas de la fotosíntesis

La fotosíntesis puede ser dividida en dos grandes etapas: la **etapa lumínica**, o **fotoquímica**, y la **etapa oscura**, o **bioquímica**.

Durante la etapa lumínica, la molécula de clorofila capta la energía del Sol. Como resultado de esta etapa se forma ATP y se libera oxígeno.

Etapa lumínica o fotoquímica

Como ya hemos visto, la energía solar es captada por la clorofila que se encuentra en los cloroplastos de las hojas. El dióxido de carbono del aire penetra en el interior de las hojas a través de los estomas. El agua llega hasta las hojas proveniente del suelo.

En la **etapa lumínica**, el agua es separada en sus componentes, **hidrógeno** y **oxígeno**, utilizando la energía del Sol captada por la clorofila. El oxígeno se desecha por los estomas y vuelve a la atmósfera, el hidrógeno pasa a la etapa siguiente.

Parte de la **energía lumínica** queda guardada en forma de **energía química** dentro de una molécula que ya hemos mencionado: el ATP. Como resultado de la etapa lumínica, se **libera oxígeno** y se **forma ATP**.

Etapa oscura o bioquímica

Una vez formadas, las moléculas de ATP se utilizan para construir moléculas orgánicas más complejas, como la glucosa, un alimento energético por excelencia, constituida por seis átomos de carbono, doce átomos de hidrógeno y seis átomos de oxígeno: $C_6H_{12}O_6$. Esta segunda etapa de la fotosíntesis es independiente de la presencia de luz, de ahí su nombre (**etapa oscura**), lo que no significa que sólo ocurra en la oscuridad. La glucosa producida inicialmente puede ser transformada por la planta en hidratos de carbono más complejos, como el almidón, formado por largas cadenas de glucosa o de celulosa, y también en otros tipos de sustancias, como grasas y proteínas. Es importante destacar que a partir de sustancias simples, como el hidrógeno y el dióxido de carbono, se sintetizan sustancias más complejas.

Las sales minerales que ingresan disueltas en el agua son necesarias para la formación de moléculas complejas. El nitrógeno, el fósforo y el azufre son necesarios para el crecimiento normal, pues forman parte de las proteínas y lípidos, moléculas estructurales fundamentales en la creación de nuevas células. El magnesio forma parte de la molécula de clorofila y el calcio de las paredes celulares.

Ecuación química de la fotosíntesis:

energía lumínica

$$6\,H_2O + 6\,CO_2 \rightarrow C_6H_{12}O_6 + 6\,O_2$$

(agua) (dióxido de carbono) (glucosa) (oxígeno)

El agua absorbida por las raíces reacciona con el dióxido de carbono del aire para producir glucosa, gracias a la energía de la luz solar captada por la clorofila. En este proceso se produce oxígeno que es liberado a la atmósfera por la planta.

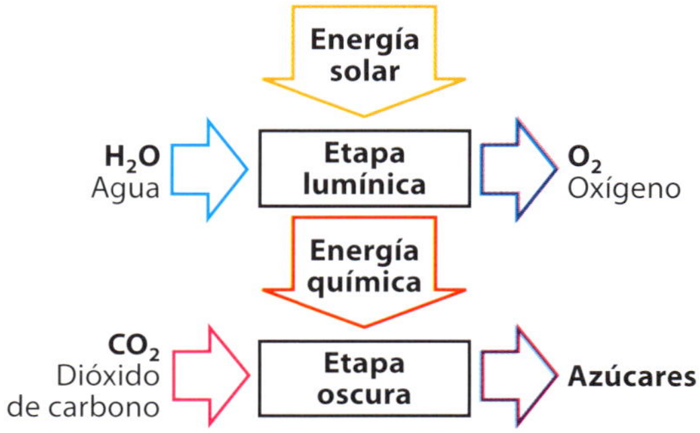

Respiración celular

La respiración celular es el mecanismo productor de energía por excelencia. Es importante diferenciar la **respiración mecánica** de la **respiración celular**. La respiración mecánica es la entrada y salida de gases el organismo realizada a través del sistema respiratorio, como sucede en los seres humanos, o bien, a través de la piel, en organismos más sencillos (la lombriz de tierra). La respiración celular, en cambio, es el proceso metabólico destinado a obtener energía mediante la oxidación de moléculas de alimento (glucosa).

La energía liberada durante la respiración no se pierde, sino que se guarda en las moléculas de ATP. Estas moléculas permiten el transporte de energía hacia las diferentes partes de la célula o del cuerpo, donde el organismo la necesite. El ATP es la molécula portadora de energía clave para todos los seres vivos, interviene en una gran cantidad de reacciones, como la síntesis de materia orgánica, la transmisión del impulso nervioso, el movimiento, etcétera.

La respiración celular en los animales y vegetales constituye una **vía metabólica aeróbica** (en la que interviene el oxígeno). Otra forma que tienen las células de obtener energía es la **fermentación**, que es una **vía metabólica anaeróbica** (en la que no interviene el oxígeno).

La respiración celular es el proceso mediante el cual los seres vivos obtienen energía para correr, saltar, moverse y cumplir con todas las funciones vitales.

La respiración, una combustión controlada

La combustión, como la que se realiza al quemar leña u otro combustible, es una reacción química entre dos sustancias, el combustible (papel, madera, alcohol, etc.) y el oxígeno. La energía que se libera durante la combustión no es otra cosa que la energía química almacenada en los enlaces entre las moléculas de combustible. Los productos de esta reacción son el dióxido de carbono y el agua. En muchos aspectos, la respiración celular es igual a la combustión. Se diferencian en que la *respiración es una combustión controlada y no violenta*. Además, los organismos han encontrado el modo de almacenar y transportar la energía que se produce durante la respiración en las moléculas de ATP, para utilizarla posteriormente.

Glucólisis

Tanto la respiración aeróbica como la fermentación comparten una primera etapa denominada **glucólisis**.

La glucólisis consiste en la degradación de la molécula de glucosa con el fin de obtener energía. Como resultado de la glucólisis la molécula de glucosa, de seis carbonos, se oxida y da lugar a dos moléculas de tres carbonos de **ácido pirúvico**. Durante la glucólisis se **libera energía** que se almacena en las moléculas de ATP y en otros compuestos.

Ciclo de Krebs y cadena respiratoria

En presencia de oxígeno, el ácido pirúvico, producido durante la glucólisis, se degrada completamente hasta convertirse en dióxido de carbono y agua, mediante una serie de reacciones denominadas **ciclo de Krebs** y **cadena respiratoria**. Durante estas reacciones se libera gran cantidad de energía que se almacena en ATP.

Este proceso se lleva a cabo en organelas especializadas llamadas **mitocondrias**, que son estructuras ubicadas dentro de las células y están formadas por una **membrana externa** y otra **interna**.

La membrana interna se pliega hacia adentro dando lugar a una serie de **crestas mitocondriales**. La **matriz mitocondrial** es una solución que contiene enzimas y otras sustancias que intervienen en la respiración celular. La energía producida durante la respiración es almacenada en las moléculas de ATP.

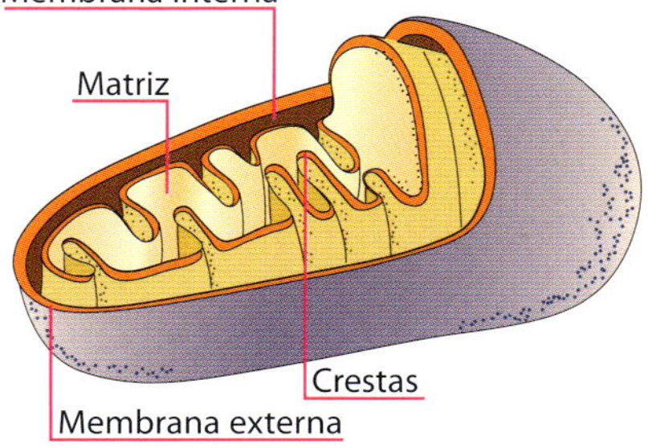

Esquema de mitocondria.

Esta energía puede ser transportada por medio del ATP desde la mitocondria, donde se produce, hasta otros compartimientos celulares que la célula necesite, ya sea para ser usada por el organismo para sintetizar otras moléculas que forman parte de la estructura celular, o bien para contraer músculos, producir impulsos nerviosos, etcétera.

La respiración se lleva a cabo tanto en animales como en vegetales. La velocidad a la que se realiza la fotosíntesis es de 10 a 30 veces mayor que la velocidad de respiración, por lo tanto, en presencia de luz, es más el oxígeno que libera una planta por el proceso de fotosíntesis que el que se consume por la respiración.

Ecuación química de la respiración:

$$\underset{\text{(glucosa)}}{C_6H_{12}O_6} + \underset{\text{(oxígeno)}}{6\,O_2} \rightarrow \underset{\text{(dióxido de carbono)}}{6\,CO_2} + \underset{\text{(agua)}}{6\,H_2O} + \text{Energía}$$

¿Cómo llega el oxígeno hasta el interior de las células?

En organismos unicelulares, el oxígeno penetra en el interior de la célula simplemente por **difusión**. En los organismos pluricelulares el oxígeno debe ser transportado al interior de las células por un **sistema de órganos** especializados en dicha función. El sistema respiratorio es el encargado de llevar el oxígeno hasta los alvéolos pulmonares donde se produce el intercambio gaseoso. El sistema circulatorio transporta la sangre con oxígeno hasta las células.

Fermentación

En las uvas hay microorganismos (levaduras) responsables de transformar en alcohol la glucosa contenida en las uvas. Este proceso se lleva a cabo en la fabricación del vino.

Hemos visto que como resultado de la glucólisis la molécula de glucosa se rompe, dando origen a dos moléculas de ácido pirúvico y liberando energía útil para la célula.

En ausencia de oxígeno, el ácido pirúvico entra en una vía metabólica anaeróbica llamada **fermentación**. La fermentación tiene un rendimiento menor que la respiración aeróbica en cuanto a la cantidad de energía obtenida. Existen dos tipos de fermentación: la fermentación **láctica** y la fermentación **alcohólica**.

La fermentación láctica da como producto ácido láctico, y es producida por muchos microorganismos y, en casos especiales, por algunas células animales. Las células musculares de los atletas pueden producir ácido láctico ante una falta momentánea de oxígeno, por ejemplo, durante una carrera.

Muchos organismos convierten el azúcar en alcohol etílico, o etanol, mediante el proceso de fermentación alcohólica. Las levaduras presentes en el hollejo de la uva son las responsables de la fermentación del azúcar de uva para producir el vino, una bebida alcohólica.

Utilización de la energía por los seres vivos

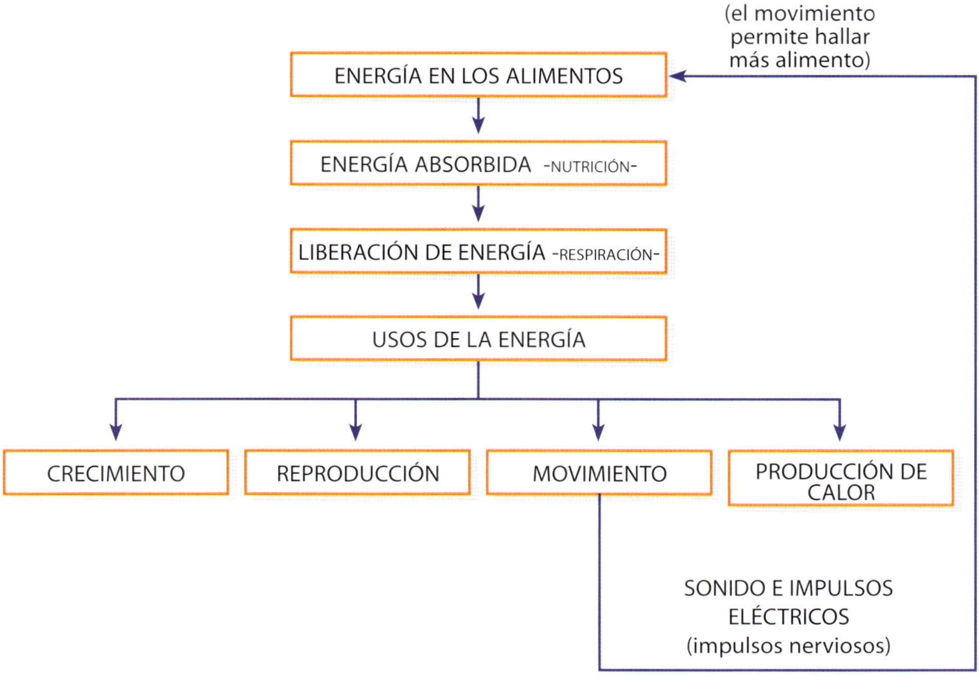

Relación entre fotosíntesis y respiración

Los procesos de **fotosíntesis** y **respiración** guardan una estrecha vinculación. El desarrollo de las distintas formas de vida en el planeta dependen de estos procesos. Las plantas verdes, con su capacidad de captar energía solar y transformarla en energía química, son las generadoras de la vida en nuestro planeta. Durante la fotosíntesis se produce el alimento que nutre los animales herbívoros, de los que se alimenta el resto de los animales. También se libera oxígeno a la atmósfera en volúmenes muy importantes. Los animales y las plantas utilizan el oxígeno para realizar la respiración celular y obtener la energía de los alimentos. Durante este proceso liberan el dióxido de carbono necesario para la fotosíntesis de las plantas.

Respiración	Fotosíntesis
La realizan las plantas verdes y los animales	La realizan sólo los organismos autótrofos, como las plantas verdes, las algas y los microorganismos fotosintéticos
En el proceso se libera energía	La reacción requiere de la energía solar
Los reactivos son la glucosa y el oxígeno	Los reactivos son el dióxido de carbono y el agua
Los productos son el dióxido de carbono y el agua	Los productos son la glucosa y el oxígeno
Ocurre en las mitocondrias de las células	Ocurre en los cloroplastos

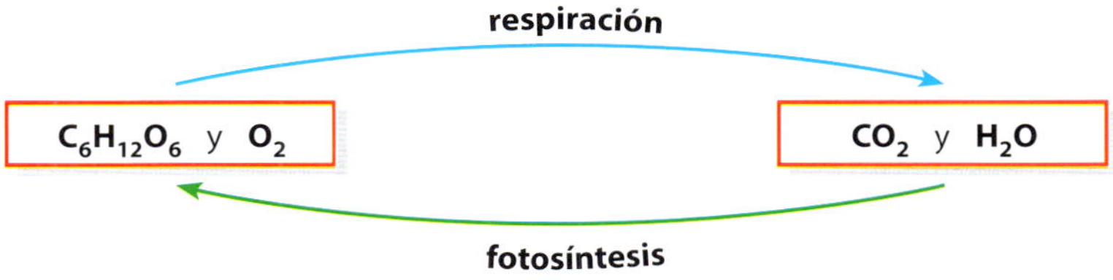

EXPERIENCIAS

Fotosíntesis y respiración

Objetivo

Analizar los procesos de fotosíntesis y respiración a partir de la presencia de dióxido de carbono en el agua.

Materiales

Una gradilla, tres tubos de ensayo con tapón de goma, una ramita de planta acuática, agua, un sorbete, un marcador para vidrio, rojo fenol (el rojo fenol es un indicador químico que cambia a amarillo en presencia de dióxido de carbono).

Procedimiento

Llenen los tubos de ensayo con agua. Rotulen los tubos A, B y C. Coloquen la ramita de planta acuática en el tubo B y tapen los tres tubos. Dejen la gradilla al lado de una ventana donde reciba luz solar. Después de unas horas, agreguen el rojo fenol, gota a gota, en el tubo A hasta que el agua adquiera una coloración rosa visible, mientras realizan este procedimiento deben contar la cantidad de gotas de indicador que van agregando. Luego, coloquen la misma cantidad de gotas de rojo fenol en los tubos B y C. Observen el color del agua de cada tubo.

Coloquen el sorbete dentro del tubo C y soplen con cuidado durante 5 minutos aproximadamente. Observen nuevamente el color del agua de los tres tubos.

Resultados

¿Qué diferencia notaron en el color del agua de los tres tubos? ¿Hubo cambios en la coloración del tubo C luego de soplar? ¿A qué atribuyen este cambio? ¿Cómo explicarían el color del agua del tubo B con la planta acuática?

Separación de pigmentos fotosintéticos

La técnica de cromatografía permite separar distintas sustancias presentes en una muestra, aprovechando la capacidad de una sustancia para disolverse con mayor o menor facilidad en un solvente determinado. Los solventes ascienden por una columna de gel o por una tira de papel arrastrando y separando los distintos compuestos.

Objetivo

Extraer y separar pigmentos fotosintéticos de una muestra de espinaca.

Materiales

Un mortero, espinaca o acelga, un trozo pequeño de zanahoria, un trozo pequeño de remolacha, alcohol etílico, papel de filtro, dos vasos de precipitados, un cuchillo, una tijera.

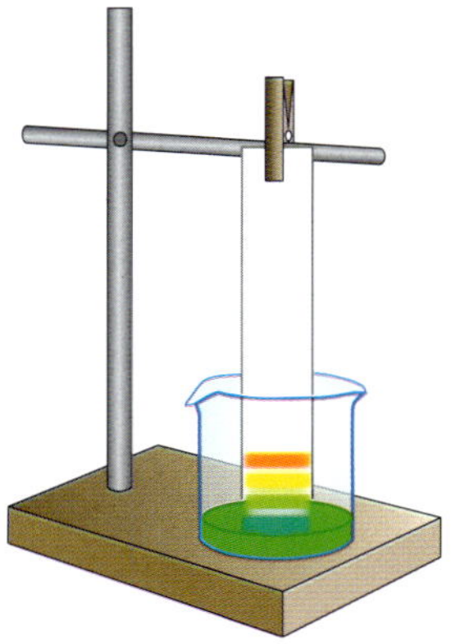

Procedimiento

1. Corten la muestra de espinaca, zanahoria y remolacha en pequeños trozos y colóquenla en el mortero.
2. Agreguen alcohol hasta cubrir apenas la muestra.
3. Muelan la preparación en el mortero durante algunos minutos hasta obtener un líquido oscuro.
4. Escurran el líquido del mortero y colóquenlo dentro de un vaso de precipitados hasta alcanzar 1 cm de altura.
5. Corten una tira de papel de filtro de 20 cm de largo x 3 cm de ancho.
6. Coloquen la tira de papel en forma vertical de modo que el borde de la tira de papel quede dentro de la solución con pigmentos, observen qué ocurre.
7. Esperen unos 30 minutos y retiren el papel. Dejen secar y observen.

Observación de cloroplastos

Objetivo

Reconocer cloroplastos en un preparado de hojas de elodea.

Materiales

Un microscopio óptico, una planta de elodea, portaobjetos, cubreobjetos, aguja de disección, bisturí o cortante.

Procedimiento

1. Corten una delgada capa de hoja de elodea y colóquenla en un portaobjetos.
2. Agreguen una gota de agua y cubran con el cubreobjetos.
3. Coloquen el preparado en el microscopio y observen con el menor aumento. Realicen un dibujo de lo observado.
4. Cambien el objetivo del microscopio por uno de mayor aumento y vuelvan a dibujar lo que observan. Repitan el procedimiento con aumentos mayores.

Resultados

¿De qué color son los cloroplastos?

¿Se animan a contar cuántos cloroplastos hay en una sola célula?

¿Cuáles son las sustancias que necesita la elodea para realizar fotosíntesis?

Considerando que la elodea es una planta acuática, ¿de dónde proviene el CO_2 que utiliza para realizar fotosíntesis?

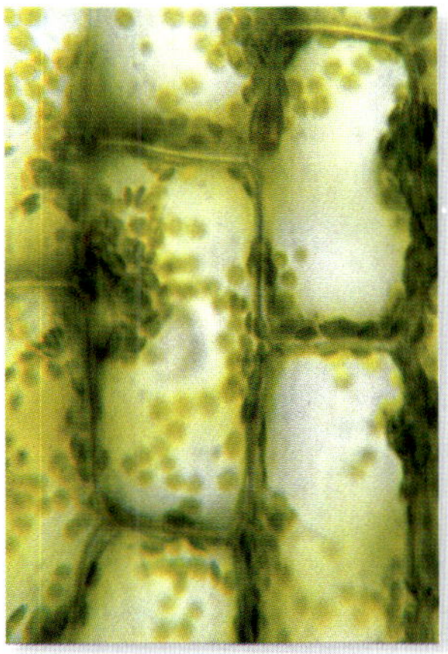

Cloroplastos vistos a través del microscopio óptico (400 x).

autoevaluación

Elijan la respuesta correcta

1. ¿A través de qué tipo de proceso metabólico se libera la energía almacenada en la molécula de glucosa?
a) Fotosíntesis.
b) Respiración.
c) Digestión.

2. La reacción de degradación de moléculas complejas a moléculas simples se denomina:
a) catabólica.
b) anabólica.
c) fotosíntesis.

3. ¿Qué organismos tienen la capacidad de generar su propio alimento a partir de sustancias simples y en presencia de luz?
a) Autótrofos.
b) Cloroplastos.
c) Heterótrofos.

4. ¿Qué tipo de sustancias se depositan en los órganos de reserva?
a) Clorofilas y xantófilas.
b) Proteínas y agua.
c) Azúcares y lípidos.

5. ¿Qué gas utilizan las plantas para poder fotosintetizar?
a) Oxígeno.
b) Dióxido de carbono.
c) ATP.

6. ¿Qué poseen los autótrofos que les permite fotosintetizar?
a) Almidón.
b) Clorofila.
c) Proteínas.

7. ¿Cuándo liberan oxígeno las plantas?
a) De día.
b) Todo el día.
c) De noche.

8. ¿Cuándo respiran las plantas?
a) De noche.
b) Todo el día.
c) De día.

9. La savia bruta transporta:
a) agua y sales minerales.
b) oxígeno y glucosa.
c) agua y dióxido de carbono.

10. La respiración aeróbica se realiza:
a) en presencia de oxígeno.
b) en ausencia de oxígeno.
c) sólo en las levaduras.

5 Los ecosistemas

En la costa del continente antártico, entre los hielos y las aguas heladas, se desarrollan sorprendentes ecosistemas, compuestos por una infinidad de microorganismos, varias especies de peces, pingüinos, elefantes marinos, orcas y aves, entre otros. Los ecosistemas son sistemas naturales integrados por seres vivos y componentes fisicoquímicos del ambiente, todos relacionados entre sí. Pero… ¿saben qué es un sistema?

Pingüino de barbijo.

Organismos del plancton.

Orca asomándose entre los hielos.

Características de los sistemas

Una forma sencilla de definir un **sistema** es describirlo como *el conjunto de elementos, partes o unidades, que forman un todo unificado*. Los elementos que constituyen un sistema están relacionados entre sí y establecen un intercambio mutuo.

Para estudiar un sistema es necesario saber qué elementos lo componen y las relaciones que se establecen entre ellos, esto nos permite conocer su estructura. Al estudiar un sistema debemos tener en cuenta que éste constituye un nivel superior al de la mera suma de sus componentes.

Los sistemas pueden ser **abiertos**, **cerrados** o **aislados**. Los sistemas abiertos son aquellos que intercambian materia y energía con su entorno. Los seres vivos y todos los sistemas naturales son sistemas abiertos, ya que para subsistir requieren el aporte de materia y energía del exterior y a su vez liberan energía y materia al medio externo, como calor y dióxido de carbono. Los sistemas cerrados son los que no intercambian materia con el entorno, y los sistemas aislados, los que no intercambian materia ni energía con el entorno.

Un sistema es una unidad, un todo compuesto por partes que interaccionan entre sí; si cambia o falta una de sus partes el sistema sufre una alteración. El grado de alteración del sistema, como unidad integrada, dependerá de cuáles y cuántas son las partes afectadas.

Los sistemas poseen la información que condiciona su estado en el futuro; en tal sentido, su estado presente influye en los estados futuros.

El ecosistema: un sistema natural

Un **ecosistema** es *un sistema natural integrado por organismos vivos y factores fisicoquímicos relacionados entre sí en un ambiente determinado.*

Los ecosistemas son sistemas abiertos porque intercambian materia y energía con el entorno. En general, el ingreso de energía, en forma de radiación o de energía química contenida en la materia, es más importante que el de materia, dado que el ecosistema recicla la mayor parte de la materia reingresándola al circuito.

Componentes bióticos y abióticos del ecosistema

Los ecosistemas están integrados por dos tipos de componentes: los **bióticos** que corresponden a la parte viva del ecosistema, y los **abióticos**, a la parte no viva. A los componentes bióticos se los suele llamar también **comunidad** o **biocenosis**, y a los abióticos, **biotopo**. Entre los componentes abióticos podemos mencionar la luz solar, el agua, el suelo, el aire y las sales minerales que forman parte del suelo, la sal disuelta en el agua, la humedad ambiente, etcétera.

Los factores bióticos están constituidos por todos los organismos vivientes que integran los ecosistemas, como los microorganismos, las plantas y los animales.

Debemos tener presente que la separación entre componentes bióticos y abióticos es con fines didácticos, ya que no son factores separables sino interdependientes. El ambiente no es un aspecto externo al organismo; las conductas y actividades del organismo deben permitir preservar la relación que tiene con el medio, de lo contrario, su vida correría peligro. La vida necesita el componente abiótico, pero al mismo tiempo modela permanentemente el sustrato físico donde se desarrolla. Las relaciones entre ambos definen la totalidad que surge: el ecosistema.

Como todo sistema, un ecosistema es más que la suma de las partes que lo integran; y así como los componentes sueltos de una computadora no bastarían para hacerla funcionar, las propiedades que caracterizan y definen un ecosistema surgen de la relación entre la comunidad y el biotopo.

Muy a menudo, cambios de gran importancia en los factores físicos del ecosistema son resultado de la actividad de los propios organismos que lo componen, por ejemplo, el microclima de los bosques está controlado por la vegetación; la capacidad de realizar fotosíntesis de los primeros organismos fotosintéticos determinó la presencia de oxígeno en la atmósfera primitiva.

Hay una acción continua del ambiente y una reacción de los organismos sobre el ecosistema: la vida y el entorno recrean entre ambas las condiciones.

Diferentes clases de ecosistemas

Las comunidades que viven en un bosque, en la ladera de una montaña, en un arroyo o en el fondo del mar tienen algo en común, constituyen ecosistemas que, como tales, están formados por componentes bióticos y abióticos. Una de las diferencias entre estos ecosistemas es que los dos primeros son **ecosistemas terrestres** o **aeroterrestres** y los otros dos, **ecosistemas acuáticos**. Ambos tipos de ecosistemas tienen características propias que dependen del medio en el que se desarrolla la vida de los organismos, ya sea la tierra, el aire o el agua. Los seres vivos que integran las comunidades de estos ecosistemas están especialmente adaptados a vivir en estos medios.

Los ecosistemas acuáticos, a su vez, pueden dividirse en **ecosistemas de aguas continentales** o **aguas dulces** y **ecosistemas marinos** o de **agua salada**.

enciclopedia

Ramón Margalef. (1919-2004)

La palabra ecosistema comenzó a circular en 1935, aunque fue formulada como concepto y modelo por el ecólogo norteamericano Raymond Lindeman en 1941, quien sostenía que las comunidades y sus entornos formaban parte de un sistema global emergente. Esta idea fue retomada por Ramón Margalef, uno de los principales referentes de la ecología actual, que entendió el ecosistema como un sistema en el cual las variables internas están controladas, en parte, por las relaciones que existen entre los seres vivos del sistema y aquellas que se establecen entre el sistema y su entorno.

Los componentes abióticos, como el agua, las rocas y la tierra forman parte inseparable del ecosistema.

Laguna Salada de Monasterio, en la provincia de Buenos Aires.

Los límites de un ecosistema

Existen ecosistemas en los que se puede establecer **límites** claros. Por ejemplo, una laguna, un jardín o un charco. En los ecosistemas terrestres los límites pueden establecerse a partir de diferentes tipos de vegetación. Podemos distinguir, por ejemplo, una pradera, cuando la vegetación dominante está compuesta por hierbas bajas, o un bosque, cuando las copas de los árboles forman un dosel o estrato. A su vez, los bosques pueden estar conformados por comunidades de distintas plantas, por ejemplo, bosques de alerces en la región cordillerana del sur de nuestro país o bosques de sauces en la región costera del Río de la Plata, en Buenos Aires. Estos bosques con su fauna y su ambiente físico conforman distintos ecosistemas que podemos distinguir sin mayor dificultad.

Sin embargo, a veces, no es tan fácil definir la frontera de un ecosistema o distinguir sus subsistemas, y esta decisión debe tomarse en forma arbitraria, recordando siempre que los límites impuestos son abiertos y que las relaciones que ocurren entre el interior y el exterior de ese límite dependen de las propiedades de los subsistemas. Estos límites son especiales porque si bien diferencian interior y exterior, no son límites cerrados ya que a través de ellos fluye la energía, materia e información que necesita el ecosistema para desarrollarse.

Muchas veces los accidentes geográficos nos ayudan a delimitar un ecosistema, por ejemplo, un río o una montaña son barreras infranqueables para ciertas especies. Sin embargo, las barreras cumplen con su función dependiendo de las especies que consideremos; un río puede impedir el paso de un roedor pero probablemente no el de un tapir. Es aquí cuando entra en juego la decisión del científico que establece el nivel de estudio del ecosistema a estudiar, ya sea éste un pequeño charco, un tronco caído o un bosque completo.

Para definir los límites de un ecosistema se toman en cuenta las **interacciones ecológicas** que se llevan a cabo en un área determinada. En esa área los organismos se encuentran vinculados por lazos especiales y se relacionan con su entorno de una forma característica y distinta de las que se desarrollan en otro lugar.

enciclopedia

Un árbol caído en un bosque puede ser estudiado como un ecosistema en el que se producen continuos cambios. Los musgos cubren la parte rota o cortada de la corteza y penetran por las raíces. Algunos insectos ponen sus huevos en los puntos más húmedos del tronco y el desarrollo de sus larvas y galerías permiten la penetración de algunas especies de insectos y de sus predadores. Las superficies más húmedas son cubiertas por hongos y una serie de organismos que destruyen la corteza. A su vez, estos organismos atraen diversas aves como carpinteros y trepadores que se alimentan de ellos.

Hongos y musgos sobre la corteza de un árbol.

Condiciones y recursos

Condiciones: *son factores ambientales abióticos que varían en el espacio y en el tiempo.* Algunos ejemplos lo constituyen la temperatura, la humedad relativa, la salinidad, la concentración de contaminantes, etc. Una condición puede ser modificada por la presencia de organismos; por ejemplo, la humedad, la temperatura o la velocidad del viento dentro de un bosque pueden sufrir modificaciones a causa de los organismos que viven en él. A su vez, las condiciones limitan las posibilidades de vida de los organismos; por ejemplo, en una región con temperaturas extremadamente bajas sólo pueden vivir aquellos organismos especialmente adaptados.

Recursos: *son los componentes o materiales del ambiente que consumen los organismos*, por ejemplo, el agua, el alimento o el espacio, entre otros. El agua es un recurso para las plantas y para los animales, el caparazón abandonado de un caracol marino es un recurso para el cangrejo ermitaño que vive dentro de él. Cuando decimos que el organismo consume un recurso, no queremos decir solamente que el organismo se alimenta del recurso, sino que el recurso consumido ya no queda disponible para ser utilizado por otro organismo; en el ejemplo anterior, el caparazón de caracol ocupado por un cangrejo ermitaño ya no puede ser "consumido" o utilizado como refugio por otro cangrejo. Es importante destacar que nada es un recurso en sí mismo, algo es un recurso en tanto es utilizado por algún organismo. Por eso, los peces son un recurso alimentario para el hombre, pero no para las vacas.

Hábitat

El **hábitat** es el ambiente en donde vive una especie o población. Existe una infinidad de hábitat distintos dependiendo del tipo de clima, la latitud, el suelo, el agua y el viento, entre otros factores. El número de hábitat distintos en Sudamérica es tan grande que sería imposible mencionarlos a todos, y el tipo es muy importante para la determinación de cómo se distribuyen las especies y los ecosistemas. Veamos algunos ejemplos: a lo largo de la costa patagónica hay acantilados, playas rocosas, médanos, zonas marinas cercanas a la costa y, a mayor distancia, el mar abierto. Cada una de estas zonas, junto a las condiciones climáticas, como las lluvias, el nivel de humedad, la radiación solar, etc., constituyen diferentes hábitat. Las golondrinas, el martín pescador y los loros barranqueros anidan en los acantilados; las lagartijas excavan los médanos; diversas especies de mamíferos marinos, como los elefantes y lobos marinos, utilizan las playas rocosas para reproducirse y buscan su alimento en el mar abierto, y las áreas cercanas a la costa son el lugar preferido de las aves marinas para alimentarse.

Los pingüinos de Magallanes construyen sus nidos en zonas cercanas al mar.

Nicho ecológico

El **nicho ecológico** hace referencia al "rol", o función, que tiene una especie dentro del ecosistema o comunidad. No sólo depende de dónde vive el organismo, sino también de lo que hace, de sus costumbres, de sus hábitos, del alimento que consume y su modo de vida. Por lo tanto, muchas especies, además de estar restringidas sólo a ciertos hábitat, también tienen dentro de ellos distintos nichos ecológicos. Por ejemplo, en la selva misionera algunos roedores cavan sus cuevas en distintas zonas del suelo, otras especies, como gusanos e insectos, desarrollan su vida en diferentes partes del tronco de un árbol, algunas especies de aves viven en las copas de los árboles y otras, en cambio, en el manto de humus que cubre el suelo, como muchas especies de insectos y arañas. Para evitar confundir el nicho ecológico con un espacio físico que puede ser ocupado, podemos decir que un organismo *tiene* un nicho, más que *ocupa* un nicho.

El nicho ecológico es un concepto que abarca en un solo término todas las condiciones ambientales y los recursos que necesita una especie para mantener una población viable. Por el contrario, el hábitat es un lugar y, como tal, provee una variedad de condiciones y recursos que pueden satisfacer los requerimientos de distintas especies –arañas, árboles, pájaros y muchas otras–. Los nichos ecológicos de especies que viven en un mismo hábitat son diferentes.

enciclopedia

Algunas especies que no se encuentran emparentadas pueden tener nichos ecológicos similares, por ejemplo, los jotes, aves que habitan en la Patagonia argentina, y los buitres del viejo mundo, en Europa, tienen nichos similares por ser consumidores de orden superior, aves rapaces y carroñeras.

Buitre

Jote

El modelo de nicho ecológico

El nicho ecológico de una especie está conformado por el conjunto de condiciones y recursos que la especie necesita para vivir y reproducirse eficazmente. Existe un **modelo** para representar el nicho ecológico.

Dentro de una gran cantidad de variables bióticas y abióticas, como los distintos tipos de alimentos, las diferentes temperaturas, los diversos nutrientes del suelo, etc., el nicho ecológico representa sólo una pequeña porción de todas estas variables. Veamos un ejemplo: algunas plantas de nuestro jardín mueren cuando hace mucho frío durante el invierno; las bananas que comemos vienen de países tropicales de temperaturas cálidas a lo largo de todo el año, ya que no podrían vivir si las temperaturas fueran más bajas. Esto ocurre porque *los organismos pueden crecer, reproducirse y mantener sus poblaciones sólo dentro de ciertos rangos de temperatura.*

enciclopedia

Las poblaciones de la misma especie que viven en distintas regiones geográficas presentan variaciones, lo que los biólogos denominan subespecies o razas geográficas. Se observó que entre los animales de sangre caliente (endotermos), aquellos que viven en climas fríos tienden a ser más grandes que sus parientes que habitan medios más cálidos.

Elefante marino macho en Península Valdés. El elefante marino de la Antártida es más grande que el que habita en Península Valdés.

El individuo en relación con su ambiente representa el primer nivel de estudio de la ecología.

En nuestro modelo, *este rango de temperaturas representa una dimensión del nicho ecológico de una especie*. Pero los organismos no sólo se ven afectados por la temperatura, sino también pueden crecer y reproducirse dentro de ciertos valores de humedad, por eso el banano no crece en la provincia de San Juan, porque a pesar de ser una región con temperaturas altas a lo largo de todo el año, el clima es sumamente seco. *La humedad podría ser la segunda dimensión del nicho*. Si continuamos agregando condiciones dentro de las cuales un organismo, en nuestro caso el banano, puede desarrollarse, el próximo paso será tener un nicho en tres dimensiones. Este proceso puede ser continuado hasta poder imaginar el nicho como un gran volumen con muchas dimensiones, o *n*-dimensiones, donde *n* representa tantas dimensiones como condiciones y recursos requiera ese organismo para vivir.

Por lo tanto, el nicho tendrá una dimensión por cada condición que requiera el organismo y por cada recurso (agua, energía solar, alimento, sitios para nidificar, etc.) que utilice o consuma.

Niveles de integración

Se ha definido a la ecología como la ciencia que estudia los ecosistemas.

Para poder estudiar y realizar generalizaciones sobre los sistemas naturales es necesario definir la unidad de estudio. La ecología tiene distintos niveles de estudio:

Individuo-entorno

El primer nivel está integrado por la unidad básica **individuo-entorno**. En este nivel, la ecología se ocupa de cómo los componentes bióticos y abióticos del ecosistema afectan a los individuos y de cómo, a su vez, los individuos afectan al ambiente, entendiendo siempre por ambiente no sólo los factores abióticos, sino también los otros seres vivos.

Población

El siguiente nivel de estudio de la ecología es el de **población**. Este nivel incluye a todos los organismos de una misma especie, unidos por lazos reproductivos. Una especie está integrada por un grupo de organismos que pueden reproducirse entre sí, es decir que son fértiles entre sí, pero estériles con otros grupos.

Como nivel de organización, la población representa más que la suma de individuos de la misma especie. En ella surgen propiedades características y distintas de las que poseen los individuos que las integran. Entre las propiedades o atributos emergentes de la población podemos mencionar la natalidad, la mortalidad, la distribución por edades y la competencia intraespecífica. Una misma especie suele tener más de una población, esto ocurre cuando diversos grupos de una misma especie habitan lugares muy distantes o separados geográficamente. Cada población puede tener algunas diferencias entre sí, de acuerdo con los ambientes donde se desarrollen. Sin embargo, si estos grupos en algún momento se juntan, por pertenecer a la misma especie, tienen la posibilidad de reproducirse.

Población de gaviotines sudamericanos.

Comunidad

El siguiente nivel en grado de complejidad está constituido por la **comunidad**. *Una comunidad está conformada por poblaciones relacionadas entre sí en un mismo espacio y tiempo.*

Dado que respecto de las poblaciones, las comunidades constituyen un nivel de organización más alto, tienen propiedades emergentes distintas de las que caracterizan a las poblaciones. La riqueza, la diversidad y las relaciones interespecíficas son algunos de los atributos característicos de las comunidades.

Ecosistema, bioma y biosfera

Toda comunidad se desarrolla en el seno de un medio físico y es inseparable de él. Cuando el nivel de estudio abarca la comunidad más los componentes fisicoquímicos del ambiente nos encontramos en el nivel de **ecosistema**.

Los ecosistemas característicos de grandes regiones del planeta representan el nivel de **bioma**, como el bioma de la selva tropical. Todos los biomas del mundo, que incluyen a todos los ecosistemas, constituyen el **nivel de la biosfera**.

Cada nivel de organización se caracteriza por propiedades emergentes exclusivas.

Sistemas y subsistemas

Todos los sistemas naturales forman parte de otros sistemas de mayor nivel de complejidad, es decir, constituyen **subsistemas** de otros sistemas más complejos. Por ejemplo, el sistema digestivo y el sistema circulatorio son subsistemas de un sistema mayor que es el individuo. Siguiendo este razonamiento, podemos afirmar que el individuo es un subsistema del sistema población y la población un subsistema del sistema comunidad.

La biosfera como un gran ecosistema

La **biosfera** es el conjunto de todos los ecosistemas del mundo, es decir, el conjunto de todos los seres vivos del planeta en relación con sus entornos. Constituye el nivel superior de la organización ecológica, en la que pueden distinguirse subsistemas ecológicos de nivel inferior, como los ecosistemas, las comunidades y las poblaciones.

La biosfera se compone de numerosos organismos de muy diversas especies. No se refiere únicamente a un espacio físico, a una capa en donde está la vida, se halla en todos aquellos lugares donde hay vida. La biosfera y su entorno forma una unidad indisociable, como aquella que forma el organismo y su entorno.

La hipótesis Gaia

El investigador inglés James Lovelock postuló en 1983 una innovadora teoría acerca del funcionamiento global de la biosfera, en un momento donde la comunidad científica consideraba a la biosfera como una "capa viviente" superpuesta a la Tierra. Este científico quería transmitir su idea de la biosfera como sistema planetario integrado, y por eso la llamó Gaia, en honor a la diosa griega de la Tierra.

Sostenía que la biosfera no es una esfera independiente del sustrato físico, y que ambos constituyen un sistema autorregulado con circuitos que modelan y controlan las condiciones de su existencia. Lovelock daba de este modo un mayor protagonismo a la **relación** entre la vida y el sustrato en el que se desarrolla, modificando la idea de que el sustrato impone los "caminos" por los que la vida puede desarrollarse.

enciclopedia

Concepto de especie

La **especie** constituye la unidad básica de clasificación taxonómica, y se define como un conjunto de individuos que presentan características morfológicas, etológicas y fisiológicas similares, que son capaces de reproducirse entre sí y generar descendencia fértil, compartiendo requerimientos de hábitat semejantes.

El cruzamiento entre individuos de distinta especie en general no es posible, o de serlo comúnmente resultan individuos híbridos estériles, tal es el caso bien conocido de la mula, producto del cruce de una yegua y un burro.

Bosque andino-patagónico.

ACTIVIDADES

Análisis de un ecosistema de la Antártida

Aunque a veces imaginemos a la Antártida como un lugar inhóspito y sin vida, vive allí una gran variedad de seres vivos, que se relacionan entre sí e interaccionan con su entorno físico, conformando un ecosistema muy especial. En este ecosistema, las algas marinas viven a muy bajas temperaturas y requieren la energía del sol para realizar la fotosíntesis. Ellas constituyen el alimento de unos pequeños crustáceos, llamados krill, integrantes del zooplancton. Algunos peces se alimentan de krill. A comienzos del verano los pingüinos buscan activamente debajo del agua peces pequeños y krill para su consumo y para alimentar a sus crías, que esperan en nidos construidos en las costas rocosas inaccesibles, y en general libres de hielo. En esta época del año son conocidos los ataques de las orcas a las colonias de lobos marinos, elefantes marinos y pingüinos.

El krill es un pequeño crustáceo que habita en las aguas de los mares antárticos. Es muy importante como alimento de otras especies, como las ballenas.

a) Trabajen en sus carpetas.
   Hagan una lista con los factores bióticos y abióticos que se mencionan.
   Confeccionen un cuadro donde figure al menos una condición y un recurso para cada una de las especies mencionadas.
b) Organicen un debate basándose en la siguiente pregunta: ¿cómo afectaría el ecosistema si un barco pesquero extrajera todos los peces?

Estudio de ecosistemas naturales

Objetivo

Distinguir y analizar diferentes ecosistemas naturales durante una salida de campo.

Materiales

Anotador, lapicera, ropa adecuada.

Procedimiento

Formen equipos de cinco alumnos. Una o dos clases antes de la salida deberán dedicarse a la planificación de la campaña, los objetivos de la salida, la confección de planillas para recabar información, búsqueda de bibliografía, etcétera.

Ya en el terreno, realicen una recorrida por el lugar tratando de reconocer diferentes ambientes, como lagunas, bosques, pastizales, etc. Observen y registren teniendo en cuenta las siguientes preguntas orientativas:

1) ¿Cuáles son los componentes abióticos?
2) ¿Qué tipo de vegetación se observa?
3) ¿Qué integrantes de la fauna pueden reconocer, a qué grandes grupos pertenecen (aves, mamíferos, anfibios, reptiles, peces, insectos, arácnidos, etc.)? Registren qué actividad se encuentran realizando y dónde.
4) ¿Qué relaciones pueden identificarse entre los seres vivos que integran el ecosistema y entre éstos y su entorno?
5) ¿Cuáles son las principales diferencias entre los ecosistemas estudiados?
6) Seleccionen libremente 3 especies animales observadas en uno de los ecosistemas estudiados (bosque o laguna) a lo largo de la salida. Investiguen de qué se alimentan, dónde nidifican, dónde pasan la mayor parte del tiempo, qué condiciones y recursos requieren para vivir y reproducirse. ¿Podrán los nichos ecológicos de esas especies superponerse de alguna forma?

Una vez terminado el trabajo expongan las conclusiones en grupo.

ACTI VIDA DES

Sistemas naturales

Completen los dos casilleros de la primera columna que se encuentran en blanco con el término que corresponda. Luego, unan con flechas los conceptos dados en la segunda columna con los términos de la primera.

1. Biosfera	Sistema natural integrado por la comunidad y los componentes abióticos relacionados entre sí.
2. Comunidad	Conjunto de organismos de la misma especie que conviven en un lugar determinado.
3.	Unidad que en relación con su entorno constituye el nivel de organización básico en ecología.
4. Población	Conjunto de poblaciones de diferentes especies que comparten un determinado lugar.
5.	Macrosistema planetario conformado por todos los ecosistemas del mundo.

autoevaluación

Elijan la respuesta correcta

1. **La biocenosis:**
   a) es el conjunto de componentes abióticos de un ecosistema. ☐
   b) es el conjunto de componentes bióticos. ☐
   c) es la suma de componentes bióticos y abióticos. ☐

2. **La biosfera:**
   a) es la parte de la superficie de la Tierra donde se hallan los seres vivos. ☐
   b) es el espacio físico de la Tierra que utilizan los organismos para vivir. ☐
   c) es el conjunto de ecosistemas de todo el planeta. ☐

3. **El ecosistema es considerado un sistema porque:**
   a) es un conjunto de elementos que están relacionados de modo que establecen un intercambio mutuo. ☐
   b) es la sumatoria de sus componentes. ☐
   c) cada parte que lo compone actúa independientemente. ☐

4. **Los ecosistemas:**
   a) son lugares habitados por diversos organismos. ☐
   b) son siempre de gran tamaño, como las selvas, los bosques y los desiertos. ☐
   c) están integrados por seres vivos que habitan un lugar determinado e interaccionan entre sí y con su entorno. ☐

5. **Los límites de un ecosistema:**
   a) establecen una frontera entre el exterior y el interior, de modo que no existe intercambio de materia y energía a cada lado de ellos. ☐
   b) permiten un intercambio de materia y energía, condición que se relaciona con que los ecosistemas son sistemas abiertos. ☐
   c) se comportan como barreras fáciles de encontrar y definir. ☐

6. **El nicho ecológico:**
   a) se refiere al hábitat de una especie o de una población. ☐
   b) se diferencia del hábitat, porque depende no sólo del espacio físico que ocupa una especie sino del rol que desempeña esta especie en el ecosistema. ☐
   c) está determinado sólo por las condiciones físicas de un lugar, como el agua y la luz. ☐

7. **El modelo de nicho ecológico:**
   a) representa la gama de condiciones y recursos que un organismo necesita para vivir y reproducirse. ☐
   b) es una representación de un recurso importante para una especie. ☐
   c) representa las dos condiciones y los dos recursos más importantes que un organismo necesita para vivir. ☐

8. **Para una vaca, el pasto es:**
   a) una condición. ☐
   b) un recurso. ☐
   c) ni una condición, ni un recurso. ☐

9. **Las comunidades están integradas:**
   a) por subsistemas de menor nivel de complejidad, como las poblaciones. ☐
   b) por sistemas de mayor complejidad, como los ecosistemas. ☐
   c) sólo por individuos de la misma especie. ☐

10. **Para un individuo, el ambiente está representado sólo por:**
    a) los componentes fisicoquímicos. ☐
    b) los demás seres vivos. ☐
    c) los componentes fisicoquímicos y los demás seres vivos. ☐

6 El ambiente fisicoquímico

La atmósfera, el clima, el agua y el suelo son factores del ambiente físico que influyen sobre los organismos y, a su vez, son modificados por éstos. Por ejemplo, los desechos orgánicos de animales y plantas contribuyen a incrementar la fertilidad del suelo, y las plantas verdes enriquecen la atmósfera con el aporte de oxígeno producido durante el proceso de fotosíntesis.

Vista del Sol al atardecer.

El suelo aporta los nutrientes que las plantas necesitan para crecer.

Las aguas de los océanos forman parte de la hidrosfera.

La atmósfera

La **atmósfera** es la envoltura gaseosa que rodea la superficie de la Tierra y permite la existencia de vida en todas sus formas. Su origen se remonta a millones de años, cuando los gases provenientes de las primeras erupciones volcánicas dieron lugar a una **atmósfera primitiva** sin oxígeno. La composición de esta atmósfera primitiva fue variando con el tiempo por efecto de profundas transformaciones geológicas y, principalmente, por la presencia de los primeros organismos fotosintéticos que comenzaron a utilizar el dióxido de carbono disponible en el ambiente y a liberar oxígeno. Como resultado de la actividad fotosintética, aumentó la cantidad de oxígeno en el aire atmosférico, lo que permitió el desarrollo de la vida sobre el planeta.

El principal componente de la atmósfera actual es el **aire**, formado por una **mezcla de gases**. El aire atmosférico en contacto con la superficie terrestre está compuesto, aproximadamente, por un 78% de nitrógeno; 21% de oxígeno; 0,033% de dióxido de carbono, y pequeñas cantidades de otros gases como argón, neón, helio, metano, sulfuros y monóxido de carbono. El resto de los componentes corresponden a vapor de agua y pequeñas partículas sólidas en suspensión, tales como polvo, hollín y polen.

Las capas de la atmósfera

En la atmósfera es posible distinguir varias capas o estratos que se caracterizan por su composición y por las distintas condiciones de presión y temperatura. A medida que aumenta la altura, disminuye la concentración de oxígeno, la presión atmosférica y la temperatura.

Troposfera: es la capa que está en contacto con la superficie terrestre. Se extiende desde el nivel del mar hasta los 10 o 14 km de altura. En la troposfera se encuentran el oxígeno (O_2) y el dióxido de carbono (CO_2), dos gases indispensables para la vida. En esta capa de la atmósfera tienen lugar los llamados fenómenos climáticos, como las tormentas, las nevadas, las lluvias, las nubes y los vientos.

Estratosfera: es la capa contigua a la troposfera que alcanza unos 50 km de altura. Se trata de una capa muy fría y sin nubes, en la que los gases se distribuyen en capas o estratos horizontales. En la estratosfera se encuentra la capa de ozono, un gas escaso, muy importante, que actúa como filtro protector contra los rayos ultravioleta provenientes del Sol.

Mesosfera: esta capa se ubica entre los 50 y 80 km sobre el nivel del mar. No contiene vapor de agua ni ozono, y su mezcla de gases es menos densa pero semejante a la de las otras capas.

Ionosfera: se ubica por encima de la mesosfera y llega hasta 600 km de altura. En esta capa se encuentran escasos gases y gran cantidad de partículas con carga eléctrica, que permiten la recepción y transmisión de las ondas radioeléctricas a la Tierra.

Exosfera: por encima de la ionosfera se extiende esta capa con límites difusos, de unos 10.000 km de altura, aproximadamente, que llega hasta el espacio exterior. En esta capa el aire pierde sus cualidades fisicoquímicas.

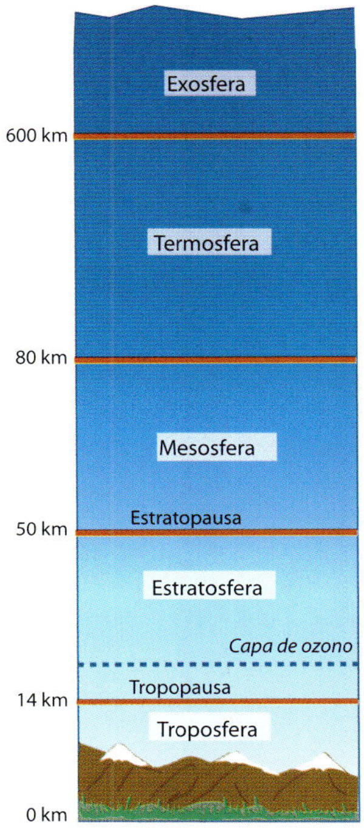

Capas de la atmósfera.

La capa de ozono

El **ozono** es un gas atmosférico formado por tres átomos de oxígeno (O_3), que se encuentra en la estratosfera entre los 20 y 40 km de altura, formando una delgada capa. Este gas, tan escaso como valioso, cumple una importante función: *absorber parte de la radiación ultravioleta proveniente del Sol*. Si esta radiación llegara a la superficie de la Tierra sin ser filtrada por la capa de ozono, causaría graves daños a la vida sobre el planeta. Destruiría, por ejemplo, el fitoplancton marino, primer eslabón de la cadena alimentaria en los océanos.

Se ha comprobado que determinadas sustancias utilizadas en la industria producen daño a la capa de ozono, como el **clorofluorocarbono** (CFC), que se utiliza en los aerosoles. Si bien durante los últimos años se han firmado diversos tratados internacionales con el fin de limitar o eliminar el uso de compuestos dañinos para la capa de ozono, diversas organizaciones ecologistas, como Greenpeace, nos alertan sobre el uso en la actualidad de estas sustancias.

Temperatura atmosférica

La temperatura desciende con la altura. En la troposfera, a medida que se asciende, la temperatura disminuye 6,4 grados centígrados (°C) cada 1.000 metros, hasta mantenerse uniforme en el límite de los 14 km de altura. Las variaciones, como se muestra en el gráfico, difieren según la composición química de las capas atmosféricas: en la estratosfera aumenta ligeramente y luego disminuye hasta la ionosfera, donde asciende hasta los 900 grados centígrados, aproximadamente.

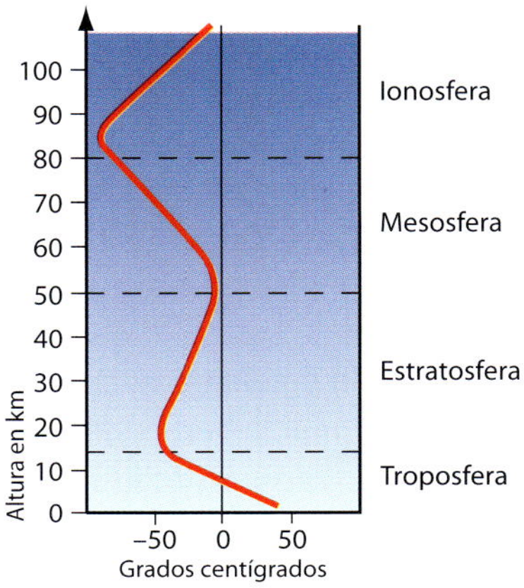

Variación de la temperatura en la atmósfera.

Tiempo y clima

Las condiciones meteorológicas de un lugar en un momento dado, como la temperatura, la humedad, la presión atmosférica, las precipitaciones, los vientos, etc., determinan el **estado del tiempo**, o **tiempo meteorológico**. Por ejemplo, el estado del tiempo en Buenos Aires puede ser nublado y lluvioso, mientras que en Santa Cruz puede ser ventoso y con cielo despejado.

El **clima**, en cambio, se define por los valores medios de las condiciones meteorológicas en una región luego de realizar muchas observaciones durante largos períodos de tiempo considerando, también, factores geográficos tales como latitud, altitud, distancia del mar y tipo de vegetación. Según estas características, se distinguen distintos tipos de climas: templado, árido, cálido, frío, etcétera.

Temperatura

La Cordillera de los Andes actúa como barrera geográfica que obliga a los vientos provenientes del oeste a ascender y descargar sus precipitaciones sobre las laderas de las montañas. Este proceso posibilita el desarrollo de los bosques andino-patagónicos o subantárticos.

La temperatura es una medida relacionada con la energía térmica de un cuerpo. La temperatura del aire es uno de los datos más utilizados al analizar las características climáticas. Los seres vivos responden a los cambios de temperatura del medio, sea éste el aire o el agua. El termómetro es el instrumento que sirve para registrar las temperaturas. Existen varias escalas para registrar temperaturas, la más utilizada es la escala Celsius. En esta escala, el 0 corresponde a la temperatura de fusión del agua pura a nivel del mar y el 100 a la temperatura de ebullición del agua.

La **temperatura media diaria** se obtiene sumando la temperatura máxima y mínima del día y dividiéndola por 2. La **temperatura media mensual** se obtiene del promedio de las temperaturas medias diarias a lo largo de un mes. El promedio de las temperaturas medias diarias o mensuales durante un año nos da la **temperatura media anual**.

Entre los factores que modifican la temperatura podemos mencionar las **variaciones estacionales**, las **variaciones diarias** y los **factores geográficos**. Estos últimos son:

Latitud o distancia en grados a la línea del Ecuador: la energía de los rayos del Sol es mayor cuando inciden perpendicularmente sobre la línea de 0° del Ecuador y disminuye a medida que los rayos se inclinan hacia las latitudes más altas. Este valor aumenta desde el 0° del Ecuador hasta los 90° hacia el norte y el sur.

Altura sobre el nivel del mar: la temperatura desciende al aumentar la altura a razón de 6,4 °C cada 1.000 metros. La atmósfera es menos densa en sus capas superiores, tiene escaso contenido de vapor de agua y de partículas sólidas, lo que disminuye su posibilidad de retener el calor.

Distancia del mar: la temperatura de los mares sufre variaciones más lentas que la temperatura de los continentes. El mar tiene una influencia moderadora sobre las zonas costeras, reduce la amplitud térmica entre los valores del día y la noche y entre los cambios estacionales.

Disposición del relieve: los cordones montañosos actúan como barreras. Obligan a los vientos a ascender y enfriarse. Al estar a menor temperatura, el aire tiene menos capacidad para contener vapor de agua. Por lo tanto, el vapor de agua se condensa y cae en forma de precipitaciones sobre las laderas de las montañas; posteriormente, los vientos descienden secos, se calientan y absorben la humedad del lugar.

Circulación de los vientos y corrientes oceánicas: entre las regiones tropicales cálidas y los polos hay corrientes de aire cálido y frío circulando en la atmósfera que moderan la temperatura de ambas regiones. Las zonas costeras reciben la influencia térmica de las corrientes marinas: el agua fría se desplaza por las costas occidentales hacia el Ecuador y el agua cálida por las costas orientales hacia las zonas templadas.

Efecto invernadero natural

La atmósfera actúa como moderadora de los cambios bruscos de temperatura mediante el **efecto invernadero**. ¿En qué consiste este fenómeno? La radiación solar atraviesa la atmósfera y la Tierra absorbe parte de esta energía, mientras que el resto es devuelto en forma de calor. A su vez, algunos gases atmosféricos, o gases de invernadero, como el CO_2 y el vapor de agua, retienen parte de esta radiación que luego es enviada nuevamente a la superficie terrestre, calentándola. Este proceso permite tener una temperatura moderada de 15 °C en la superficie terrestre y crea las condiciones favorables para el desarrollo de la vida en nuestro planeta.

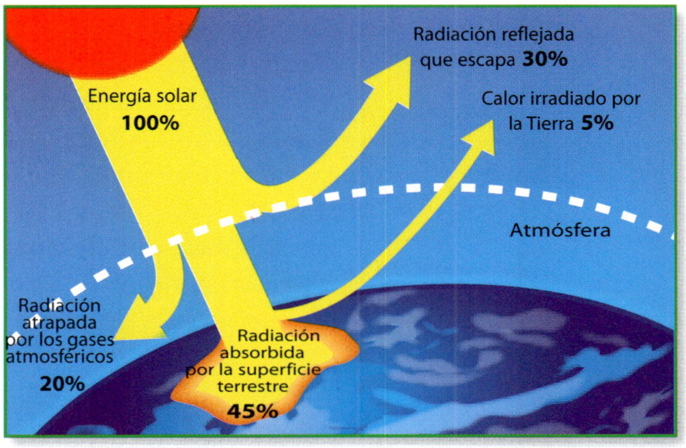

La radiación solar y el efecto invernadero natural.

Humedad

La humedad es la cantidad de **vapor de agua** que contiene el aire. Una concentración de 11 g de vapor de agua por metro cúbico de aire es lo más frecuente, aunque esta proporción presenta amplias variaciones entre distintas regiones de la Tierra y también durante diferentes épocas del año. El aire tiene una capacidad limitada para contener vapor de agua, cuando esta capacidad se colma, se dice que el aire está saturado. La capacidad del aire para contener vapor de agua depende de la temperatura a la que se encuentre: cuanto más caliente está el aire, mayor es su capacidad para contener vapor de agua. Por este motivo, en las regiones polares el aire es frío y seco, mientras que en la zona ecuatorial el aire es cálido y húmedo.

El instrumento para medir la humedad atmosférica es el **higrómetro**.

enciclopedia

El calentamiento global del planeta

El efecto invernadero es un fenómeno natural que permite el desarrollo de la vida sobre el planeta. Sin embargo, en los últimos años se produjo un considerable aumento de la emisión de gases de efecto invernadero a la atmósfera, provocado por el uso de combustibles fósiles, como el petróleo y el carbón. Debido a ello, se elevó la temperatura media global del planeta, lo que ha generado en todo el mundo diversos fenómenos, como lluvias copiosas, temporales y sequías prolongadas.

Circulación del aire

El aire caliente de las regiones tropicales se va calentando y expandiendo, se torna menos denso, se eleva y avanza hasta las regiones frías del norte o del sur de nuestro planeta transportando la energía calórica. En los polos, la masa de aire se enfría, se torna densa y desciende nuevamente hacia la superficie de la Tierra reemplazando a la masa de aire cálido que se elevó.

Toda esta circulación de aire es impulsada por las diferencias de temperatura que tiene la atmósfera en las distintas latitudes que, a su vez, originan zonas de distinta presión atmosférica. La circulación del aire se genera desde las regiones de **alta presión**, o **anticiclones**, hacia las regiones de **baja presión**, o **ciclones**. Estas corrientes de aire ayudan a moderar el clima.

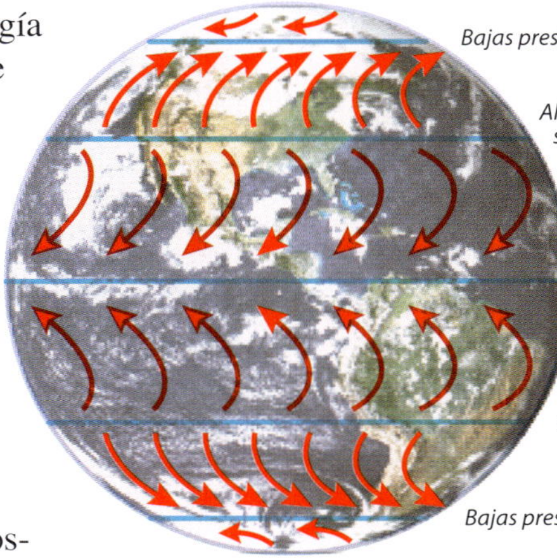

Modelo de la circulación de las masas de aire atmosférico. Los vientos circulan desde las zonas de alta presión, o anticiclones, hacia las de baja presión, o ciclones.
El movimiento de rotación de la Tierra desvía la trayectoria de los vientos, esto se conoce como fuerza de Coriolis.

El **anemómetro** y la **veleta** son instrumentos que sirven para medir la velocidad del viento e indicar la dirección en que sopla.

Presión atmosférica

La atmósfera que rodea a la Tierra es atraída por la fuerza de gravedad terrestre que evita la dispersión de esta gran masa de gases al espacio exterior.

La fuerza que ejerce la columna de aire sobre la superficie terrestre debido a la atracción de la fuerza de gravedad se denomina **presión atmosférica**.

La primera unidad empleada para medir la presión atmosférica fue el "milímetro de mercurio" (mm Hg), debido a que al nivel del mar la presión atmosférica es equilibrada por una columna de mercurio de 760 mm de altura. En nuestro país la presión atmosférica se expresa en "hectopascales" (hPA).

La presión disminuye con la altura en una relación lineal hasta los 1.500 m, y algo menos a partir de esta altura.

El instrumento que mide la presión atmosférica es el **barómetro**.

Precipitaciones

La presencia de niebla durante las primeras horas de la mañana disminuye la visibilidad notablemente.

La radiación solar ocasiona la evaporación del agua de la superficie terrestre. Esta evaporación es más intensa en las regiones cálidas. El vapor de agua se incorpora a la atmósfera determinando la **humedad atmosférica** de un lugar.

El aire cálido cargado de humedad se eleva y enfría. Al enfriarse, no puede retener toda la humedad, entonces se condensa en pequeñas gotas alrededor de partículas de polvo formando nubes, o niebla cuando este proceso ocurre a ras del suelo. A medida que las nubes alcanzan cierta altura, las gotas se unen en nubes de mayor tamaño que aumentan su peso y precipitan sobre la superficie terrestre.

Las **precipitaciones** tienen distintas características según el estado de condensación de las gotas de agua, esta condensación depende de la temperatura del aire.

Por encima de los 0 °C, las gotas de agua líquida precipitan como lluvias, lloviznas o chubascos. Con una temperatura inferior a 0 °C, las gotas se congelan y caen como aguanieve, nieve o granizo.

El instrumento para medir las precipitaciones es el **pluviómetro**.

Nubes del tipo cúmulos.

Formas características de las nubes

Encontramos dos tipos diferenciados de nubes: las nubes estratificadas, o **estratiformes**, y las nubes globulosas, o **cumuliformes**.

Las primeras forman capas que se designan según su altura (baja, media y alta). Abarcan grandes extensiones y su condensación y posterior enfriamiento originan precipitaciones abundantes como lluvia o nieve.

Las nubes cumuliformes son globulosas, su masa cálida y de poca densidad asciende hasta alcanzar grandes alturas (desarrollo vertical).

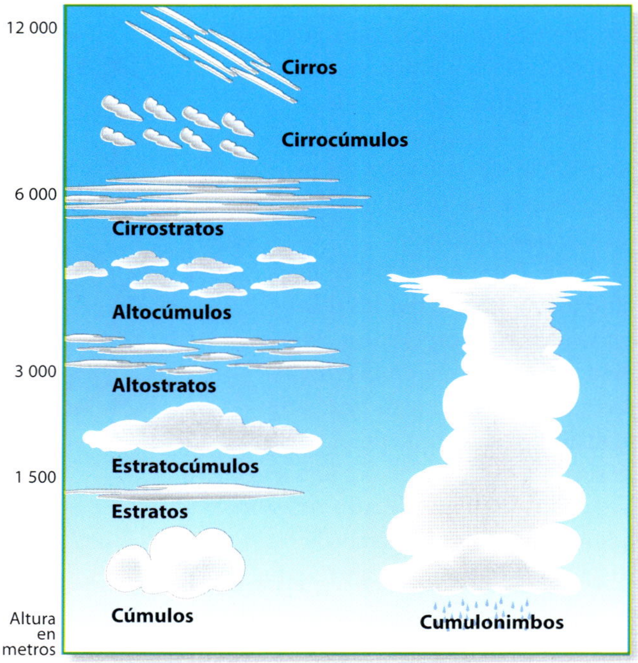

Clasificación de las nubes según su forma y la altura donde se ubican.

Climas del mundo

- **Cálido:** temperatura, humedad y precipitaciones altas y constantes durante todo el año. Dentro de los climas cálidos hay cuatro subtipos: **ecuatorial**, **tropical**, **subtropical sin estación seca** y **subtropical con estación seca**.
- **Templado:** presenta temperaturas bien diferenciadas entre el invierno y el verano, la humedad es variable durante el año. Se considera el clima más apropiado para la vida del hombre. Los subtipos son: **continental**, **de transición** y **oceánico**.
- **Frío:** las temperaturas son muy bajas casi todo el año, veranos cortos y ambiente seco. Presenta los subtipos: **polar**, **continental**, **oceánico** y **de montaña**.
- **Desértico:** tiene temperaturas extremas entre el día y la noche, gran amplitud térmica y sequía la mayor parte del año. Está el subtipo **desértico cálido** y el **desértico frío**.

Climas de la Argentina

Clima cálido: característico de la región norte y nordeste de nuestro país. El este de la región es el que presenta mayores precipitaciones y mayor influencia oceánica. A medida que se avanza hacia el oeste, el clima cálido se hace más seco. Esto nos permite diferenciar, de este a oeste, tres variedades de clima cálido:

- **subtropical sin estación seca:** abarca las provincias de Misiones y Corrientes, el norte de Entre Ríos y parte del Chaco. Las temperaturas son altas y las precipitaciones abundantes todo el año.
- **subtropical con estación seca:** la temperatura media anual es superior a los 20 °C. Se caracteriza por un período seco que dura la mitad del año.
- **subtropical serrano:** la temperatura media anual es más baja que en los casos anteriores por efecto de la altura. Abarca la zona de sierras y quebradas del norte y noroeste de la Argentina.

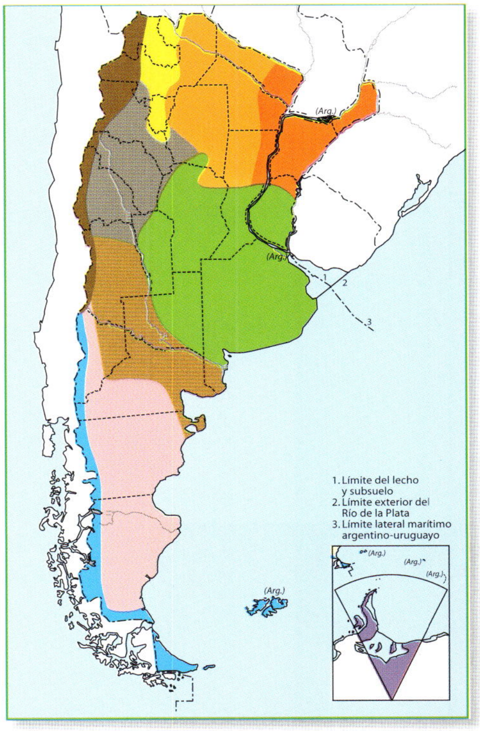

Clima templado: se caracteriza por una temperatura media anual moderada. Abarca la mayor parte de las provincias de Buenos Aires y Entre Ríos, sur de Santa Fe y parte de Córdoba, San Luis y La Pampa.

Clima árido. Según la altura y la latitud se diferencian 4 tipos:

- **andino-puneño:** abarca la Puna y la región cordillerana desde el norte hasta Mendoza. Las temperaturas son muy bajas, dependen principalmente de la altura. Hay una marcada amplitud térmica, heladas y nevadas.
- **de sierras y campos:** las temperaturas medias se ubican entre los 14 y los 18 °C. Existe una pronunciada amplitud térmica diaria y anual.
- **semiárido:** las temperaturas medias anuales se encuentran por debajo de los 15 °C, con frecuentes heladas y precipitaciones escasas. Abarca parte de las provincias de La Pampa, Río Negro, Neuquén, San Luis y Mendoza.
- **árido frío:** presenta temperaturas medias anuales por debajo de los 12 °C y una gran amplitud térmica diaria. Las precipitaciones ocurren principalmente en el invierno y son menores a los 300 mm anuales.

Clima frío: se caracteriza por las bajas temperaturas. Existen dos tipos:

- **frío húmedo:** temperatura media anual alrededor de 8 °C, con heladas y nieve. Las precipitaciones son mayores en invierno, alrededor de los 800 mm anuales.
- **frío polar:** temperaturas extremadamente bajas con frío polar. Clima característico de la Antártida.

La luz solar

El Sol es la fuente principal de energía térmica y radiante de nuestro planeta. La radiación solar cubre un amplio **espectro de ondas electromagnéticas**, pero la atmósfera sólo es permeable a las ondas de la luz visible, más una parte de los rayos ultravioleta e infrarrojos del espectro y las ondas de radio.

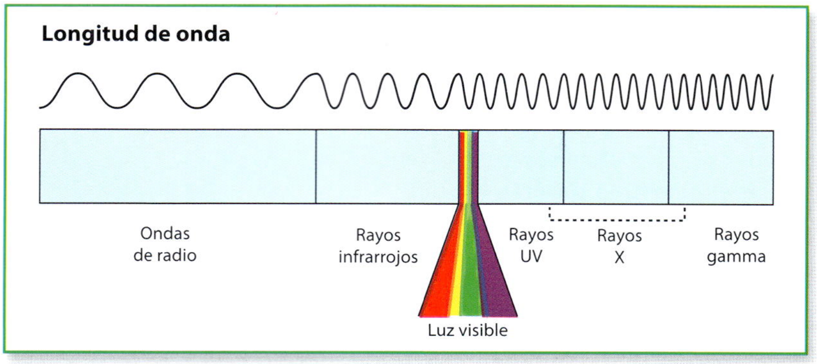

Espectro electromagnético: es el conjunto de todas las radiaciones electromagnéticas. Difieren en la longitud de onda, frecuencia y energía, y se propagan por el espacio a casi 300.000 km/seg.

La luz visible para el ojo humano es una diminuta parte de un amplio espectro de radiaciones que no podemos ver. La **luz blanca**, en realidad, está constituida por una mezcla de ondas luminosas de siete colores. En un extremo del espectro está el violeta y en el otro, el rojo. Lo comprobamos cuando la luz atraviesa las gotas de agua suspendidas en la atmósfera, y al separarse los colores, se forma el arco iris.

Estas radiaciones que están dentro del espectro de luz visible son las que más abundan en la naturaleza, dado que gran parte de la radiación que llega del Sol está dentro de esta banda.

La cantidad e intensidad de la luz varía durante las horas del día y en los distintos lugares de la Tierra; en verano tenemos mayor cantidad de horas de luz que en invierno.

La luz solar y los seres vivos

La energía radiante del Sol es lo que posibilita la vida sobre el planeta. Gracias a la luz solar las plantas verdes, primer eslabón de la cadena alimentaria, pueden realizar el proceso de fotosíntesis y fabricar las sustancias orgánicas que constituyen su alimento. La captación de energía solar por una superficie expuesta se denomina **insolación**, ésta depende de dos factores:

1. Intensidad de la radiación solar sobre la superficie terrestre.
2. Cantidad de tiempo de exposición a la acción de los rayos solares.

Las plantas que requieren gran insolación crecen hasta alcanzar gran altura (hay árboles de diez a cincuenta metros), otras desarrollan hojas amplias para conseguir mayor captación de energía solar, las que requieren una luz más débil forman el estrato inferior (helechos).

Algunas especies para conseguir mayor cantidad de luz trepan por los troncos de los árboles, como las lianas, y otras crecen afirmándose en las ramas de los árboles, como las epífitas.

La energía del Sol es la que pone en movimiento la vida en nuestro planeta.

Los árboles de una misma especie, según la cantidad de luz disponible en su ambiente, presentan características diferentes en su crecimiento: en lugares abiertos desarrollan un tronco grueso con abundante follaje, mientras que al estar muy próximos entre sí el tronco es delgado y muy alto para alcanzar la luz.

En la capa superficial de mares y océanos, la luz solar abundante favorece la fotosíntesis de las algas. Por esta razón los pequeños organismos y las algas verdes que forman el plancton viven en esta capa de agua. A medida que aumenta la profundidad, la intensidad de la radiación llega de manera diferencial a las capas más profundas, los rayos ultravioleta e infrarrojos se van perdiendo y predomina la luz verde. A partir de los 120 m toda la luz resulta absorbida por el agua y a los 700 m hay menos de la tercera parte del oxígeno disuelto en la superficie, no existen algas o animales que la necesiten para vivir.

La hidrosfera

Aproximadamente, las tres cuartas partes de la superficie de nuestro planeta está cubierta por agua. La **hidrosfera** es la capa acuosa discontinua que comprende la totalidad del agua en todos sus estados: líquido, gaseoso y sólido.

Las masas de agua que forman la hidrosfera se clasifican en dos grupos:

1. **Aguas saladas** de océanos y mares.
2. **Aguas dulces** o continentales.

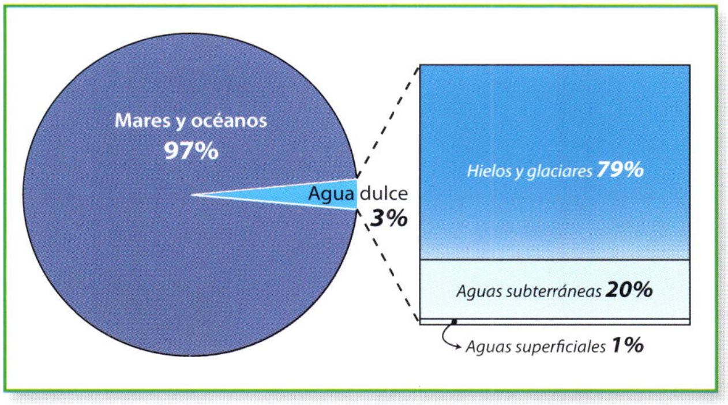

Distribución de la hidrosfera.

El agua salada de los mares y océanos representa casi el 97% del volumen total del agua de la hidrosfera, mientras que las aguas dulces o continentales sólo el 3%, que se encuentra en los casquetes polares, en los glaciares y en las reservas de agua terrestres (corrientes subterráneas, lagos, lagunas, ríos, arroyos, etcétera).

Las aguas dulces o continentales pueden ser **superficiales** o **subterráneas**. La mayor parte de estas últimas se encuentra acumulada en los acuíferos subterráneos que se forman a partir de las precipitaciones luego de infiltrar por los suelos.

La hidrosfera está en permanente movimiento, el agua de la superficie de los mares y océanos pasa a estado gaseoso al evaporarse por la acción de los rayos solares. Este vapor de agua circula en las capas inferiores de la atmósfera, cuando se enfría, precipita sobre la superficie terrestre como lluvia, para regresar finalmente al mar a través de las aguas subterráneas, ríos y glaciares.

La **condensación** del vapor de agua en la atmósfera constituye la principal fuente de provisión de agua dulce para la vida animal y vegetal en la Tierra.

El aire cargado de humedad, más liviano que el aire seco, se desplaza hasta zonas altas, donde se enfría y reduce su capacidad para conservar la humedad. El vapor de agua se condensa en el aire como pequeñas gotas para formar las nubes. Cuando las corrientes de aire las arrastran hasta regiones más frías, las nubes se agrandan, aumentan su peso y precipitan en forma de lluvia, nieve o granizo.

Menor densidad del hielo: dilatación y flotabilidad

El agua puede permanecer en estado líquido casi todo el año en gran parte de la superficie terrestre. Esto se debe a que la Tierra tiene una temperatura media de 2 °C y el agua se congela por debajo de esta temperatura. A nivel del mar, el agua pura se congela a los 0 °C.

En las regiones ártica y antártica las bajas temperaturas favorecen la acumulación natural de hielo. Estos casquetes polares son considerados como una gran reserva de agua en estado sólido.

Glaciar Perito Moreno en la provincia de Santa Cruz. Los glaciares constituyen grandes reservas de agua dulce.

Cuando el agua se congela aumenta su volumen, es decir, se **dilata**. Este comportamiento particular del agua hace que *el hielo flote al tener menor densidad que el agua líquida*, permaneciendo de este modo en la superficie.

Debajo de estas capas heladas, o plataformas de hielo, hay agua muy fría que permite la vida de algunas especies de animales y plantas que permanecen protegidas de las bajas temperaturas del exterior.

El suelo

El **suelo** es la capa más superficial de la corteza terrestre originada de forma natural. Alberga una gran cantidad de microorganismos y constituye una fuente importante de nutrientes que permite el desarrollo de la vegetación. Por lo general, no supera los dos metros de profundidad.

El suelo de la llanura pampeana es apto para la agricultura y la ganadería.

La formación del suelo es un proceso muy lento y está determinado por la acción continua de **agentes físicos** y **reacciones químicas**. El agua de lluvia, el hielo, el viento y los cambios de temperatura desgastan y fragmentan la roca madre.

Las raíces de los vegetales abren grietas en las rocas durante su crecimiento, mientras complejas reacciones químicas disuelven los minerales de la roca.

Una gran cantidad de sustancias se incorporan al suelo de modo permanente, son los restos de plantas y animales que los microorganismos de la tierra desintegran en pequeñas partículas.

El suelo es un *recurso natural necesario para la vida del hombre y de los animales*. No se renueva fácilmente, por esto es necesario hacer un uso racional que no deteriore este valioso recurso.

Composición y propiedades del suelo

Casi el 50% de la composición de los suelos corresponde a **partículas sólidas orgánicas** e **inorgánicas**, el otro 50%, al **agua** y el **aire**.

Los suelos se forman por la disgregación de la **roca madre** que da origen a partículas sólidas inorgánicas de distinto tamaño, como la arena, el limo y la arcilla. Las partículas sólidas orgánicas se originan de la descomposición parcial de restos de seres vivos que se incorporan al suelo como **humus**.

Existen diversos **tipos de suelos** que difieren en su composición y sus características fisicoquímicas.

También se diferencian por la forma en que sus componentes se distribuyen en diversas proporciones otorgándoles color, textura y estructura característicos.

Entre las propiedades de los suelos, podemos mencionar: **porosidad**, **permeabilidad**, **capilaridad** y **fertilidad**.

Porosidad: es la cantidad de pequeños espacios, o poros, entre las partículas de los sólidos, ocupados por aire o agua. La porosidad del suelo está determinada por el tipo de partículas sólidas y por el tamaño y la forma en que se agrupan. Por ejemplo, un suelo arenoso resulta más poroso que un suelo arcilloso, ya que las partículas de arena son de mayor tamaño que las de arcilla.

Permeabilidad: es la capacidad del suelo para absorber el agua superficial y permitir que ésta penetre a través de sus poros hacia las capas inferiores.

La arena está formada por partículas gruesas que permiten una mayor aireación del suelo, pero también dejan pasar muy rápido el agua que arrastra los nutrientes hacia las capas profundas. Esto reduce parcialmente la capacidad del suelo para retener la humedad y los nutrientes.

enciclopedia

En muchas regiones del mundo, incluyendo la Argentina, se lleva a cabo la deforestación, o tala intensiva, de grandes extensiones de áreas naturales, con el fin de comercializar la madera o destinar las tierras al cultivo, cría de ganado o explotación de minerales. Ésta es una de las principales causas de deterioro del suelo y el motivo de pérdida de especies nativas.

Capilaridad: es el proceso de ascenso del agua a través de los poros del suelo. Durante este ascenso del agua también se transporta aire que es aprovechado por los pequeños organismos y las raíces de las plantas.

Fertilidad: esta propiedad del suelo depende de la cantidad de humus que presente, y proporciona los nutrientes para el crecimiento de la vegetación. El grado de acidez o alcalinidad, es decir, el pH de un suelo es un factor importante para determinar la fertilidad. Por lo general, en agricultura son preferibles los suelos neutros o ligeramente alcalinos a los suelos ácidos.

Perfil y horizontes del suelo

El suelo presenta varias capas, o estratos, denominadas **horizontes**, que pueden estudiarse al realizar un corte vertical, o **perfil del suelo**.

El perfil del suelo y su desarrollo posterior está determinado por el tipo de roca que le dio origen, las características del relieve, la acción del agua y los factores climáticos.

Los horizontes presentan variaciones en el color, cantidad de humus, compactación, tamaño de las partículas y distribución.

Horizonte A: capa superficial y fértil, de color oscuro, cubierta de hojarasca y materia orgánica en proceso de desintegración.

Horizonte B: constituido en gran parte por partículas orgánicas e inorgánicas arrastradas por el agua que filtra desde el horizonte A.

Horizonte C: formado básicamente por material inorgánico, originado por la disgregación de la roca madre.

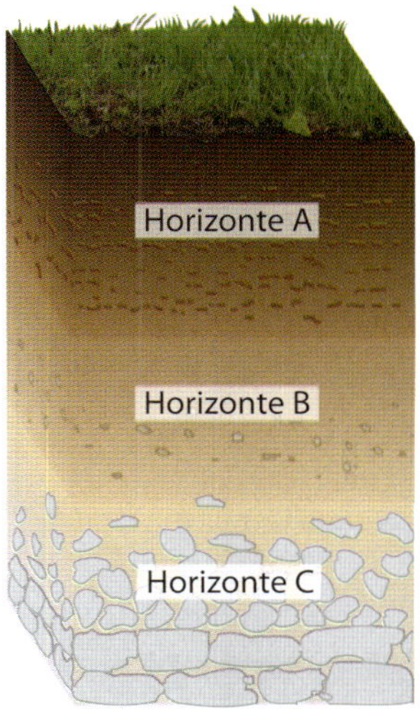

Perfil del suelo y su conjunto de horizontes.

Importancia del humus

El **humus** es la capa superior y más fértil del suelo. Brinda nutrientes, agua y aire para la vida y el desarrollo de las plantas, raíces, microorganismos y pequeños animales que viven en él.

La hojarasca, formada por los frutos que caen, las hojas, ramas y raíces muertas, constituye la principal fuente de materia orgánica de un suelo.

En el proceso de transformación de esta materia orgánica participan diferentes organismos, como lombrices, larvas de insectos, hormigas, hongos y bacterias.

Estos organismos disgregan y descomponen los restos orgánicos en minerales y otras sustancias insolubles temporariamente, como la celulosa de los tejidos vegetales.

Los minerales originados por la transformación de la materia orgánica en inorgánica son absorbidos por las plantas, y los otros restos orgánicos, como la celulosa vegetal, cuya descomposición es más lenta, se acumulan formando el humus hasta completar su mineralización.

Suelos de la Argentina

El Instituto Nacional de Tecnología Agropecuaria (INTA) publicó las *Cartas de suelos de la República Argentina*, que contienen datos geográficos, climáticos, detalles sobre la textura y composición química del suelo, vegetación asociada y posibilidades de explotación adecuada.

La mayor parte de la provincia de Buenos Aires y centro-norte del país posee un suelo característico denominado **Mollisol** o suelo negro: el horizonte A tiene un buen espesor, abundante materia orgánica y gran fertilidad.

La mayor parte de la región mesopotámica tiene suelos llamados **Vertisoles**: son suelos fértiles pero con gran componente de arcillas, que los hace difíciles para el cultivo.

En la zona patagónica los suelos con poca humedad y escasa materia orgánica se designan **Aridisoles**.

EXPERIENCIAS

Estudio de una muestra de suelo

Materiales

Muestras de tierra, arena, arcilla; lupa; botella plástica; embudo; probeta graduada; marcador; tiras medidoras de pH; recipiente con agua; colorante para repostería; tres tubos de vidrio o plástico transparente.

Observación de textura y color de la muestra de tierra.

1. Estudio de la textura y el color

Con ayuda de la lupa observen el color y aspecto de la muestra de tierra. Describan los distintos componentes que pueden diferenciar. Observen la presencia de organismos vivos. ¿Hay restos vegetales? Repitan el procedimiento con la muestra de arena y con la de arcilla. ¿Qué diferencias observan?

2. Estudio de la porosidad

a) Coloquen medio litro de agua dentro de una botella plástica y hagan una marca a la altura del nivel del agua. Continúen agregando agua hasta completar un litro y hagan otra marca a la altura del nuevo nivel. Quiten el agua de la botella y déjenla secar.
b) Con la ayuda de un embudo, coloquen la tierra dentro de la botella hasta la marca de medio litro.
c) Con una probeta graduada comiencen a introducir agua lentamente dentro de la botella hasta que el nivel de agua alcance la marca del litro. Es probable que al cabo de unos minutos el nivel de agua descienda, vuelvan a agregar agua hasta que el nivel se mantenga constante, luego midan el total de agua que tuvieron que agregar hasta completar el litro.
d) Repitan el procedimiento con la arcilla y la arena.

Comprobación de porosidad mediante el agregado de agua.

Respondan

¿Qué espacio fue el ocupado por el agua en cada una de las muestras? ¿En qué muestra los espacios con aire eran mayores? ¿Qué importancia tiene el aire para la presencia de microorganismos en el suelo? ¿Qué habría ocurrido si hubiesen compactado la muestra de tierra? Averigüen por qué las lombrices cumplen una función importante en la fertilidad del suelo.

3. Estudio del pH

Coloquen una muestra de tierra en un recipiente con agua. Mezclen bien durante un minuto. Sumerjan una tirita indicadora de pH en la solución y comparen el color que toma la tirita con los colores de referencia.

Respondan

¿Cuál fue el pH medido en la muestra de tierra? Relacionen el pH con la cantidad de vegetación presente en la muestra.

Medición del pH.

4. Estudio de la capilaridad

a) Coloquen dentro de un tubo de vidrio o de plástico transparente parte de la muestra de tierra, sin compactarla demasiado. Pongan la arcilla y la arena dentro de los otros dos tubos.
b) Llenen un recipiente con agua coloreada (pueden utilizar un colorante para repostería).
c) Coloquen los tres tubos de vidrio con las muestras dentro del recipiente con agua coloreada, de modo que las bases queden un centímetro sumergidas dentro del agua, pero sin que toquen el fondo del recipiente.
d) Después de 15 minutos observen hasta dónde ascendió el agua en cada uno de los tubos.

Respondan

¿En cuál de las muestras el nivel de agua fue más alto?
¿Qué ventaja puede tener para las raíces de las plantas crecer en un suelo donde el agua asciende con facilidad?

TALLER

Construcción de un psicrómetro

El higrómetro es un instrumento que se utiliza para medir la humedad relativa del aire. La humedad relativa es la cantidad de vapor de agua presente en el aire en relación con la cantidad máxima de vapor de agua que puede tener el aire a esa temperatura. El psicrómetro es un tipo de higrómetro que funciona con dos termómetros, uno con bulbo seco y el otro con bulbo húmedo.

Materiales

Dos termómetros de los que se usan para registrar la temperatura ambiente (no los clínicos) algodón, agua.

Procedimiento:

- Cubran con algodón el bulbo de uno de los termómetros y colóquenle la bandita elástica para evitar que el algodón se caiga.
- Sumerjan el bulbo con el algodón en agua para humedecerlo.
- Coloquen ambos termómetros en un lugar al exterior, pero a la sombra, distanciados de la pared.
- Al cabo de un tiempo, tomen la temperatura de ambos termómetros. Si la humedad es muy alta, habrá poca diferencia de temperatura entre ambos termómetros. Si la humedad es poca, habrá más diferencia entre ambos termómetros, el termómetro con el bulbo húmedo indicará menor temperatura.
- Para hallar la humedad relativa comparen los resultados con la tabla de la derecha:

Termómetro seco (°C)	Diferencia con el termómetro húmedo (°C)				
	1	2	3	5	10
35	93 %	87 %	81 %	69 %	44 %
30	93 %	86 %	79 %	67 %	39 %
25	92 %	84 %	77 %	63 %	32 %
20	91 %	82 %	74 %	58 %	24 %
15	90 %	80 %	70 %	52 %	12 %
10	88 %	76 %	65 %	44 %	–
5	86 %	71 %	58 %	32 %	–
0	82 %	65 %	47 %	15 %	–

autoevaluación

Elijan la respuesta correcta

1. **Los dos gases más abundantes del aire son:**
   a) el oxígeno y el nitrógeno. ☐
   b) el nitrógeno y el dióxido de carbono. ☐
   c) el oxígeno y el dióxido de carbono. ☐

2. **La capa de la atmósfera en contacto con la superficie terrestre, en la que se desarrolla la vida, se denomina:**
   a) estratosfera. ☐
   b) troposfera. ☐
   c) ionosfera. ☐

3. **La capa de ozono ubicada en la estratosfera es importante porque:**
   a) destruye los gases tóxicos. ☐
   b) es responsable del efecto invernadero. ☐
   c) filtra la radiación ultravioleta proveniente del Sol. ☐

4. **La expresión: "El clima de hoy está frío" es incorrecta porque:**
   a) para otras personas está caluroso. ☐
   b) habría que agregar si está húmedo o seco. ☐
   c) el clima es un concepto más amplio que el estado del tiempo de un día. ☐

5. **El higrómetro es un instrumento que mide:**
   a) la presión atmosférica. ☐
   b) la dirección del viento. ☐
   c) la humedad atmosférica. ☐

6. **El clima cálido característico de la región nordeste de nuestro país:**
   a) es húmedo al este y seco al oeste. ☐
   b) es más seco en Misiones que en las sierras del oeste. ☐
   c) ambas opciones son falsas. ☐

7. **La insolación:**
   a) depende de la intensidad y la cantidad de horas de radiación solar que recibe una superficie. ☐
   b) es mayor durante la noche. ☐
   c) es igual en verano que en invierno. ☐

8. **El mayor porcentaje de agua del planeta pertenece a:**
   a) las aguas continentales. ☐
   b) las aguas subterráneas. ☐
   c) las aguas oceánicas. ☐

9. **La fertilidad del suelo depende principalmente de:**
   a) la roca madre. ☐
   b) el horizonte C. ☐
   c) la capa de humus. ☐

10. **Los *Mollisoles* son suelos negros, fértiles. El horizonte A de estos suelos es:**
    a) de arcilla. ☐
    b) delgado. ☐
    c) de espesor considerable. ☐

Poblaciones

Los animales y las plantas de una misma especie forman agrupaciones de distintos tamaños, según la especie y las condiciones ambientales. En la Argentina, en la costa patagónica es común ver poblaciones de cormoranes, pingüinos y lobos marinos. En el nordeste, las palmeras germinan y se desarrollan muy próximas unas de otras formando bosques.

Población de pingüinos de Magallanes, *Spheniscus magellanicus*, en la reserva Cabo Dos Bahías, provincia del Chubut.

Población de palmeras yatay en el Parque Nacional El Palmar, provincia de Entre Ríos.

El lobo marino de un pelo *Otaria flavescens* vive en grupos numerosos.

Las poblaciones

En la naturaleza es común observar agrupaciones de individuos de una misma especie como consecuencia natural de la reproducción. Estas poblaciones pueden variar de tamaño; así, por ejemplo, hay especies que congregan grupos pequeños, como la ballena franca austral. Esta especie pasa su período reproductivo en las aguas del Golfo Nuevo, en la provincia del Chubut, y se reúne en grupos de hasta seis individuos. Otras especies, en cambio, viven en grandes grupos, como el lobo marino antártico, que habita las islas antárticas y que puede formar colonias de más de 200.000 individuos, como lo demuestra un censo realizado en las islas Shetlands del Sur, en el año 1976.

Se denomina **población** a un *grupo de organismos de la misma especie, que coexisten en un mismo lugar. Por pertenecer a la misma especie, los integrantes de una población tienen la capacidad de cruzarse entre sí, reproducirse y dejar descendencia fértil*. Las poblaciones pueden tener un cierto grado de aislamiento de otras especies.

Se denomina **población natural** a aquella desarrollada naturalmente, sin intervención del hombre. Durante millones de años, las únicas poblaciones que existieron fueron las de origen natural. Sin embargo, el hombre comenzó a manipular y a reproducir a algunas especies para utilizarlas en beneficio propio. Éstas son las llamadas **poblaciones no naturales**. Entre las poblaciones manipuladas, se pueden citar las bacterias y los roedores utilizados en laboratorios científicos para investigación o las vacas de los campos de la pampa, criadas para consumo humano.

En este capítulo nos centraremos en el estudio de la estructura y la dinámica de las poblaciones.

Estructura y dinámica de las poblaciones

Los individuos que conforman una población no son siempre los mismos. Imaginemos la sabana de Sudáfrica, miles de turistas visitan las poblaciones de jirafas, rinocerontes y leones. Un turista que conoció la zona hace 25 años vio la misma población de leones que el turista que fue este año. Sin embargo, los individuos de esa población se fueron renovando. Muchos habrán muerto y otros, habrán nacido. Una población generalmente existe por períodos mucho más largos que el tiempo de vida medio de sus individuos y, a menudo, ese período es de miles de años.

Para estudiar una población es necesario conocer algunos de sus parámetros característicos como, por ejemplo: el **tamaño**, la **densidad**, la **disposición**, la **estructura de edades**, la **natalidad**, la **mortalidad**, las **inmigraciones**, las **emigraciones** y los **patrones de crecimiento**.

El Parque Nacional Arrayanes tiene gran cantidad de individuos en un área relativamente pequeña. Es una población con alta densidad. Otras poblaciones de esta especie se desarrollan más espaciadamente, con menor densidad, en otros lugares de la cordillera.

Estructura de las poblaciones

Tamaño

*El **tamaño** de una población está determinado por el número de individuos que la componen*. Así, una población de liebres patagónicas de 1.000 individuos es de menor tamaño que una de 1.800 individuos.

Densidad

Ahora, imaginemos que ambas poblaciones de liebres se encuentran en dos zonas distintas, pero del mismo tamaño. La población compuesta por 1.800 liebres va a estar más "apretada" que la de 1.000 individuos. Lo que diferencia a ambas poblaciones es la **densidad**. *La densidad de una población es el número de individuos que se encuentran presentes en una unidad de área o volumen*. En el caso de las liebres patagónicas, como las áreas donde están ambas poblaciones son de igual tamaño, la que tiene 1.800 individuos es de mayor densidad que la que tiene 1.000 individuos.

Fórmula de densidad: la densidad es igual al número de individuos de una población estudiada sobre la unidad de área o volumen: $D = \frac{N}{A}$

Disposición espacial

A su vez, en cada población los individuos pueden tener diferente **disposición**, es decir, pueden distribuirse en el espacio de tres diferentes formas:

- **al azar**, es cuando los individuos no tienen un patrón de distribución, disponiéndose libremente en un área determinada. En este caso, los espacios entre ellos son irregulares y no existen mecanismos de atracción ni de rechazo;
- **regular o uniforme**, es cuando existe algún tipo de mecanismo de rechazo (como la competencia) que hace que los espacios entre los individuos resulten iguales, es decir que están dispuestos de manera regular o uniforme;
- **agrupada o contagiosa**, en este tipo de disposición espacial los individuos forman grupos dentro del área analizada, ya sea por atracción o por características ambientales favorables, en un sitio determinado (como un lago o un árbol).

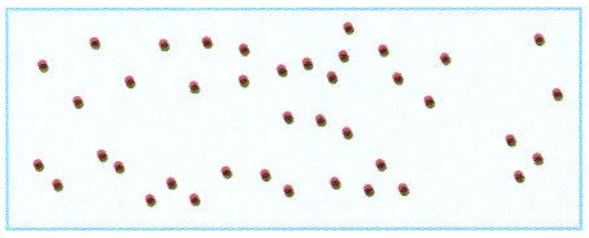

Al azar.

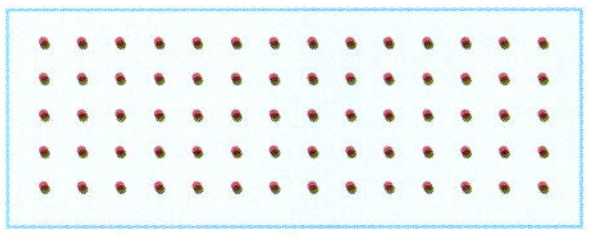

Regular o uniforme.

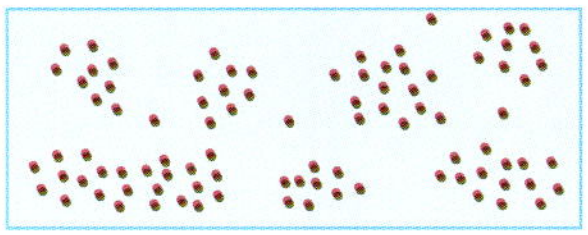

Agrupada o contagiosa.

Estructura de edades

Cada población se caracteriza por tener diferente cantidad de individuos de diversas edades. Es decir, cada población tiene una **estructura de edades** propia. La estructura de edades está afectada por la mortalidad, la natalidad y las migraciones.

Cría de yacaré intentando salir del cascarón.

Dinámica de las poblaciones

Natalidad

Como vimos, las poblaciones tienen distintos tamaños y estructura de edades. Uno de los factores responsables de estas diferencias es la **natalidad**. *La natalidad es la relación entre el número de nacimientos y el número total de individuos de una población.*

Normalmente, se utiliza el término **tasa de natalidad** para indicar la natalidad en un período de tiempo determinado. Esta tasa puede variar ampliamente entre poblaciones de distintas especies. Así, por ejemplo, la tasa de natalidad de una población de pumas, en la que una hembra adulta tiene alrededor de 3 crías en cada período reproductivo, es mucho menor que la de una población de ostras, que generan millones de huevos en cada reproducción.

En todas las poblaciones hay una cierta cantidad de individuos que mueren. Es decir, sólo una parte de los individuos que nacen llegan a ser juveniles o adultos. Se habla entonces de **mortalidad**.

enciclopedia

Las poblaciones humanas de los países llamados del primer mundo están sufriendo cambios importantes en su estructura de edades. Los jóvenes europeos, por ejemplo, de entre 25 y 30 años tienen sólo uno o dos hijos. Esto hace que la población sufra un **envejecimiento**, es decir, un aumento de la proporción de adultos y ancianos sobre la proporción de niños.

Mortalidad

La mortalidad se define como *la proporción entre el número de individuos que mueren y el número total de individuos de la población.* La **tasa de mortalidad** es la proporción de individuos de una población que mueren en un tiempo determinado.

Mientras que la natalidad de una población está afectada sólo por individuos en edad reproductiva, la mortalidad puede ocurrir en cualquier etapa de la vida de los individuos, con un aumento de la probabilidad en edades muy tempranas (recién nacidos) o en edades avanzadas. Si tomamos como ejemplo las semillas del árbol del ceibo, nuestra flor nacional, gran parte de las semillas mueren antes de germinar, y otra cantidad muere en los primeros días de vida. Muy pocos individuos llegan a ser adultos reproductores y cuando son añosos tienen mayor probabilidad de morir secos, debilitados o derrumbados por los vientos.

Gaviota cocinera muerta en una playa. La mortalidad y la emigración son factores que disminuyen el número de una población.

El pitotoy es un ave migratoria que anida en el hemisferio norte. Al llegar el invierno, migra hacia el hemisferio sur y llega hasta Tierra del Fuego.

Migraciones

La **migración** *es el desplazamiento de un individuo o grupo de individuos desde un lugar a otro a través de una distancia significativa.*

Visto desde una población determinada, se llama **inmigración** cuando un individuo o varios ingresan a la población (**inmigrante**), y **emigración** cuando uno o varios individuos la abandonan (**emigrante**).

Podemos observar que para emigrar o inmigrar los individuos necesitan desplazarse. Por lo tanto, los vegetales no pueden realizar migraciones.

Tasa de inmigración y emigración

La **tasa de inmigración** corresponde al número de individuos que ingresa a una población por inmigración en un período de tiempo determinado.

La **tasa de emigración** corresponde al número de individuos que egresa o sale de una población por emigración en un período de tiempo determinado.

Crecimiento poblacional

Cuando una población natural coloniza un nuevo ambiente, al comienzo su crecimiento es lento debido a que inicialmente llegan pocos individuos y, por lo tanto, la tasa de reproducción de la población aún es baja. A medida que el número de individuos aumenta, y dentro de ellos los reproductores, aumenta la tasa de reproducción de la población, es decir, el **crecimiento poblacional**.

Pareja de patos en actividad reproductiva.

Básicamente el tamaño de una población está determinado por cuatro factores: nacimientos, muertes, inmigración y emigración.

El número de individuos que tiene una población en un momento dado, **N** (actual), se puede calcular mediante la fórmula:

N (actual) = N (antes) + nacimientos – muertes + inmigración – emigración

Existen diferentes modelos para representar el crecimiento de las poblaciones. El más simple es el **modelo exponencial**. En él se refleja la situación de una población cuando no posee factores ambientales que pongan límite a su crecimiento. En este caso, cada individuo –llegada su edad reproductiva– originará siempre un mismo número de individuos, así la cantidad de organismos con posibilidad de generar descendencia aumenta. Por lo tanto, la población crece indefinidamente de manera exponencial. Un ejemplo de este tipo de crecimiento es el de una población de bacterias, en un cultivo de laboratorio donde una persona se encarga de que su alimento no se agote, es decir, que no haya ningún factor que limite su crecimiento. Cada bacteria se divide, por ejemplo, en dos, y cada una de esas dos a su vez en otras dos, y así indefinidamente.

El gráfico muestra una curva que avanza sobre dos ejes: el eje del tiempo (eje "x") y el eje del número de individuos (eje "y"). La curva comienza a subir cada vez más abruptamente, a medida que avanzamos sobre el eje del tiempo, hasta volverse casi vertical, indicando un enorme aumento del número de individuos en un espacio de tiempo cada vez menor. Este gráfico indica que la población crece inicialmente poco, debido a que posee un bajo número de individuos que la componen y, por lo tanto, escasos organismos reproductores. Pero luego va aumentando el número de individuos, y con ellos los reproductores.

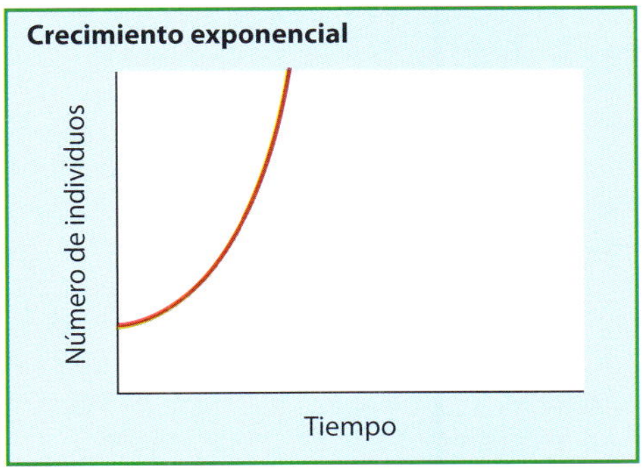

Es difícil que este tipo de crecimiento se dé en poblaciones naturales por largos períodos. Pero puede suceder en una primera etapa del crecimiento. Un ejemplo de ello es el caso de algunas especies de plantas invasoras (con gran capacidad de conquistar lugares nuevos y reproducirse) que al llegar a un nuevo lugar comienzan a crecer rápidamente con un crecimiento de tipo exponencial. Sin embargo, llega un cierto momento en el que ya fueron ocupados todos los espacios disponibles o fueron consumidos todos los nutrientes, es decir, las poblaciones comienzan a "sentir" limitaciones ambientales que afectan el crecimiento y lo disminuyen o frenan por completo.

enciclopedia

Los grandes avances científicos y tecnológicos producidos por el hombre en los últimos siglos han logrado afectar de algún modo el crecimiento de la población humana. Entre ellos podemos destacar: los tratamientos para prevenir y curar enfermedades de la vejez, que han alargado la esperanza de vida de la población; los tratamientos para prevenir y tratar enfermedades terminales, como el cáncer y más recientemente el sida, que han permitido la supervivencia de personas que en otras épocas no habrían sobrevivido; la tecnología utilizada en estudios prenatales (ecografías, etc.), que ha disminuido el número de muertes durante la gestación y el parto. ¿Qué otros ejemplos conocen en que la acción del hombre influyó en el aumento de la población o en la prolongación de la expectativa de vida?

Capacidad de carga K

Un ambiente natural no puede albergar un número infinito de individuos. Por el contrario, cada ambiente posee un cupo. La cantidad de individuos que habita un ambiente depende de factores limitantes, bióticos y abióticos. Esto es así porque cada lugar tiene una cantidad limitada de recursos (agua, luz, alimento, suelo).

Algunos de los factores limitantes pueden ser: la cantidad de alimento, la cantidad de espacio, la disponibilidad de agua, la cantidad de refugios donde protegerse, el acceso a la luz y los nutrientes del suelo (en el caso de las plantas), etcétera.

Población de cormoranes en Tierra del Fuego. Cada ambiente ofrece una cantidad finita de recursos, como agua, luz, alimento, refugio, suelo, aire, etcétera.

Los factores limitantes del ambiente hacen que exista un número máximo de individuos de una población que pueden vivir en ese ambiente. Este número de individuos, que se conoce como **capacidad de carga** y se designa con la letra "**K**", representa el tamaño de la población que puede ser mantenido por el ambiente, sin que se produzca una tendencia al aumento o a la disminución de la población.

Una vez que una población alcanza este número ideal de individuos, puede aumentar o disminuir su tamaño, pero siempre va a estar cercana a la capacidad de carga, en una situación de equilibrio dinámico.

Veamos un ejemplo, la liebre europea es una especie que fue introducida en la Patagonia argentina. Al principio sólo llegaron unos pocos individuos. Las características ambientales de la estepa patagónica eran ideales para esta especie. La liebre comenzó entonces a reproducirse. En un principio, dada la poca cantidad de individuos, el crecimiento era moderado, pero a medida que la población fue aumentando, aumentó también el número de reproductores. La población creció más y más hasta que los recursos, como el alimento y los refugios, ya no alcanzaron para todas las liebres. En ese momento, la población llegó a la capacidad de carga, K. Una vez alcanzada la capacidad de carga, la población de liebres fue aumentando y disminuyendo, pero siempre se mantuvo alrededor del valor de K.

Curva de crecimiento de una población

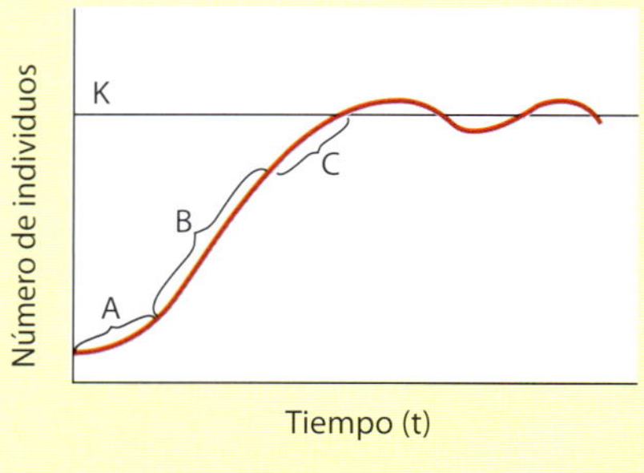

El gráfico muestra la variación del número de individuos de una población en función del tiempo.
La población crece inicialmente poco, por el bajo número de individuos y, por lo tanto, el bajo número de organismos reproductores (parte A). A medida que el número de individuos aumenta, aumenta el número de reproductores y el crecimiento poblacional adquiere mayor velocidad (parte B, parte exponencial de la curva). Logrado un determinado número de individuos, la velocidad de crecimiento disminuye por la falta de recursos, como el alimento o el espacio, que limitan el crecimiento (parte C), para luego llegar a una situación de equilibrio, con ciertas oscilaciones, alrededor de un número de organismos ideal. Es decir, el tamaño de la población alcanza la capacidad de carga.

Los factores que intervienen en el desarrollo de las poblaciones naturales son numerosos y muy complejos. Teniendo en cuenta esto, es importante mencionar que si bien las poblaciones pueden llegar a la capacidad de carga y permanecer alrededor de K por varios años, es común que ocurran cambios abruptos en su tamaño debido a enfermedades, catástrofes, mayor disponibilidad de alimentos, etcétera.

Estrategias de reproducción

Dentro de las características de las diferentes poblaciones se encuentran las **estrategias reproductivas**. Éstas comprenden: cantidad de descendientes por pareja, tipo de cuidado de los hijos, período de gestación, etc. Por ejemplo, hay especies que poseen un período de gestación prolongado y dan a luz una sola cría, como el elefante; algunos colocan miles de pequeñísimos huevos cada año mientras otros sólo incuban de 2 a 3 huevos por año durante menos de un mes, como el martín pescador.

Estrategia "r" y estrategia "K"

Simplificando al extremo los distintos tipos de estrategias reproductivas de los seres vivos, podemos distinguir dos: "r" y "K". Entre estos dos tipos extremos de estrategias reproductivas existe una amplia gama de estrategias intermedias. El cuadro de la derecha enumera las diferencias entre ambas estrategias y muestra también en sus tres primeras filas algunas características típicas del ciclo de vida de las especies con estrategias reproductivas "r" y "K".

Especies con estrategia "r"	Especies con estrategia "K"
Ciclo de vida corto.	Ciclo de vida largo.
Alta mortalidad.	Baja mortalidad.
Especies colonizadoras.	Habitan lugares estables.
Reproducción única.	Más de una reproducción en su vida.
Tiempo de maduración corto.	Tiempo de maduración largo.
Muchas crías.	Pocas crías.
Crías pequeñas.	Crías grandes.
Cuidado parental leve o nulo.	Cuidado parental intenso.

Generalmente, las poblaciones con estrategia "r" son oportunistas y colonizadoras de ambientes inestables, producen un gran número de crías (semillas, esporas, etc., según corresponda) que se dispersan rápidamente, aumentando la probabilidad de establecerse. El tamaño de sus poblaciones suele fluctuar ampliamente. En cambio, las poblaciones K-estrategas poseen largos ciclos de vida, comienzan a reproducirse luego de bastante tiempo (tiempo de maduración tardío), sus poblaciones generalmente llegan a su capacidad de carga, poseen pocas crías de mayor tamaño y tienen cuidado parental intensivo.

Curvas de supervivencia

La mayoría de los seres vivos dan origen a una cantidad de descendientes mucho mayor que los que logran sobrevivir y llegar a adultos. En algunas especies se produce una alta cantidad de muertes durante los primeros estadios de vida, en otras, las muertes ocurren en los individuos adultos. Si realizamos un gráfico con el número de sobrevivientes en función de la edad, veremos que podemos distinguir tres tipos de curvas de supervivencia:

Curva tipo 1. Los organismos representados por la curva tipo 1 son aquellos que tienen una baja mortalidad al nacer y durante las primeras etapas de la vida. La probabilidad de morir aumenta progresivamente en las etapas finales. A este tipo de curva de supervivencia pertenecen los seres humanos de los países desarrollados, donde la mortalidad es muy baja luego del nacimiento, en la infancia y en la juventud.

Curva tipo 2. Los organismos representados por la curva tipo 2 se caracterizan por tener una probabilidad de muerte constante a lo largo de la vida. Ciertas plantas y animales se ajustan a este gráfico.

Curva tipo 3. Es distintiva de aquellos organismos que tienen una gran descendencia inicial acompañada de alta mortalidad. Luego la mortalidad desciende y aumenta la probabilidad de sobrevivir. Muchos peces responden a este tipo de características.

Curvas de supervivencia

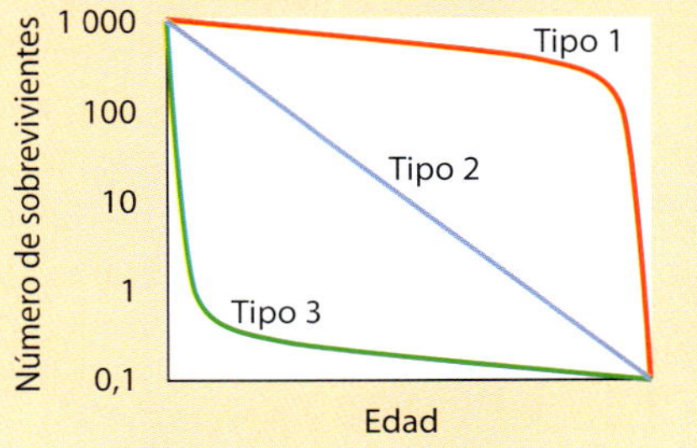

enciclopedia

Una maleza es una especie r-estratega. Cuando invade un nuevo campo se reproduce por única vez con un altísimo número de pequeñas semillas.

El delfín es una especie K-estratega. Presenta un período de gestación de once meses y da a luz una sola cría de 40 kg, a la que cuida intensamente por un período prolongado de tiempo.

TALLER

Estudio de una población

Para estudiar una población es necesario conocer algunas de sus características más importantes, como el tamaño, distribución, estructura de edades, etcétera.

Censo

La forma más directa y precisa de determinar el número de individuos de una población es, simplemente, contando todos los individuos presentes, es decir, realizando un **censo** de la población. Censar una población sólo es posible cuando se trata de plantas, animales que no se desplazan o lo hacen muy lentamente y animales que son lo suficientemente grandes y fáciles de ver como para no perder ninguno en el conteo ni contar dos veces el mismo individuo.

enciclopedia

Se dice que un muestreo se hace al **azar** cuando no tiene ningún factor que lo determine. Generalmente, se utilizan cuadrículas numeradas, colocadas sobre el plano, que representan el área donde se localiza la población, junto con un programa que arroja números al azar, para luego estudiar los cuadros de la grilla que correspondieron a dichos números.

Métodos de muestreo

Los **métodos de muestreo** permiten estimar el tamaño de una población. *Una muestra es una porción representativa de la población total.* Mientras mayor sea el número de muestras analizadas, más precisa será la información que se obtenga del muestreo. La muestra se toma mediante el uso de parcelas.

La parcela debe tener un tamaño conocido, y su forma puede ser cuadrada, rectangular, etc. Si se trata de individuos que viven dentro del suelo o en el agua, se utiliza una unidad de volumen.

Las parcelas son elegidas al azar. Luego, se cuentan todos los individuos que hay dentro ellas. Con estos datos se estima la densidad y el tamaño de la población total.

Densidad: se divide el número de individuos sobre el área (o volumen) de la parcela, y se obtienen los individuos por unidad de área (o volumen). Por ejemplo, si en 1 m^2 se encuentran 20 plantas, la densidad será de 20 plantas/m^2.

Tamaño: una vez estimada la densidad de la población y conocida el área que ésta ocupa, podemos calcular el tamaño. Por ejemplo, si la densidad obtenida es de 20 plantas por m^2 y el área total de la población es de 10.000 m^2, el tamaño total de la población será 20 plantas/m^2 × 10.000 m^2 = 200.000 plantas.

Zorro gris.

Método de captura y recaptura

Se trata de un método muy simple utilizado para estimar el tamaño de algunas poblaciones animales, como los peces. El método consiste en capturar animales al azar de una población dada, marcarlos y luego liberarlos. Pasado el tiempo necesario para que se mezclen nuevamente con la población, se vuelve a tomar una muestra de individuos al azar. Entre los individuos capturados, algunos estarán marcados, lo que significa que ya habían sido capturados en la primera etapa, por lo tanto se los considera recapturados (capturados por segunda vez). Esto permite estimar el tamaño de la población, ya que los individuos recapturados marcados son proporcionales al tamaño de la población. Si la población es pequeña, entonces el número de individuos recapturados marcados será grande. Si la población es grande, los recapturados marcados serán pocos.

Veamos un ejemplo: de una población de zorros se capturan 10 al azar. Los 10 zorros se marcan, y luego se liberan. Pasado un tiempo, se vuelven a capturar otros 10 zorros al azar. Entre estos últimos hay 4 zorros marcados (capturados por segunda vez). Entonces, el tamaño de la población se obtiene de la siguiente forma:

$$\frac{\text{10 zorros marcados} \times \text{10 zorros de la segunda captura}}{\text{4 recapturados marcados}} = 25$$

Se estima que el tamaño de la población es de 25 individuos.

Censo de árboles

En esta actividad pondrán en práctica el método de censo para determinar la cantidad de árboles presentes en una plaza o en un parque.

1. Divídanse en grupos. Cada grupo deberá elegir una especie de árbol y realizar el censo de esa especie en una plaza o parque cercano a la escuela. Entre los árboles más comunes de las plazas y parques se encuentran el fresno, la tipa, el plátano, el paraíso, el palo borracho y el jacarandá, entre otros.
2. Con los resultados construyan un cuadro comparativo.
3. De las especies censadas, averigüen cuáles son nativas y cuáles introducidas.

Análisis de las estrategias reproductivas

El cuadro de la derecha muestra las estrategias reproductivas de 4 especies. Busquen información que les permita justificar lo que se afirma en el cuadro.

Especie	Estrategia
Ostras	**r**
Tortuga marina	**r**
Puma	**K**
Pingüinos	**K**

autoevaluación

Elijan la respuesta correcta

1. **Una población es:**
   a) un conjunto de individuos de muchas especies. ☐
   b) todos los individuos del mundo que pertenecen a la misma especie. ☐
   c) un conjunto de organismos de la misma especie que coexisten en un mismo lugar. ☐

2. **La población de mulitas del bosque chaqueño es:**
   a) una población natural. ☐
   b) una población creada por el hombre. ☐
   c) ninguna de las dos. ☐

3. **El tamaño, la densidad, la distribución espacial y la estructura de edades son:**
   a) características de cada organismo en particular. ☐
   b) características de la estructura de una población. ☐
   c) datos que sirven sólo para el estudio de las poblaciones humanas. ☐

4. **¿Qué significa un 40% de mortalidad anual?**
   a) Significa que de cada 100 individuos de una población, sólo 4 estarán vivos al año siguiente. ☐
   b) Significa que de cada 100 individuos de una población, sólo 40 estarán vivos al año siguiente. ☐
   c) Significa que de cada 100 individuos de una población, sólo 60 estarán vivos al año siguiente. ☐

5. **Seleccionen cuál de estos dos factores determinan un aumento en el tamaño de una población:**
   a) mortalidad e inmigración. ☐
   b) inmigración y natalidad. ☐
   c) mortalidad y natalidad. ☐

6. **Entre los métodos citados en el Taller, hay uno que permite conocer exactamente (no estimar) el tamaño de la población, ¿cuál?:**
   a) captura y recaptura. ☐
   b) censo. ☐
   c) muestreo al azar. ☐

7. **Al explicar el método de captura y recaptura se dio un ejemplo con una población de zorros. Si la segunda vez, cuando se volvieron a capturar 10 individuos, en lugar de haber 4 individuos marcados se hubieran recapturado 8 marcados, el tamaño de la población de zorros sería:**
   a) mayor. ☐
   b) igual. ☐
   c) menor. ☐

8. **La disposición espacial de los lobos marinos es:**
   a) al azar. ☐
   b) regular. ☐
   c) agrupada. ☐

9. **Si el área total de una población de 300 zorros es de 150 km^2, ¿cuál es la densidad de la población?**
   a) 3 zorros por km^2. ☐
   b) 1 zorro por km^2. ☐
   c) 2 zorros por km^2. ☐

10. **La capacidad de carga, K:**
    a) se mantiene constante para una especie determinada. ☐
    b) puede variar. ☐
    c) no influye en el tamaño de una población. ☐

8 Comunidades

El conjunto de guanacos que habita una región de la estepa patagónica conforma una población natural. Esa misma población de guanacos comparte el espacio con poblaciones de maras, o liebres patagónicas, zorros, aves y diversas poblaciones de arbustos, como la jarilla, relacionándose unos con otros, formando parte de la misma comunidad.

Guanacos en el ecosistema de la estepa patagónica.

Calandria patagónica sobre una rama de alpataco, un arbusto con espinas típico de la región.

Los zorros grises comunes y los zorros grises chicos o patagónicos forman parte del ecosistema de la estepa.

Los peludos viven en cuevas entre los arbustos, como el quilimbay, y los pastos duros, como el coirón.

Las comunidades naturales

Así como una **población** es un grupo de individuos de la misma especie que comparten un espacio y poseen la capacidad de reproducirse, una **comunidad** es un *conjunto de poblaciones que habitan un mismo ambiente y se relacionan entre sí.*

Es importante recordar que un **ecosistema** está constituido por todos los organismos que conforman una comunidad, más los factores abióticos y las relaciones entre ellos. Así, en un ecosistema acuático marino, la comunidad estará conformada por el conjunto total de especies que habitan ese ecosistema. Las estrellas de mar conformarán una población entre ellas, pero al unirse a las poblaciones de erizos, lobos marinos, focas, caracoles, algas y cangrejos estarán todos formando la comunidad que compone ese ecosistema.

Cuando se habla de comunidades, hay una tendencia a pensar en grandes comunidades. Sin embargo, las comunidades existen también a escalas muy pequeñas y hasta microscópicas. Por ejemplo, se puede decir que en la maceta del jardín de una casa hay una comunidad formada por plantas, líquenes, ácaros, arañas y otros animales microscópicos que viven dentro de la tierra.

Se denominan **comunidades naturales** a aquellas surgidas espontáneamente en la naturaleza, sin intervención del hombre. Una comunidad natural es, por ejemplo, la que puebla una isla antártica, que reúne la población del lobo marino antártico, poblaciones de distintas especies de pingüinos, peces, algas, escúas, petreles, gaviotas, etcétera.

Un ejemplo de **comunidad artificial** podría ser la que habita una de las jaulas del Zoológico de Buenos Aires, donde hay varias especies conviviendo, o el lago (con tortugas, peces, patos, etc.) o el acuario que pueden tener en sus casas. En estas comunidades, los individuos de las diferentes especies fueron escogidos y colocados en un mismo lugar para vivir juntos y relacionarse.

Composición y estructura de las comunidades

Las comunidades constituyen la **parte biótica** (con vida) de un ecosistema. Como se vio en el ejemplo del zoológico, conformar comunidades aparenta ser relativamente simple. Parece que sólo se tratara de tomar diez sapos, cuatro serpientes, treinta plantas, cinco caracoles, algunos insectos y colocarlos juntos. Probablemente, si armamos este "ecosistema" los animales sobrevivirán por algunos días, pero no por mucho tiempo. Con seguridad, este sistema no está equilibrado como lo estaría una comunidad natural, y dependerá de nuestra atención y alimentación para sobrevivir. Las comunidades son sistemas complejos, ya que no sólo contemplan las relaciones entre los individuos de una misma especie, sino también sus **relaciones** con poblaciones de otras especies de ese mismo ecosistema.

Distintas especies de aves acuáticas forman parte de la comunidad de la laguna.

Parámetros descriptivos de las comunidades

Quizá la primera pregunta que surge al querer estudiar comunidades es ¿cuántas especies diferentes conforman esta comunidad? y ¿qué hace que tengan ese número de especies y no otro?

Las comunidades constituyen el nivel de organización de organismos más alto, ya que engloban muchos individuos de diferentes especies. Éstas poseen aspectos que las caracterizan y pueden ser estudiados.

Los ecosistemas de selva poseen comunidades de altísima riqueza, es decir, muchas poblaciones de diferentes especies.

Riqueza

Si queremos caracterizar una comunidad, podemos simplemente contar el número de especies diferentes que la conforman. *El número total de especies que posee una comunidad se llama **riqueza**.*

Imaginamos una comunidad "A" constituida por 15 especies en total: 2 especies de anfibios, 3 especies de insectos, 5 especies de plantas, 1 especie de reptil, 2 especies de aves y 2 especies de mamíferos.

Si comparamos la comunidad "A", que tiene 15 especies, con otra comunidad "B" que tiene 30 especies, decimos que la comunidad "B" posee una riqueza de especies mayor que "A", como se muestra en la tabla de la derecha.

Especies de las comunidades "A" y "B"

Grupos de especies	A	B
Insectos	3	6
Anfibios	2	2
Reptiles	1	1
Aves	2	10
Mamíferos	2	1
Plantas	5	10
Riqueza	**15**	**30**

Abundancia

Sin embargo, no sólo el número de especies interesa al estudiar una comunidad, ya que, por ejemplo, no es lo mismo tener 10 individuos de cada especie que 20 individuos de cada especie. Imaginemos una comunidad "C" que posee exactamente las mismas especies que la comunidad "B", sólo que con un número de individuos mayor.

La comunidad "B" posee el mismo número de especies que "C", es decir, tiene la misma riqueza. Sin embargo, las comunidades son diferentes, la cantidad de individuos de cada especie es diferente. Los reptiles, por ejemplo, tienen una población de 20 individuos en la comunidad "C", o sea, el doble de individuos que la población de reptiles de la comunidad "B". Se dice entonces que la población de reptiles de la comunidad "C" es más abundante que la de la comunidad "B". *Es importante notar que el término abundancia es relativo a cada especie.*

Especies e individuos de las comunidades "B" y "C"

	B		C	
Grupos de especies	N.º E	N.º I	N.º E	N.º I
Insectos	6	10	6	20
Anfibios	2	10	2	20
Reptiles	1	10	1	20
Aves	10	10	10	20
Mamíferos	1	10	1	20
Plantas	10	10	10	20
N° total de individuos		**60**		**120**
Riqueza	**30**		**30**	

N.º E N° de especies
N.º I N° de individuos por especie

Tamaño

Así como la abundancia hace referencia a la cantidad de individuos de una especie determinada, *el **tamaño** es el número total de individuos de todas las especies* de una comunidad. Entonces, la comunidad "B" de 60 individuos es de menor tamaño que la comunidad "C" que posee 120 individuos.

Monos carayá en el bosque chaqueño.

Diversidad

Existe un parámetro que tiene en cuenta la relación entre la riqueza de especies y la abundancia de cada especie, es la **diversidad**. *Cuanto más pareja o equitativa es la cantidad de individuos de cada especie, mayor es la diversidad.*

Imaginen dos comunidades con el mismo número de especies y la misma cantidad de individuos.

La comunidad A, al igual que la B, tiene 30 individuos y 3 especies. Ambas se diferencian porque la abundancia de especies es diferente. La comunidad A tiene especies muy poco representadas, en cambio, en la comunidad B, las especies están representadas en forma más **equitativa**. La comunidad B tiene una diversidad mayor que la comunidad A.

Nicho ecológico y diversidad

En las comunidades es común la existencia de especies similares. Para que especies similares puedan formar parte de una misma comunidad, no pueden tener **nichos ecológicos** idénticos, aunque sí, similares. Veamos un ejemplo: dos especies de pájaros carpinteros, que utilizan la misma especie de árbol para hacer sus nidos (huecos que abren con sus picos en los troncos), pueden vivir en la misma comunidad si una de ellas utiliza las partes más altas del tronco y la otra, las partes más bajas, o bien, si una utiliza los nidos viejos cavados por otros individuos en años anteriores, y la otra construye nidos nuevos cada año. En África, los rinocerontes blancos y negros habitan el mismo lugar. Mientras el rinoceronte negro se alimenta de hojas y ramas de plantas leñosas, el blanco se alimenta de hierbas. En la naturaleza nunca dos especies con idéntico nicho ecológico forman parte de una misma comunidad.

Retomaremos este concepto en el capítulo 9.

Dominancia

En general, dentro de las comunidades naturales existe una o algunas especies que son dominantes. Cuando se habla de **dominancia** se quiere decir que la estructura de la comunidad está dependiendo en gran medida de una o más especies dominantes. Es decir que si esta especie no existiera, o su población por alguna razón desapareciera, la estructura de la comunidad cambiaría.

Una especie dominante es en general abundante en su comunidad. En ambientes boscosos es común que especies de árboles sean dominantes en sus comunidades ya que definen la estructura del lugar y un gran número de especies de la comunidad dependen de ellas como recurso de protección, alimento, sombra, etc. En ambientes de pastizales, alguna de las especies de pastos podrá ser la dominante, y así sucesivamente.

La especie dominante de algunos bosques de Neuquén es el Pehuén.

enciclopedia

Hace muchos años, el bosque chaqueño ocupaba las provincias de Formosa y Chaco, el este de Salta, Tucumán, Catamarca y La Rioja, y el norte de San Luis, Córdoba y Santa Fe. Las especies dominantes en la comunidad del bosque eran los quebrachos, colorado y blanco, y otras especies de menor tamaño, como los algarrobos y espinillos.

Algunos años atrás, la mayor parte de los quebrachos y algarrobos fueron talados indiscriminadamente. Al perder estos árboles, el bosque sufrió cambios en la estructura de sus comunidades. Gran parte de los insectos que vivían en los troncos de los árboles desaparecieron. Muchas aves que se alimentaban de estos insectos, de los frutos de los árboles o anidaban en sus copas y troncos dejaron de formar parte de la comunidad. Las aves de rapiña que se alimentaban de los pichones de estas aves también tuvieron que abandonar el lugar. La destrucción de especies dominantes hizo que las actuales comunidades del bosque chaqueño sean muy distintas de las originales.

Sucesión biológica

Las comunidades no son unidades estáticas, dentro de ellas ocurren continuos cambios, sufren un reemplazo constante de especies, algunas desaparecen o se extinguen, y otras nuevas llegan por inmigraciones. *Los cambios que se producen en un ambiente por continuas colonizaciones y extinciones de especies a través del tiempo constituyen un proceso direccional que se denomina **sucesión biológica**.* Cuando en un ambiente determinado ocurre un fenómeno que destruye todos los seres vivos que allí existían (incendios, inundaciones, derrumbes, etc.), pasado un tiempo, nuevos individuos comienzan a colonizar el lugar desde distintas áreas. Comienza el proceso de sucesión biológica. Por ejemplo, cuando la erupción de un volcán cubre con ceniza volcánica un área en el medio de la estepa patagónica, provoca la muerte de la comunidad de esa área. Pasado algún tiempo, algunas plantas capaces de crecer en suelos con ceniza volcánica colonizarán el lugar y crecerán. Más tarde llegarán de otras áreas cercanas de estepa algunos insectos, lagartos y otros animales, además de plantas. Es decir, con el tiempo se irá formando otra comunidad.

En los comienzos de una sucesión biológica la comunidad recién formada tiene muy pocas especies. Pero a medida que pasan los años, las características del ambiente se van modificando, comienzan a crecer algunas de las semillas de arbustos o árboles que trae el viento. Al aparecer nuevas especies vegetales, más especies de animales tienen la posibilidad de colonizar el lugar y sobrevivir. Así, la comunidad va pasando por distintas etapas.

enciclopedia

Especies viajeras

Generalmente los seres vivos que crecen en zonas que fueron alteradas por incendios, inundaciones, derrumbes, talas, etc., inmigran desde lugares cercanos al área de destrucción. Sin embargo, también pueden inmigrar desde zonas más alejadas otros individuos capaces de desplazarse muchos kilómetros, como semillas dispersadas por el viento, aves, mamíferos e insectos, entre otros.

Etapas de una sucesión biológica

El comienzo de una sucesión biológica se caracteriza por ser inestable y poseer pocas especies. En esta primera etapa, denominada **inmadura**, predominan las poblaciones de especies colonizadoras con estrategia de vida y reproducción "r" (véase capítulo 7). Por lo general, la etapa de colonización incluye plantas bien adaptadas a las condiciones adversas, que resisten la acción de los vientos, las temperaturas extremas, la aridez del suelo. Generalmente se trata de malezas o hierbas invasoras con ciclos de vida cortos, que se reproducen rápidamente. Con el paso del tiempo estas primeras plantas colonizadoras mueren y sus restos orgánicos pasan a formar parte del suelo, enriqueciéndolo y ayudando a la formación de una capa de humus. En esta primera etapa llegan bacterias y pequeños animales, también con estrategia "r". Los animales en general son pequeños, se reproducen rápido, tienen muchas crías y sus ciclos de vida son cortos. Lentamente, en el lugar comienzan a aparecer aves que se alimentan de las semillas y de los gusanos del suelo. De este modo, el ambiente se va modificando, las condiciones del suelo ya no son tan extremas. Es entonces cuando llegan nuevas especies por inmigración que desplazan a las primeras especies colonizadoras o pioneras. A medida que el número de especies de la comunidad aumenta, aparecen cada vez más especies con estrategias de reproducción y vida tipo "K". Comienzan a crecer árboles, arbustos y aparecen animales de mayor tamaño. El nuevo ecosistema se puebla con especies con ciclos de vida más largos, menor número de crías, baja mortalidad, etcétera.

A medida que la sucesión avanza, llegan nuevas especies que desplazan a las colonizadoras.

Finalmente, la composición de especies de la comunidad alcanza cierto grado de estabilidad.

Comunidad clímax

Se dice que *la comunidad, a medida que el tiempo pasa, va en dirección a etapas más maduras y estables*. Llega un punto en el que la comunidad llega a su máximo de madurez y se establece, y si bien siguen ocurriendo inmigraciones y extinciones, el número de especies e individuos llega a un ideal. Cuando la comunidad alcanza su desarrollo máximo compatible con las condiciones físicas del ecosistema al que pertenece, se denomina **comunidad clímax**.

Algunas veces, la etapa de clímax se alcanza rápidamente y otras puede tardar cientos de años. Imaginemos, por ejemplo, un incendio en un pastizal de la llanura pampeana, seguramente, después de algunos años, el proceso de sucesión biológica restablecerá la comunidad en el lugar. Si el incendio se produjera por causas naturales en un sector de los bosques andino-patagónicos de la cordillera, el proceso de sucesión llevaría, quizás, unos 60 o 70 años hasta reconstituir la comunidad del bosque. En ocasiones, la sucesión ocurre tan lentamente que la etapa clímax rara vez es alcanzada, ya que vuelven a ocurrir incendios o huracanes que hacen recomenzar el ciclo.

A menudo ocurren incendios naturales que hacen que comience a desarrollarse un proceso de sucesión biológica en el lugar.

Sucesión primaria y secundaria

Para que tenga comienzo una sucesión es necesaria la aparición de un nuevo hábitat, como un terreno que acaba de quedar al descubierto por la eliminación de la vegetación o la formación de una nueva isla, como producto de la erupción de un volcán.

Se denomina **sucesión primaria** a aquella que comienza en un terreno recién formado, en el que ninguna comunidad ha vivido anteriormente, como el caso de una isla de origen volcánico que acaba de crearse o el de las dunas de arena.

Una **sucesión secundaria** es la que tiene lugar en un ambiente en donde anteriormente existía una comunidad y, por diversas causas, esta comunidad desaparece, como el caso de un incendio en un pastizal o de campos que fueron destinados al cultivo y luego abandonados. Cuando en la provincia de Misiones un área de cultivo cercana a la selva es abandonada, comienza un proceso de colonización del área por las especies próximas.

Primeras etapas del proceso de sucesión en una duna.

Un ejemplo de sucesión primaria

Veamos el ejemplo de las dunas. Las dunas están formadas por la acumulación de pequeños granos de arena. La temperatura de la arena sin cobertura vegetal es alta durante el día y baja durante la noche. El viento provoca el continuo movimiento de la arena dificultando la fijación de plantas. Los primeros colonizadores de las dunas son los juncos de arena que se reproducen por tallos subterráneos, formando una red resistente al viento. A medida que los juncos de arena se desarrollan, van fijando la arena de las dunas, impidiendo que el viento la desplace con facilidad. Esto es aprovechado por especies colonizadoras, como las plantas resistentes a la sequía y los pequeños arbustos que crecen pegados al suelo. Una variedad de insectos aparecen, y también las aves que se alimentan de los frutos de estos arbustos y que los ayudan a diseminar las semillas hacia otras regiones.

Las sucesiones degradativas ocurren en tiempos relativamente cortos. En la fotografía se observa la etapa final de la degradación de los restos de una ballena franca, en la costa patagónica.

Sucesión degradativa

Existe un tipo especial de sucesión, denominada **degradativa**, que ocurre en tiempos relativamente cortos. En este caso el "terreno" recién formado está representado por el cuerpo de un animal muerto, por los excrementos o por los restos de una planta. La materia orgánica muerta es colonizada rápidamente por organismos descomponedores y detritívoros (véase capítulo 15). Las poblaciones de organismos descomponedores van cambiando durante las distintas etapas de la sucesión. Los productos del metabolismo de los primeros descomponedores son utilizados por las poblaciones siguientes, y así sucesivamente hasta que toda la materia orgánica es metabolizada y transformada en compuestos minerales.

¿De qué depende la diversidad de una comunidad?

Determinar los factores que hacen que una comunidad tenga una mayor o menor diversidad fue, desde siempre, una preocupación de los ecólogos. Precisar un factor único como responsable de la diversidad de una comunidad sería demasiado simplista. Sin embargo, es posible determinar un conjunto de factores que influyen en la estructura de la comunidad, entre los que se encuentran la latitud, el clima, el área que ocupa la comunidad, la historia de la comunidad y las relaciones de competencia y depredación.

La **latitud**, el **clima** y la **heterogeneidad del ambiente** son factores geográficos estrechamente relacionados que se pueden sintetizar si analizamos cómo varía la diversidad en relación con la latitud. *Existe un aumento de la diversidad a medida que avanzamos desde las zonas polares hacia las zonas tropicales.* Esto se aplica tanto a los ecosistemas acuáticos como a los aeroterrestres. En una hectárea de selva tropical conviven hasta 30 especies distintas de árboles, en cambio, en una hectárea de bosques de pinos en zonas frías del norte de Canadá encontramos sólo 4 o 5 especies diferentes de árboles.

Por lo general, en ambientes similares las **dimensiones del área** influyen en la cantidad de especies de la comunidad. *A mayor dimensión, mayor cantidad de especies.* Esto puede explicarse porque los ambientes más extensos son más heterogéneos y permiten la existencia de mayor número de especies. Un grupo de ecólogos se dedicó a estudiar la biogeografía de islas y comprobó que en las islas de mayor tamaño, el número de especies era mayor. Además, comprobó que el número de especies de las comunidades de las islas también dependía de la distancia de la isla al continente. Aunque esto parece bastante lógico, existen casos en que un área más grande tiene menor diversidad que un área más pequeña.

La diversidad también depende de la **historia** o **etapa de la sucesión biológica** en que se encuentre la comunidad. Las primeras etapas de una sucesión tienen menor riqueza que las etapas maduras o de clímax.

Es común utilizar el término comunidad para designar parte de la comunidad total de un ecosistema, como es el caso de la comunidad vegetal de la selva misionera.

Otros usos del término comunidad

Es común que se utilice el término comunidad para hacer referencia a un conjunto de poblaciones de distintas especies que pertenecen a un mismo grupo como: aves, árboles, mamíferos, insectos, plantas, etc. Por ejemplo, el grupo de las poblaciones de aves que habitan la zona del bosque chaqueño es denominado comunidad de aves del bosque chaqueño, aunque la comunidad total de este bosque esté conformada por la totalidad de las poblaciones que habitan en ese ecosistema. De la misma manera, se llama comunidad vegetal de la selva misionera al conjunto de poblaciones de distintas especies de vegetales que viven en el mismo lugar y conforman la selva. Si bien el término de comunidad engloba todas las poblaciones de diferentes especies que habitan un ecosistema, como el de los bosques chaqueños o la selva misionera, y no parte de ellas, esta forma de utilizar el término comunidad es comúnmente aceptada a los fines prácticos para analizar parte de ella, ya que el estudio de la comunidad en su totalidad es, a menudo, muy complejo.

Plantas epífitas en la selva misionera.

TALLER

Confección de un herbario

Durante la salida de campo pueden realizar la recolección de plantas que serán destinadas a la confección de un herbario.

Un herbario es una colección de especies vegetales secas, clasificadas y montadas sobre cartulina u hojas de papel con sus correspondientes datos en una etiqueta.

Materiales

Bolsas de plástico, una carpeta de tapas duras de 30 x 45 cm, aproximadamente, dos correas, papel blanco, papel de diario, bolsitas de plástico, etiquetas, lápiz, cinta adhesiva, una tabla de madera.

Recolección del material

Recolecten las plantas lo más completas posible. Luego, colóquenlas dentro de una bolsa plástica. Cada muestra recolectada debe ser etiquetada con los datos de la localidad, fecha de recolección y un número de muestra. Anoten en el cuaderno el número de muestra con las observaciones que consideren importantes, como el tipo de hábitat, estado del tiempo, características de la flor, tipo de insectos que se posaban sobre las flores, etc. En el caso de los árboles o arbustos deberán cortar una rama de un tamaño adecuado con hojas o frutos.

Si la planta que van a recolectar es única en ese ambiente, o muy escasa, no la extraigan. Pueden tomarle una fotografía.

Secado y prensado del material

Coloquen las plantas con las hojas y las flores extendidas dentro de una hoja doble de papel de diario junto a la etiqueta identificatoria. Si el tamaño de la planta es mayor al de una hoja de diario, dóblenla en dos o en tres partes. Coloquen los pliegos con los papeles de diario uno sobre otro armando una pila. Entre pliego y pliego, coloquen varios papeles absorbentes o diarios para facilitar la eliminación de la humedad de las plantas. Una vez formada una pila de 50 cm, aproximadamente, coloquen encima la tabla de madera con algún elemento pesado de superficie plana, como un ladrillo.

Al principio, cambien los papeles de las plantas y los diarios una vez por día y luego cada dos días hasta comprobar que las plantas se encuentran completamente secas. Este proceso puede llevar un par de semanas.

Montaje del material en el herbario

Una vez que el material esté seco, monten los ejemplares en las hojas del herbario. Las plantas se fijan a la hoja con cinta adhesiva. Coloquen la cartulina con la muestra montada dentro de un pliego de papel blanco.

Peguen la etiqueta identificatoria en la cartulina con los siguientes datos:

Nombre científico de la planta (soliciten ayuda a su profesor o consulten en un libro de botánica).

Nombre vulgar:

Familia a la que pertenece:

Localidad donde se efectuó la recolección:

Fecha de recolección:

Nombre de la persona que realizó la recolección:

En el caso de contar con semillas del ejemplar, deben colocarlas en una bolsita de plástico y pegarlas a la cartulina junto con la planta y la etiqueta.

Armado del herbario

Coloquen las hojas con las plantas dentro de una carpeta de tapas duras, átenla con las dos correas.

Mantengan el herbario en un lugar ventilado y seco.

TALLER

Actividades para una salida de campo

Esta actividad la pueden realizar durante una salida de campo a un ecosistema natural terrestre, como un bosque, una pradera o un pastizal.

Además de los materiales comunes que se mencionan en el capítulo 10 para las salidas de campo, deberán llevar cuatro estacas y 40 metros de soga o piolín.

Formen grupos de cinco integrantes. Cada grupo deberá realizar las siguientes actividades:

1. Realicen una observación general del área. Hagan una descripción somera de la abundancia de animales y vegetales.
2. Identifiquen al menos 10 especies comunes de la comunidad con ayuda del profesor y de bibliografía. Si es necesario, colecten material para la identificación posterior en la escuela.
3. Con las estacas y la soga delimiten un área cuadrada de 10 metros de lado. Elijan una especie vegetal y calculen la superficie del área ocupada por esa especie. Esto les permitirá calcular la abundancia de esa especie.
4. Observen si la especie elegida es dominante o si existe dominancia de alguna otra en la comunidad observada.
5. Ordenen de "más abundante a menos abundante" todas las especies identificadas. Sólo se estimará a simple vista el tamaño de sus poblaciones.
6. Identifiquen si hay algún rastro de incendio, derrumbe o inundación que pueda dar lugar a un proceso de sucesión biológica.

Cada grupo elaborará un informe que presentará y expondrá en clases posteriores. Se compararán los resultados obtenidos por los diferentes grupos.

autoevaluación

Elijan la respuesta correcta

1. **Un conjunto de seres vivos de especies diferentes que se relacionan y comparten un mismo hábitat constituyen:**
   a) un biotopo. ☐
   b) una comunidad. ☐
   c) una población. ☐

2. **Entre los parámetros siguientes, cuáles son característicos de la comunidad:**
   a) la distribución espacial. ☐
   b) el tamaño, la riqueza y la diversidad. ☐
   c) la tasa de nacimientos, muertes, inmigración y emigración. ☐

3. **El tamaño de una comunidad está determinado por:**
   a) el número de especies. ☐
   b) el número de organismos. ☐
   c) el número de plantas. ☐

4. **Una comunidad integrada por 50 especies y 1.000 individuos tiene mayor riqueza que:**
   a) una comunidad integrada por 500 individuos de 100 especies diferentes. ☐
   b) una comunidad integrada por 350 especies. ☐
   c) una comunidad integrada por 5.000 individuos y 30 especies. ☐

5. **En una comunidad de la provincia de Buenos Aires existe una población de venados que posee un mayor número de individuos que otra similar de la provincia de La Pampa. Se dice entonces que:**
   a) la comunidad de Buenos Aires posee una mayor riqueza. ☐
   b) la comunidad de Buenos Aires es más abundante que la de La Pampa. ☐
   c) la población de venados de La Pampa es menos abundante que la población de venados de Buenos Aires. ☐

6. **Dos especies similares pueden coexistir en una misma comunidad si:**
   a) sus nichos ecológicos son idénticos. ☐
   b) poseen estrategia "r". ☐
   c) sus nichos son similares pero no idénticos. ☐

7. **La diversidad:**
   a) aumenta desde los polos hacia el trópico. ☐
   b) disminuye en los trópicos. ☐
   c) se mantiene constante en todas las latitudes. ☐

8. **En el proceso de sucesión biológica:**
   a) el número de especies disminuye a medida que pasa el tiempo. ☐
   b) las especies invasoras o colonizadoras son aquellas que se establecen al final del proceso de sucesión. ☐
   c) la comunidad clímax es la etapa final de la sucesión, y presenta mayor estabilidad que las etapas anteriores. ☐

9. **La sucesión biológica que comienza en una zona de un bosque, cuya vegetación ha sido destruida a causa de un temporal se denomina:**
   a) sucesión primaria. ☐
   b) sucesión secundaria. ☐
   c) ninguna de las dos. ☐

10. **Las poblaciones de aves de los bosques andino-patagónicos y las del chaco húmedo:**
   a) pertenecen a la misma comunidad. ☐
   b) pertenecen a distintas comunidades. ☐
   c) pertenecen a la misma población. ☐

9 Las relaciones entre los seres vivos

Los seres vivos que integran una comunidad establecen múltiples relaciones entre sí. En los mares tropicales el pez payaso se asocia a las anémonas de mar. En nuestro país, en los Esteros del Iberá, el yacaré overo captura y mata a sus presas, mientras los carpinchos buscan hierbas para alimentarse.

Pez payaso y anémona de mar.

Yacaré overo en los Esteros del Iberá.

Interacciones entre los seres vivos

Los seres vivos se relacionan entre sí de muchas formas, algunos animales capturan y matan a individuos de otras especies, otros compiten por obtener alimento o espacio donde vivir y protegerse. A las relaciones entre los seres vivos las denominamos **interacciones**.

Los dorados son peces que capturan a otros peces para comer, como los sábalos. Este tipo de interacción, en la que un ser vivo captura y mata a su presa, se denomina **depredación**.

Los carpinchos son grandes roedores que viven en manadas y se alimentan de hierbas. Las distintas manadas compiten entre sí por ocupar las mejores zonas de pastoreo donde crecen las hierbas más tiernas. Entre los carpinchos hay una relación de **competencia**. Los animales de otras especies también compiten por el alimento, como el venado de las pampas y el ciervo de los pantanos. Podemos diferenciar dos grandes grupos de relaciones entre los seres vivos, las que tienen lugar entre individuos de una misma especie y las que se establecen entre individuos de especies diferentes.

1. **Relaciones intraespecíficas:** son interacciones que se establecen entre individuos de una misma especie, por ejemplo, entre los carpinchos que integran la población de los Esteros del Iberá. (Recordemos que una población está integrada por individuos de la misma especie).
2. **Relaciones interespecíficas:** son interacciones que se establecen entre los individuos de distintas especies de una comunidad, por ejemplo, entre los dorados y los sábalos.

En este capítulo estudiaremos los grandes grupos de interacciones, la **competencia**, la **depredación** y el **mutualismo**, y otras relaciones vinculadas a las anteriores, como el **parasitismo**, la **simbiosis**, el **comensalismo**, el **neutralismo** y el **amensalismo**.

Competencia intraespecífica

La **competencia** es un tipo de interacción que se establece entre organismos que consumen un mismo recurso que existe en cantidad limitada. Cuando la relación de competencia se establece entre individuos de la misma especie, se denomina **competencia intraespecífica**. Veamos algunos ejemplos:

Las lechuzas se alimentan de roedores. Si la población de roedores disminuye, las lechuzas deben competir entre sí por el alimento, es decir, por los roedores.

Las plantas de una misma especie pueden competir entre sí por la luz, por el agua o por los nutrientes del suelo, como ocurre entre los árboles de un bosque.

Los machos de una misma especie pueden competir entre sí por las hembras, como lo hace el lobo marino macho.

La relaciones de competencia intraespecífica son comunes en la naturaleza, ya que los organismos de una misma especie consumen el mismo tipo de alimento, tienen refugios similares y las mismas conductas reproductivas que el resto de los individuos de la población a la que pertenecen.

Las lechuzas y los búhos se alimentan, principalmente, de roedores. Cuando el alimento escasea, la competencia intraespecífica se hace mayor.

Competencia por explotación y por interferencia

Existen dos tipos de competencia intraespecífica, por **explotación** y por **interferencia**.

En la competencia por explotación los organismos son afectados indirectamente por la acción de sus competidores. Por ejemplo, las lechuzas más eficientes capturan y comen más roedores que las lechuzas menos eficientes. Al privarlas del alimento, las afectan indirectamente.

En cambio, en la competencia por interferencia hay una relación directa entre los competidores. Por ejemplo, los animales territoriales, como el león, impiden con su presencia que otro león ocupe su territorio. Los mejillones que viven adheridos a las rocas, impiden que otros mejillones puedan fijarse en el mismo lugar.

Efecto de la competencia intraespecífica sobre el tamaño de la población

El ambiente en el que vive una población tiene una cantidad limitada de recursos. Por ejemplo, el alimento disponible en una laguna puede abastecer a un cierto número de flamencos. Si, por algún motivo, el alimento disminuyera notablemente, se establecería entre los flamencos una fuerte relación de competencia. Muchos individuos morirían por falta de alimento y por la aparición de enfermedades. La capacidad de los flamencos para reproducirse también se vería afectada. Al cabo de un tiempo el número de flamencos disminuiría.

El aumento de la competencia intraespecífica produce la disminución del número de individuos de una población.

Una disminución de la competencia intraespecífica podría traer el efecto contrario, es decir, el crecimiento de la población.

Si bien en la regulación del tamaño de una población intervienen muchos otros factores, como la competencia con otras especies, la depredación o los cambios en los factores abióticos, podemos decir que *la competencia intraespecífica cumple un papel importante en la regulación del tamaño de la poblaciones.*

Elefantes marinos, macho y hembra.
La reproducción es una interacción intraespecífica beneficiosa.

enciclopedia

Otras interacciones intraespecíficas

Además de la competencia intraespecífica, que tiene efectos perjudiciales para los organismos de una misma especie, existen otras interacciones dentro de la población. Algunas son beneficiosas para los individuos, como la formación de parejas reproductivas o las organizaciones sociales, como la de las abejas, mientras que otras son beneficiosas para uno y perjudiciales para el otro, como el caso del canibalismo que practican algunos peces, roedores, insectos y arañas.

Entre el colibrí y la flor existe una relación interespecífica en la que ambos se ven beneficiados.

Relaciones interespecíficas

De forma similar a las relaciones intraespecíficas, las interacciones entre los individuos de distintas especies, o **relaciones interespecíficas**, pueden ser beneficiosas, perjudiciales o neutras para las especies involucradas.

Analizaremos relaciones en las que intervienen sólo dos especies con el fin de ayudar a una mejor comprensión, aunque es importante tener en claro que en la naturaleza las interacciones se establecen entre muchas especies.

Tabla de interacciones

La siguiente tabla resume los principales tipos de interacciones entre distintas especies. Los efectos beneficiosos se simbolizan con un signo +, los perjudiciales con un signo - y cuando la interacción es indiferente, es decir, ni beneficiosa ni perjudicial, se simboliza con un 0.

Más adelante analizaremos estas interacciones una a una.

Interacción	Símbolo	Características de la interacción
Competencia	- / -	La interacción resulta perjudicial para ambas especies. Ejemplo, dos especies de herbívoros compitiendo por la comida.
Depredación	+ / -	La interacción resulta beneficiosa para una especie y perjudicial para la otra. Por ejemplo, el yaguareté que se alimenta del pecarí.
Mutualismo	+ / +	La interacción resulta beneficiosa para ambas especies. Pueden vivir en forma independiente. Ejemplo, el insecto y la flor.
Simbiosis	+ /+	La interacción resulta beneficiosa para ambas especies. No pueden vivir uno sin el otro. Ejemplo, los líquenes.
Comensalismo	+ / 0	Interacción beneficiosa para una especie e indiferente para la otra, por ejemplo, el crecimiento de plantas epífitas sobre las ramas de los árboles para aprovechar la luz.
Parasitismo	+ / -	Interacción beneficiosa para una especie y perjudicial para la otra. Por ejemplo, la garrapata y el perro.
Neutralismo	0 / 0	Dos poblaciones que integran una misma comunidad no se perjudican ni benefician con la presencia de la otra especie. Ejemplo, guanacos y peludos en la estepa patagónica.
Amensalismo	- / 0	Interacción perjudicial para una especie e indiferente para la otra. Ejemplo, los arbustos pequeños se perjudican por la poca luz que reciben debido a la presencia de árboles de gran altura, que no se ven perjudicados.

enciclopedia

En los Esteros del Iberá habitan varias especies de animales herbívoros autóctonos, como el ciervo de los pantanos y el venado de las pampas. Estos animales en peligro de extinción se enfrentan al problema de tener que competir por el alimento con el ganado doméstico introducido por el hombre. Se trata de un caso de competencia interespecífica, en este caso debido a la intervención humana.

Ciervo de los pantanos.

Ganado vacuno.

Competencia interespecífica

Cuando la relación de competencia se da entre individuos de especies diferentes, la denominamos **competencia interespecífica**. Por ejemplo, hay competencia interespecífica entre dos especies de aves que se alimentan del mismo tipo de semillas en una comunidad, o en el bosque tropical, cuando distintas especies de árboles compiten por la luz. Al igual que la competencia intraespecífica, la competencia interespecífica siempre es por un recurso limitado, como el alimento, la luz o un nutriente. La competencia interespecífica es un tipo de interacción donde ambos competidores se ven perjudicados; aunque, por lo general, siempre hay una especie que se perjudica más que la otra. Este fenómeno se denomina **asimetría** de la competencia. El **amensalismo** es un caso extremo de interacción en el que una de las especies se ve perjudicada, mientras que a la otra le es indiferente. Por ejemplo, los hongos productores de penicilina tienen un efecto claramente perjudicial sobre las poblaciones de bacterias, pero a los hongos, la muerte de las bacterias no los beneficia ni los perjudica.

También en el caso de la competencia interespecífica podemos diferenciar entre competencia por explotación y por interferencia.

Los experimentos de Gause

El biólogo ruso G. P. Gause realizó en 1934 varios experimentos con tres especies de paramecios, pequeños organismos unicelulares, que llamaremos A, B y C.

Gause observó que al cultivar las tres especies por separado, cada una de las poblaciones alcanzaba su máximo desarrollo.

En cambio, al cultivar la especie A con la B, comprobó que a medida que crecía la población de A la población de B disminuía hasta extinguirse. La especie A era la competidora fuerte y terminaba por eliminar a la especie B, que era la competidora débil.

Al cultivar juntas las especies A y C observó que ambas mantenían una población estable, aunque el tamaño de las poblaciones era mucho menor que el que alcanzaban cuando eran cultivadas por separado. Al observar con detenimiento el tubo donde crecían las poblaciones de A y C vio que los paramecios de la especie A se alimentaban en la superficie del tubo y los de la especie C se alimentaban en el fondo del tubo.

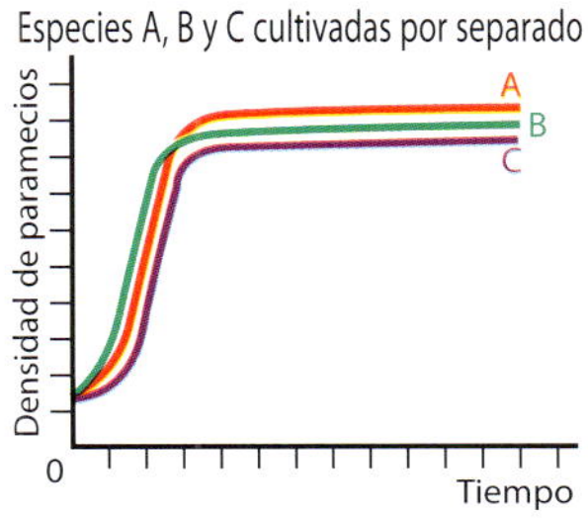

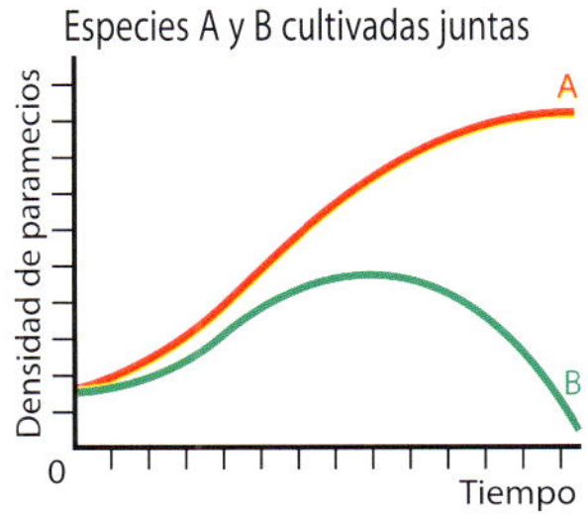

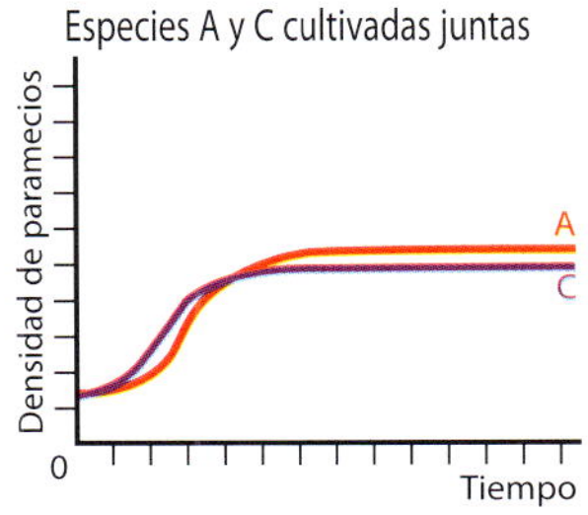

Principio de exclusión competitiva

Gause postuló por primera vez el principio de exclusión competitiva diciendo que *si dos especies compiten por un mismo recurso, la especie competidora fuerte elimina a la competidora débil*. Decimos que una especie es competidora fuerte cuando utiliza un recurso en forma eficiente.

Es común que en una comunidad coexistan poblaciones de especies competidoras. ¿Cómo explica este hecho el principio de exclusión competitiva? Para comprender este mecanismo es necesario recordar las definiciones de nicho ecológico.

Nicho fundamental y nicho efectivo

Hemos visto que el nicho ecológico está dado por la combinación de condiciones y recursos que permiten el mantenimiento de una población viable. Si una especie viviera en un ecosistema sin ningún competidor, utilizaría al máximo todos los recursos disponibles. El nicho que ocupa una especie sin competidores es el **nicho fundamental**. En realidad, debido a las limitaciones que le impone la competencia, una especie sólo utiliza una parte de su nicho fundamental denominada **nicho efectivo** o **realizado**. El nicho efectivo es sólo la porción del nicho fundamental que utiliza una especie.

La diferenciación de los nichos

Cuando dos especies compiten por un recurso, pueden coexistir si sus nichos efectivos son suficientemente **diferentes** como para permitir el mantenimiento de la población. Cuando los nichos efectivos no se diferencian, el competidor fuerte termina por extinguir al competidor débil, esto es lo que ocurrió en el experimento de los paramecios cuando crecían juntas las especies A y B.

Por el contrario, a pesar de que las especies A y C de paramecios establecían una relación de competencia, sus nichos efectivos eran suficientemente distintos como para permitir la coexistencia de ambas especies, ya que una podía vivir del alimento que había en la superficie del tubo y la otra del que estaba en el fondo.

Ahora podemos ampliar el principio de exclusión competitiva diciendo que:

1. Si dos especies compiten por un mismo recurso, la especie competidora más fuerte **elimina** a la competidora débil cuando los nichos efectivos no se diferencian.
2. Dos especies competidoras **pueden coexistir** como resultado de la diferenciación de sus nichos efectivos.

enciclopedia

En la costa litoral de la Patagonia habitan varias especies de aves. A pesar de vivir en el mismo hábitat, tienen diferentes formas de alimentación. El ostrero tiene un largo y fuerte pico adaptado para abrir ostras y otros bivalvos de las rocas. Los chorlitos comen insectos y pequeños invertebrados en zonas cercanas a la playa, mientras que los gaviotines vuelan a ras del agua y se lanzan sobre ella para capturar pequeños peces.

Gaviotín sudamericano con un pez recién capturado.

El águila harpía es uno de los grandes depredadores de la selva misionera.

Depredación

Todos los seres vivos que pertenecen a un ecosistema forman parte de una compleja **red de alimentación** en la que unos se alimentan de otros. Las relaciones de **depredación** tienen efectos sobre la cantidad de organismos de las poblaciones y también sobre la diversidad de especies del ecosistema.

Es muy probable que alguna vez hayan visto una película o un documental donde un grupo de leones persigue y caza un gran animal de la sabana africana, como un venado o una cebra. Las imágenes de estos grandes depredadores en plena cacería, sin duda, son impresionantes. *Entre dos especies se establece una relación de depredación cuando el depredador ataca y mata a un animal vivo, la presa, para alimentarse de él.* Las relaciones de depredación están entre las más comunes y habituales en la naturaleza. En nuestro país existen grandes depredadores, como el yaguareté, único depredador con el poder suficiente para enfrentar y matar a un tapir, o la imponente águila harpía, capaz de capturar y llevarse entre sus garras a un mono o a un coatí.

Las pirañas son depredadores que, a la vez, sirven de alimento a los yacarés.

Algunos depredadores son de pequeño tamaño. El mamboretá o tata dios es un temible depredador de otros insectos. Un ave que captura una lombriz en la tierra o la que atrapa un pez en el mar son depredadores. Las aves granívoras también son depredadores, ya que al comerse la semilla destruyen el embrión de una nueva planta. Las pirañas son depredadores que actúan en grupo, sus dientes afilados en forma de sierra son capaces de realizar cortes casi perfectos en la carne de sus presas.

Efectos de la depredación sobre la estructura de la comunidad

El efecto del depredador sobre la presa individual es claramente **perjudicial**, ya que el depredador mata o daña a su presa. Sin embargo, si bien hay casos en que la acción de los depredadores puede llegar a eliminar a la población de presas, no puede decirse que el efecto de los depredadores perjudique necesariamente a la población de presas. Esto puede deberse, en parte, a que:

1. Se ha comprobado que muchos depredadores sólo atacan a los individuos enfermos o lesionados que de todas formas morirían en lo inmediato.
2. Al disminuir la población de presas, disminuye también la competencia intraespecífica entre ellas. Esta disminución de la competencia aumenta los recursos disponibles para la población de presas. Por lo tanto, crece la posibilidad de supervivencia y la tasa de nacimientos.

En muchos casos las poblaciones de presas y depredadores varían en forma conjunta.

Bicho palo sobre la corteza de un árbol.

Las estrategias de los depredadores y de las presas

Los depredadores tienen diferentes formas de capturar a sus presas. Los felinos, como el tigre, el gato y el yaguareté, y muchas serpientes prefieren la técnica del **acecho**. Se acercan sigilosamente y esperan que la presa se les acerque lo suficiente para lanzarse al ataque. Otros tienden **trampas** y **emboscadas**, como las arañas y las plantas carnívoras.

Muchos depredadores prefieren la **cacería activa** de sus presas, como las arañas salticidas, los lobos y en ocasiones los leones. Por otra parte, las presas también despliegan todo tipo de **estrategias** para defenderse de sus atacantes. Algunas confían en la velocidad para escapar, como las gacelas y las aves, otras se protegen con armaduras y corazas, como el puercoespín, el peludo o el caracol. Los zorrinos recurren al mal olor, y otros, como el calamar, a la ocultación que producen con su tinta y que hace muy difícil al depredador encontrarlos. El aspecto del bicho palo lo protege de sus atacantes que lo confunden con la vegetación.

Efectos de la depredación sobre la biodiversidad

Recordemos que la diversidad nos da una idea de la cantidad y la abundancia de especies diferentes que componen una comunidad. Hemos dicho que la acción de los depredadores puede llegar a eliminar a una población de presas, aunque por lo general, esto no es lo que ocurre. En muchos estudios se ha comprobado que *la acción de los depredadores ayuda a mantener la variedad de especies de una comunidad*. El ecólogo estadounidense Roger J. Paine realizó en 1966 un importante estudio sobre este tema en comunidades marinas que habitan en las rocas. Estas comunidades estaban integradas por 15 especies de organismos marinos, entre los que se encontraban, caracoles, mejillones, berberechos, percebes y estrellas de mar. El principal depredador de la comunidad era la estrella de mar. Para observar el efecto de los depredadores sobre la comunidad, hizo el siguiente experimento: en un área rocosa de 16 m^2 retiró todas las estrellas de mar. Al cabo de un tiempo, en lugar de 15 especies quedaban sólo 8. Los mejillones y los percebes, que eran depredados por las estrellas, habían ocupado todo el espacio disponible desplazando a las demás especies.

La estrella de mar es un depredador de los fondos marinos.

Parásitos, ramoneadores y parasitoides

Tradicionalmente se ha considerado al **parasitismo** como un tipo de interacción diferente de la depredación. En la actualidad, la ecología considera al parasitismo como un tipo especial de depredación. Este nuevo enfoque denomina depredación verdadera a la depredación típica, como la del tigre, el león, el águila y la araña, e incluye dentro del grupo de los depredadores, a tres tipos especiales de depredación, el **parasitismo**, el **ramoneo** y los **parasitoides**.

Parasitismo

En la fotografía podemos observar a un **parásito** adherido a la cola de una anchoa de mar.

Los parásitos son organismos que se alimentan de otros organismos, llamados **hospedadores**, y viven a expensas de éstos. Los parásitos le producen un daño a su hospedador. Este daño puede ser mínimo o puede llegar a causar la muerte a largo plazo.

En la naturaleza, es común que animales y plantas sirvan de hospedadores a una gran cantidad de parásitos, a veces un solo hospedador puede cargar con miles de parásitos. Los seres humanos tampoco están libres de la acción de los parásitos. Muchas veces los parásitos son transmisores de enfermedades que llegan a causar la muerte de las personas.

Efecto de los parásitos sobre las poblaciones de hospedadores

En estudios hechos en el campo se ha comprobado que la acción de los parásitos sobre una población de hospedadores produce la **disminución** de la población. Al comparar la producción de campos cultivados tratados con sustancias químicas, que evitan la acción de los parásitos, con campos cultivados sin tratar, se comprobó que la producción de los primeros era mucho mayor.

La acción de los parásitos sobre las poblaciones de hospedadores en comunidades naturales es más difícil de determinar.

El piojo, causante de la pediculosis en los seres humanos, es un parásito externo.

Clasificación de los parásitos

Una primera clasificación de los parásitos nos permite diferenciarlos en **ectoparásitos** y **endoparásitos**.

Ectoparásitos: son parásitos que viven en la superficie del cuerpo del hospedador, como la piel o el cuero cabelludo. En este grupo se encuentran las pulgas, los piojos y las garrapatas.

Endoparásitos: son parásitos que viven en el interior del cuerpo, de los tejidos o de las células del hospedador. Dentro de este grupo encontramos bacterias, virus, protozoarios, gusanos intestinales, etcétera.

La transmisión de parásitos puede realizarse en forma directa, de un hospedador a otro, o en forma indirecta, por medio de otra especie denominada vector.

Transmisión directa: la transmisión directa implica el contacto entre parásito y hospedador. El ingreso del parásito puede producirse al ingerir alimentos o agua contaminados, como ocurre con la amebiasis producida por el protozoario *Entamoeba histolytica*. Las enfermedades producidas por bacterias y virus también pueden transmitirse en forma directa.

Muchos gusanos intestinales, parásitos del hombre y de otros mamíferos, son transmitidos en forma directa, como los nematodos.

Transmisión indirecta: entre los parásitos transmitidos a través de un vector, podemos mencionar los tripanosomas, protozoarios flagelados causantes del mal de Chagas. El animal vector que los transmite es la vinchuca, un insecto que se alimenta de sangre.

enciclopedia

La esquistosomiasis es una enfermedad causada por un gusano trematode, el *Schistosoma mansoni*, que se reproduce sexualmente en vertebrados terrestres, asexualmente en el interior de caracoles de agua dulce y luego sus larvas ingresan al hombre a través de la piel.

Ramoneadores

A diferencia de la depredación verdadera, en la que el depredador mata a su presa, el **ramoneador** sólo consume una parte, causándole daño, pero no la muerte en forma inmediata. Los herbívoros, como la vaca o el caballo son ramoneadores, también muchos insectos que se alimentan de plantas. Algunos de ellos, como las mariposas, los escarabajos y los grillos, por lo general, causan poco daño a las poblaciones de plantas.

Defensa de las plantas y estrategias de los herbívoros

La defensa de las plantas contra los herbívoros incluye desde la producción de sustancias tóxicas, pelos y espinas, hasta la asociación con los enemigos naturales de sus atacantes.

Los herbívoros por su parte han desarrollado estrategias para compensar la defensa de las plantas. Algunos insectos no sólo se han hecho inmunes a los venenos sino que los utilizan a su favor, como la mariposa monarca que acumula en el cuerpo sustancias tóxicas que producen las plantas para defenderse de sus depredadores.

La pasionaria, una planta autóctona de nuestro país, produce una sustancia tóxica para la mayoría de los insectos herbívoros. Las mariposas del género *Heliconius* se han adaptado a esta sustancia y la utilizan en su propio provecho.

Flor de pasionaria.

Parasitoides

Los **parasitoides** son un grupo de insectos, en su mayoría avispas y moscas, que ponen huevos dentro de sus hospedadores. Las larvas se desarrollan dentro del hospedador, se alimentan de él y lo consumen hasta matarlo. Los hospedadores son generalmente otros insectos o arañas. La relación de parasitoides hospedadores es de gran importancia ecológica, ya que los parasitoides controlan el crecimiento de numerosas poblaciones de insectos. En agricultura, ejercen el control sobre las plagas.

Mutualismo y simbiosis

El **mutualismo** es un tipo de interacción entre dos especies en la que ambas obtienen beneficios mutuos, como ocurre con la asociación entre el pez payaso y las anémonas.

El pez payaso obtiene la protección y el refugio que le brindan los tentáculos de la anémona, gracias a ser inmune a las sustancias urticantes que ésta produce, y ella a su vez se beneficia de la cercanía del pez payaso, que ahuyenta a otros peces depredadores cuando se le acercan, también obtiene los restos de alimento que deja el pez payaso.

Los beneficios de una relación mutualista son muchos, pueden consistir en la obtención de alimento, protección, vivienda, camuflaje, limpieza, etcétera.

La relación mutualista entre individuos de dos especies puede ser **facultativa** u **obligada**. Es facultativa cuando el individuo obtiene un beneficio pero puede vivir sin el otro, y obligada, cuando el individuo no puede vivir sin el otro. Hay casos en que la relación es facultativa para uno y obligada para el otro. Se utiliza el término **simbiosis** cuando la asociación entre los organismos es tan estrecha que no pueden vivir uno sin el otro, es decir, cuando el mutualismo es obligado para ambos, como ocurre con la asociación entre un alga y un hongo para formar un liquen. El hongo obtiene el alimento que el alga produce mediante fotosíntesis (recordemos que los hongos no tienen la capacidad de fotosintetizar) y el alga aprovecha algún producto que el hongo elabora.

Este cangrejo marino tiene su caparazón cubierto con algas. Las algas se benefician por tener un sustrato donde crecer, y el cangrejo obtiene el beneficio del camuflaje que le proveen las algas.

Los peces limpiadores nos ofrecen otro ejemplo de relación mutualista cuando se alimentan de los parásitos de la piel de los peces grandes a la vez que los ayudan a mantener su piel sana.

Muchas plantas con flores que producen néctar o polen son polinizadas por animales. Los insectos y las aves se benefician con el néctar y el polen de la flor, la que, a cambio, obtiene ayuda para su reproducción al diseminar estos animales el polen de flor en flor.

En el intestino de muchos animales grandes existen relaciones mutualistas con los microorganismos que viven dentro de él. En el estómago de los rumiantes se alojan bacterias que se alimentan de la celulosa contenida en lo que el rumiante ingiere. El rumiante carece de enzimas para digerir la celulosa, por lo tanto, las bacterias cumplen esta importante función.

Otra asociación mutual interesante es la que tiene lugar entre las raíces de ciertas plantas leguminosas y las bacterias fijadoras de nitrógeno.

Abeja polinizando una flor.

Comensalismo y neutralismo

A veces es muy difícil determinar hasta qué punto un tipo de interacción es por completo indiferente para una especie. No obstante, tradicionalmente se han descripto dos tipos de relaciones en que la interacción es indiferente, al menos para uno de los participantes. Estas interacciones son el **comensalismo** y el **neutralismo**.

Comensalismo

El comensalismo es un tipo de interacción en la que el organismo comensal se beneficia y el otro, aparentemente, no se beneficia ni se perjudica. Un ejemplo de este tipo de interacción es el de las plantas epífitas, como el clavel del aire y las orquídeas, que crecen sobre los troncos de los grandes árboles utilizándolos solamente como soporte.

Neutralismo

La relación de neutralismo se da entre poblaciones que habitan un mismo ecosistema, y donde ninguna de las especies se beneficia o perjudica por la presencia de la otra. Los guanacos y los peludos en la estepa patagónica tienen un tipo de interacción neutralista.

EXPERIENCIAS

Competencia intraespecífica entre plantas

Objetivos

Realizar un experimento para comprobar el efecto de la competencia intraespecífica sobre el crecimiento y desarrollo de plántulas de poroto.

Materiales

Dos vasos plásticos, tierra, agua, semillas de poroto, cartulina negra, una regla, papel, lápiz.

Procedimiento

a) Llenen de tierra ambos vasos hasta cubrir un poco más de la mitad.
b) En el primer vaso, coloquen 3 semillas de poroto separadas entre sí y cúbranlas con una capa de 1 cm de tierra.
c) En el otro vaso, coloquen 12 semillas y cúbranlas con 1 cm de tierra.
d) Agreguen la misma cantidad de agua en cada vaso de modo que la tierra quede húmeda.
e) Construyan cilindros de cartulina negra de 20 cm de alto y de diámetro algo mayor al diámetro del vaso.
f) Coloquen los vasos con las semillas dentro de los cilindros de cartón en un lugar cercano a una ventana.
g) Agreguen diariamente la misma cantidad de agua en ambos vasos para mantener húmeda la tierra.
h) Anoten diariamente los cambios que observan en ambos dispositivos.

Resultados

a) Al cabo de 15 días cuenten la cantidad de semillas que lograron germinar y crecer en cada uno de los dispositivos. Comparen la proporción de plantas que crecieron en relación con la cantidad de semillas que plantaron en cada vaso. ¿Qué proporción es mayor?
b) Con la regla, midan la altura de las plantas de cada vaso y saquen un promedio de altura para cada uno. ¿Qué promedio de altura fue mayor, el del vaso 1 o el del 2?
c) Con cuidado, corten los vasos de plástico, separen la tierra de las plantas y analicen las plantas de ambos vasos. Describan el aspecto y el tamaño de las raíces, el grosor del tallo, el color y la cantidad de hojas, y comparen los resultados.

Conclusiones

El aumento de la densidad de una población produce el aumento de la competencia intraespecífica. ¿Cuáles son los recursos por los que deben competir las semillas y las plantas en este experimento?

Si las condiciones ambientales eran las mismas, ¿a qué se debe la diferencia entre las plantas crecidas en uno y otro caso?

¿En alguno de los dos dispositivos notaron la presencia de mohos u otros organismos que afectaran la germinación de las semillas o el crecimiento de las plantas?

ACTIVIDADES

Analicen la siguiente experiencia

Un ecólogo realizó el siguiente experimento para comprobar si entre dos especies de lagartijas existía competencia interespecífica. Dividió en tres parcelas un área natural en la que convivían dos especies de lagartijas.

- ➜ Retiró todas las lagartijas de la especie A de la parcela 1.
- ➜ Retiró todas las lagartijas de la especie B de la parcela 2.
- ➜ A la parcela 3 la dejó tal como estaba, con las dos especies de lagartijas.

Al cabo de un tiempo observó los siguientes resultados:

- ➜ en la parcela 1 había aumentado la población de la especie B.
- ➜ en la parcela 2 también aumentó la población de la especie A.
- ➜ en la parcela 3 las poblaciones se mantenían constantes.

Teniendo en cuenta los resultados, ¿dirían ustedes que existe competencia interespecífica entre estas dos especies?

¿Qué dirían si las poblaciones de lagartijas se hubieran mantenido igual cuando crecían juntas que cuando lo hacían por separado?

autoevaluación

Elijan la respuesta correcta

1. **El macá y el biguá son aves acuáticas que comparten, en gran medida, el mismo tipo de alimentación. La relación que se establece entre ambas especies por el alimento se denomina:**
   a) competencia intraespecífica. ☐
   b) competencia interespecífica. ☐
   c) ninguna de las dos. ☐

2. **El aumento de la densidad de una población:**
   a) no afecta la competencia intraespecífica. ☐
   b) va acompañada de un aumento de la competencia intraespecífica. ☐
   c) disminuye la competencia intraespecífica. ☐

3. **Dos poblaciones de especies competidoras pueden vivir en una comunidad cuando:**
   a) sus nichos fundamentales son parecidos. ☐
   b) tienen el mismo nicho efectivo. ☐
   c) sus nichos efectivos están diferenciados. ☐

4. **El nicho efectivo**
   a) es más amplio que el nicho fundamental. ☐
   b) es el que realmente ocupa una especie. ☐
   c) no es importante para la supervivencia de la especie. ☐

5. **En experimentos realizados en una comunidad de organismos marinos que viven sobre las rocas cercanas a la costa se comprobó que al quitar el principal depredador, la estrella de mar:**
   a) disminuyó la cantidad de especies de la comunidad. ☐
   b) aumentó la cantidad de especies de la comunidad. ☐
   c) no se modificó la estructura de la comunidad. ☐

6. **Los depredadores:**
   a) provocan un daño sobre las presas individuales. ☐
   b) siempre producen la extinción de las poblaciones de presas. ☐
   c) no perjudican las presas individuales ni las poblaciones de presas. ☐

7. **Los ramoneadores:**
   a) causan la muerte inmediata de la presa. ☐
   b) sólo consumen una parte de la presa. ☐
   c) no producen daño a las plantas. ☐

8. **Una especie mutualista facultativa:**
   a) es aquella que se beneficia con la relación pero puede vivir sin ella. ☐
   b) es aquella que tiene la facultad de perjudicar o no a la otra especie. ☐
   c) obtiene un beneficio de la asociación pero no puede vivir sin ella. ☐

9. **El mutualismo:**
   a) es una relación en la que ambas especies se ven perjudicadas. ☐
   b) no beneficia ni perjudica a los organismos intervinientes. ☐
   c) las dos opciones son falsas. ☐

10. **Los endoparásitos:**
    a) siempre se transmiten por intermedio de otro organismo. ☐
    b) pueden transmitirse en forma directa o indirecta. ☐
    c) siempre son mortales para el hospedador. ☐

10 Ecosistemas aeroterrestres

Los ecosistemas terrestres van cambiando a lo largo del tiempo y también cambian en el espacio geográfico. En el pasado, la selva amazónica carecía de las actuales condiciones climáticas, y donde hoy crece una selva, ayer había un bosque en galería, muy seco, xerófilo, con claros, más parecido a una sabana, condición similar a la que hoy impera en el este del continente africano.

Los árboles de la selva constituyen el refugio de los perezozos.

Boa trepada al tronco de un árbol.

Los líquenes y las hepáticas, como la de la fotografía, tapizan la corteza de los troncos.

La selva amazónica

La **selva amazónica** es una de las ecorregiones de mayor biodiversidad mundial, extendida a lo largo de más de 6.000 km del río Amazonas. Está repleta de árboles con hojas, flores y frutos, helechos, epífitas y lianas, que ofrecen alimento, refugio y territorio a una vasta fauna en un ambiente caluroso y húmedo, durante todo el año. Al igual que la mayoría de las selvas y bosques tropicales del mundo, es una fuente primordial de biodiversidad que está modificándose rápidamente por el desarrollo de las actividades agropecuarias y la tala de los bosques, la contaminación atmosférica e hídrica y la erosión del suelo.

En la selva amazónica se distinguen varios **estratos**:

- **elevado**, con árboles de gran altura, muy compacto y con muchas especies a veces muy separadas;
- **intermedio**, con árboles de menor altura, y
- **bajo**, arbustivo-herbáceo.

Abundan lianas y epífitas que se entremezclan en todos los estratos.

Por la distancia de los árboles, la **polinización** más común es la **zoófila** (realizada por animales) incluyendo insectos de todo tipo, aves, murciélagos e incluso monos ardilla y ranas arborícolas.

¿Cuáles son los factores limitantes para el crecimiento de los árboles en la selva? En el **sotobosque** y en el **piso de la selva** crecen hierbas adaptadas a la escasa luminosidad y también hongos. Entre los árboles se encuentran el higuerón, el guaraná y el pino paraná, entre otros.

Las orquídeas y los claveles del aire son plantas epífitas que crecen sobre los troncos de los árboles.

Los **límites entre ecosistemas** tampoco son abruptos y suele darse una interconexión entre ellos, con intercambios de materia y energía, como ocurre, por ejemplo, entre la selva y el pantano.

Tipos y componentes del ecosistema aeroterrestre

El **ecosistema de la selva**, como otros ecosistemas aeroterrestres, presenta la mayor variedad de organismos animales y vegetales posible. Allí se puede encontrar toda clase de seres vivos, representantes de muchos reinos de vida, incluidos los microorganismos más variados que los **microbiólogos** obtienen en muestras de suelo o de aire de la zona. Los árboles y arbustos de muchas especies diferentes se hallan muy dispersos e intercambian sus nutrientes con el suelo. La copa de los árboles y los hoyos del tronco sirven de refugio a multitud de animales (se calcula que por cada especie de árbol existen unas diez a quince especies de insectos diferentes). El **intercambio gaseoso** que producen los árboles de la selva es uno de los más importantes a escala mundial e influye en el **efecto invernadero** y el **clima global**.

Pero una selva es sólo un ejemplo de ecosistema. Un bosque, un pastizal, un desierto e incluso, en una escala más pequeña, un tronco caído o una muestra de suelo constituyen **ecosistemas aeroterrestres**.

Pero ¿cómo se caracteriza un ecosistema aeroterrestre? ¿Cuáles son sus componentes? ¿Se establecen límites abruptos con otros ecosistemas?

Como todo ecosistema, el aeroterrestre incluye la suma de los **factores abióticos** (fisicoquímicos) y **bióticos** (organismos).

- La parte biótica de los ecosistemas está constituida por los **individuos** de cada especie, tanto microorganismos como organismos más grandes.
- El conjunto de individuos de la misma especie que habita un área geográfica o ecológica en un momento determinado, y entre los que existe intercambio o flujo genético, es una **población**.
- La suma de las poblaciones de distintas especies animales, vegetales, etc., forma las **comunidades biológicas** o **biocenosis**, que no son entidades discretas, ya que se convierten gradualmente unas en otras.

En la espesura de la selva amazónica vive el hoatzin, una extraña ave que nos recuerda a las criaturas fósiles del Jurásico, mitad ave, mitad reptil.

Estudio de un ecosistema aeroterrestre

Cuando se estudia un ecosistema se puede analizar su **estructura** –los factores y sus componentes– o bien su **dinámica** –el funcionamiento–. Pero también se puede estudiar la **historia** de un ecosistema en una escala real que abarca desde una vida humana hasta lapsos de miles de millones de años.

Además, los **ecólogos** pueden focalizar el análisis en la estructura o dinámica de las poblaciones y en la estructura o dinámica de las comunidades.

Los **taxónomos** pueden dedicarse a estudiar determinadas especies animales o vegetales, los **microbiólogos** a tomar muestras del suelo, aire o agua de las bromeliáceas, los **edafólogos** a estudiar los horizontes del suelo, los **meteorólogos** a estudiar las variables climáticas que influyen en el crecimiento de la vegetación, etc. Es decir, un **estudio ecológico** es necesariamente un estudio **interdisciplinario**.

La parte **abiótica** de los ecosistemas aeroterrestres, como la temperatura, el pH, la salinidad, la luminosidad, el territorio, los nutrientes, el agua en el ambiente, etc., varía en el espacio y en el tiempo y provoca respuestas determinadas en los organismos.

Por otra parte, los factores bióticos, con los que también interaccionan los organismos, resultan fundamentales para las comunidades.

Una pequeña rama en un bosque puede servir de alimento a una multitud de organismos parásitos.

El jote real forma parte de la fauna de selvas y bosques. Se lo encuentra en el Parque Nacional El Rey, en Salta.

Comunidades aeroterrestres

Las **comunidades aeroterrestres** pueden ser definidas, al igual que los ecosistemas en general, en cualquier escala. Así, se puede hablar de grandes comunidades, caracterizadas por un tipo predominante de vegetación, por ejemplo, la comunidad del pastizal, la cual está íntimamente ligada al clima, al tipo de suelo y a la topografía del ambiente; de comunidades integradas por un **único grupo taxonómico** (la comunidad de aves o comunidad del talar), o incluso de una comunidad **que desarrolla una actividad determinada** (la comunidad de insectívoros). Es decir, definir comunidades constituye una abstracción de gran utilidad para los estudios ecológicos.

Generalmente una comunidad se transforma gradualmente en otra mediante zonas de transición, los **ecotonos**, por ejemplo, entre la selva y la sabana africanas. Además, el crecimiento o reproducción de un grupo de plantas, animales o microorganismos en algunas zonas del ecosistema es mayor que en otras.

La **vegetación** es la totalidad de plantas que habitan en un área determinada y cuyas características permiten la clasificación de las comunidades principales del lugar. A nivel global se habla de **flora**.

La **fauna** es la totalidad de animales que habitan en el área en estudio y cuyas poblaciones interaccionan entre sí y con las plantas de las que obtienen alimento y refugio.

La **biota** es la suma de la fauna y la flora de la región, además de otros organismos como algas, líquenes y hongos, cuando están presentes.

Si se estudia una muestra de la biota con una lupa binocular en organismos de menor tamaño, se habla de **mesobiota**.

Si para el estudio de la muestra se necesita el microscopio óptico (protozoos, algas unicelulares, bacterias, etc.) se habla de **microbiota**.

Los coirones son pastos duros y resistentes a la sequía, característicos de la estepa patagónica.

enciclopedia

En algunos ambientes pobres en nitrógeno viven las llamadas plantas carnívoras, especializadas en capturar pequeños animales, principalmente insectos. En la fotografía podemos observar un ejemplar de *Nepenthes*, una planta carnívora en forma de jarra que contiene un líquido que atrae los insectos. Éstos resbalan por las paredes de la jarra y quedan atrapados dentro del líquido que tiene en su interior.

Adaptaciones al ambiente

Los distintos organismos en las comunidades, o las comunidades globalmente, se adaptan a las condiciones y recursos específicos. Las **adaptaciones** más importantes en el ambiente aeroterrestre se relacionan, principalmente, con la escasez o abundancia de agua, la temperatura y la disponibilidad de nutrientes del suelo.

El concepto de adaptación (ver capítulo 1) se suele atribuir a uno de los primeros evolucionistas, Jean Baptiste Antoine de Monet Lamarck (1744-1829). Desde su visión, **la evolución es posadaptativa**, es decir, **la adaptación es la causa de la evolución** (y no la consecuencia). Hoy sabemos que la adaptación es la consecuencia de la evolución y que cualquier cambio genético de la población se halla regulado por la **selección natural**. Los procesos de adaptación permiten a la población alcanzar un equilibrio con las condiciones, recursos, otros organismos (interacciones) y con el ambiente (**homeostasis**).

Adaptaciones de las plantas

La plantas se adaptan, principalmente, al agua disponible, también a la salinidad, la luz, la temperatura y el dióxido de carbono.

La pérdida de agua de las plantas por transpiración es diferente en ambientes más o menos húmedos. Para controlar el intercambio de gases con el ambiente, las plantas utilizan la apertura y cierre de los **estomas** de las hojas.

El tamaño de las hojas, la cantidad de estomas y la disponibilidad de tejidos, como el **aerénquima**, influyen en el aprovechamiento del dióxido del carbono, cuya concentración puede ser un factor limitante, especialmente a nivel del suelo o para el intercambio de vapor de agua, según su concentración atmosférica. En cambio, la concentración de oxígeno no es un factor limitante para su crecimiento.

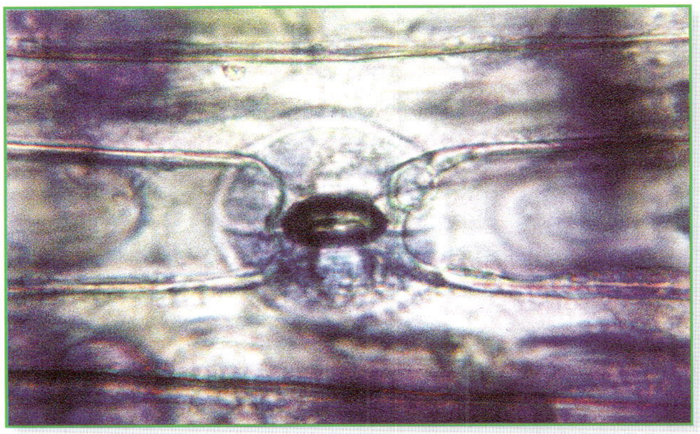

Microfotografía de estomas.

Como se sabe, las plantas requieren una determinada concentración de dióxido de carbono atmosférico y de luminosidad para realizar la **fotosíntesis**, mientras que con sus raíces penetran en el suelo para obtener los nutrientes y el agua.

Los estomas permiten el intercambio de gases entre la planta y el ambiente, pero también facilitan la pérdida de agua en estado de vapor por transpiración, proceso denominado evapotranspiración. La mayor cantidad de agua que ingresa a las plantas es perdida por evapotranspiración. Sólo una pequeña parte es utilizada para el proceso de fotosíntesis.

En ambientes secos, las plantas necesitan contar con **tejidos** y **órganos** que les permitan la absorción o almacenamiento del agua; las hojas se transforman en espinas y muchas otras adaptaciones especiales sirven para evitar la pérdida de agua. Por ejemplo, *Welwitschia mirabilis* del desierto de Kalahari tiene hojas de crecimiento continuo y un pequeño tallo. En realidad es un fósil viviente, sobrevive a la línea de las benetitales, que eran el alimento de los dinosaurios.

En terrenos muy húmedos o anegadizos, las plantas requieren raíces que les permitan fijarse sin problemas al suelo, o raíces en forma de zancos que crezcan hacia arriba como en los manglares, hojas de limbo ancho y breve pecíolo para tener una mayor superficie de intercambio gaseoso, etcétera.

Las plantas que viven en suelos húmedos son las **higrófitas**, las que viven en suelos de humedad moderada, las **mesófitas**, y las que viven en suelos secos, las **xerófitas**.

Las xerófitas, como los cactos, tienen *hojas reducidas a espinas*, *cubiertas cerosas* y *gruesas cutículas* para evitar la desecación, y tallos u hojas engrosados para acumular el agua (plantas suculentas). Algunos de los lugares del planeta con mayor abundancia de suculentas y xerófitas son: la región florística capense, en el sur y sudoeste de África, en Sudáfrica y en Namibia.

Allí crecen plantas tan raras como *Welwitschia mirabilis* y otras especies como la flor de piedra, una planta con tallos en forma de piedra y llenos de agua. Este tipo de plantas se desarrollan en desiertos y estepas, allí donde las precipitaciones son muy escasas.

En cuanto a las plantas que viven en suelos salinos, se habla de **halófitas**, como muchas Amaranthaceas y Quenopodiaceas, dos familias de angiospermas.

Las condiciones de absorción de sales están dificultadas o limitadas por la concentración de sales del suelo; un alto contenido en sal puede resultar perjudicial si no hay mecanismos adecuados para su eliminación.

Las raíces del mangle le permiten arraigarse a los fondos acuáticos y resistir los movimientos del agua.

La distribución de la luz determina la estratificación y el crecimiento en altura de las plantas. Hemos visto, en el caso de la selva, que se distinguen diferentes estratos de vegetación. Existen plantas que resuelven el problema de la luz creciendo alrededor de otras o sobre ellas (lianas o bejucos y epífitas). Se puede hablar incluso de plantas **umbrófilas** (que crecen a la sombra) y **fotófilas** (que requieren mayor cantidad de luz).

Las diferentes necesidades de luz de las plantas determinan el **fotoperíodo** y la **floración**. Algunas requieren intervalos cortos de luz para florecer mientras otras necesitan más horas para comenzar su floración. Esto se relaciona directamente con las estaciones del año.

Muchas plantas abren sus flores de día y otras al atardecer (como el dondiego de noche), a tal punto que se puede hablar de verdaderos relojes florales.

También las condiciones de humedad y salinidad influyen en la floración. Así, si la estación previa a la floración es lluviosa, se puede llegar a adelantar la floración, pero si las lluvias ocurren en el momento de la polinización, sucede lo contrario.

En las zonas de desiertos y estepas, donde el clima es seco pero soplan vientos fuertes, existen muchas plantas **anemófilas** y **anemócoras**, que dispersan los granos de polen, los frutos y semillas por medio del viento.

En cambio, en las zonas húmedas las plantas predominantes son **zoófilas** y **zoócoras** (polinización y dispersión por los animales) o bien **hidrófilas** e **hidrócoras** (polinización y dispersión por el agua correntosa de ríos o de lluvia).

Las mariposas que buscan nectar en las flores contribuyen con la polinización.

La escala de Raunkiaer

El botánico danés Raunkiaer estableció una clasificación de tipos adaptativos de las plantas en cuanto a la posición de las yemas o brotes para su crecimiento. Así estableció que se distinguen:

- **Fanerófitos:** leñosos, con las yemas y brotes proyectados en el aire, básicamente árboles y grandes arbustos.
- **Caméfitos:** leñosos, con las yemas y brotes a ras del suelo, como los arbustos bajos y achaparrados.
- **Hemicriptófitos:** herbáceos, con las yemas o ápices a ras del suelo, como las plantas herbáceas perennes.
- **Criptófitos:** herbáceos, con las yemas o ápices enterrados en el suelo, en bulbos, rizomas o cormos.
- **Terófitos:** herbáceos, mueren en la misma estación y no conservan sus yemas o brotes, como las hierbas anuales.

Adaptaciones extremas de los microorganismos

Resulta también interesante analizar las adaptaciones extremas de algunos microorganismos, como los:

- **Criófilos:** que resisten temperaturas muy bajas, por debajo del punto de congelación, y a veces 30 o 40 grados bajo cero, como algunas algas azules y bacterias.
- **Termófilos:** que resisten elevadas temperaturas, en especial, los hipertermófilos viven por encima del punto de ebullición, como algunas arquibacterias, las *Crenarchaea*, y ciertas bacterias como las *Tobobacteria* y las *Deinobacteria*.
- **Acidófilos, alcalófilos y halófilos:** en especial, las bacterias, arquibacterias y protozoos que son los que resisten ambientes muy ácidos, muy alcalinos o muy salinos.

Adaptaciones de los animales

Las adaptaciones de los animales pueden ser de tres tipos básicos:

- **Morfológicas o estructurales.** Son adaptaciones en la forma o estructura del organismo, por ejemplo, la trompa del elefante que le permite cortar ramas y hojas para alimentarse o la trompa de la mariposa que le sirve para libar néctar de flores en forma de trompeta. En este último caso se expresa una **coevolución** (ambas especies, la mariposa y la flor, han evolucionado en forma conjunta en función de esta relación).
- **Fisiológicas o funcionales.** Son adaptaciones en el funcionamiento de los organismos a determinada condición ambiental. Un ejemplo es el mayor nivel de hemoglobina en sangre de las llamas y otros mamíferos que viven a grandes alturas, lo que les permite captar el oxígeno del aire con mayor facilidad.
- **Comportamentales o etológicas.** Estas adaptaciones tienen que ver con el comportamiento de la especie, por ejemplo, el aye-aye utiliza su dedo muy largo para extraer larvas de los árboles, mientras que las aves del paraíso realizan grandes exhibiciones de su plumaje para atraer a las hembras.

La trompa del elefante constituye una adaptación morfológica.

La vida en el ambiente aeroterrestre

La posibilidad de los animales de vivir en el ambiente aeroterrestre requirió adaptaciones importantes, tales como:

- el desarrollo de una cubierta epidérmica gruesa y protegida por placas, como en los reptiles; por pelos, como en los mamíferos; por plumas, como en las aves, o de una cubierta de quitina, como en el caso de los insectos.
- la presencia de miembros pares para la locomoción.
- independencia de la reproducción del medio acuático, como los insectos que ponen huevos sobre ramas y hojas.

Los escarabajos son insectos pertenecientes al orden de los coleópteros que tienen su cuerpo protegido por un par de alas transformadas en cubiertas protectoras sólidas, los elitros.

Adaptaciones a la temperatura

De acuerdo con la capacidad que tienen los animales de regular o no su temperatura corporal, podemos hablar de **poiquilotermos** y **homeotermos**.

Los poiquilotermos

Estos organismos, al no poder regular su temperatura corporal, despliegan diversas estrategias de comportamiento para calentarse o enfriarse, muchos de ellos recurren a la heliorregulación (calentarse al sol). Algunos invertebrados como el grillo gigante de Nueva Zelanda, y vertebrados poiquilotermos, como ranas y serpientes, pueden hibernar y resistir la congelación gracias a la presencia de determinadas proteínas anticongelantes que contiene su sangre.

Los reptiles son animales poiquilotermos.

Los homeotermos

Estos organismos, como las aves y los mamíferos, pueden regular su temperatura corporal, independientemente de las variaciones de la temperatura ambiental. Esto les ha permitido colonizar ambientes extremos, como las zonas polares. Aunque los animales de climas muy fríos requieren otras adaptaciones, como la acumulación de grasa corporal y la presencia de una gruesa capa de piel.

La tortuga es un reptil que se protege por medio de su caparazón duro.

enciclopedia

El primer fósil de homínidos que indica una adaptación bípeda (en dos extremidades) es el del *Australopithecus afarensis*. Los antropólogos consideran que el bipedismo en la línea que conduce al ser humano está relacionado con el aumento de la capacidad craneana y del cerebro.
El estudio de los fósiles de primates ha mostrado que el desarrollo del pulgar oponible, que facilitó la autonomía de las extremidades, ya se dio entre los primates más primitivos. La postura erguida apareció con los *Australopitecinos*. El sacro ancho y la articulación de la rodilla y del pie tuvieron lugar en el género *Homo*, únicamente, en relación con el bipedismo más especializado.

Especializaciones tegumentarias

Las lombrices de tierra poseen una cutícula de **quitina**, al igual que los artrópodos (arácnidos, insectos, miriápodos) que los protege de la desecación. Sin embargo, en el caso de las lombrices esta cutícula es de alfaquitina y en el de los artrópodos es de betaquitina y se halla esclerotizada (endurecida).

Los anfibios con piel desnuda y con glándulas son los menos adaptados al ambiente aeroterrestre. En cambio, los restantes grupos de vertebrados aeroterrestres poseen **anexos tegumentarios**, como los reptiles (placas o escamas, e incluso caparazones, como las tortugas), aves (plumas) y mamíferos (pelos).

Especializaciones respiratorias

Entre las **especializaciones respiratorias** al ambiente aeroterrestre figura el surgimiento de órganos especializados para captar el oxígeno del aire. Estos órganos son, básicamente, los pulmones en libro de los arácnidos, las tráqueas de los insectos y miriápodos, que se abren en los espiráculos, los sacos pulmonares de los gasterópodos y los pulmones verdaderos de los anfibios, reptiles, aves y mamíferos.

Especializaciones locomotoras

Reptación

Las **lombrices de tierra** tienen una cavidad interna, o celoma, llena de líquido, que les facilita los movimientos de reptación junto con la musculatura circular, longitudinal y oblicua. Otros gusanos, como los nematodes y los platelmintos que en algunos casos viven en el suelo, también reptan, aunque carecen de celoma y en ellos falta incluso una de las capas musculares lisas.

Los **caracoles** y **babosas** (gasterópodos) tienen un grueso pie muscular y secretan una sustancia glandular que facilita el movimiento de reptación.

Este sistema de locomoción por reptación también se presenta en las **serpientes** y en algunos **lagartos sin patas**, o ápodos, así como en las **cecilias** (anfibios sin patas).

La reptación es la forma de locomoción característica de las serpientes.

Carrera, marcha y salto

Estas actividades son características tanto en los **artrópodos** como en los **vertebrados**, ya que en ambos grupos se ha desarrollado una musculatura esquelética o estriada. En el caso de los artrópodos, los músculos están insertados en los artejos en que se dividen los apéndices locomotores (artropodios o apéndices articulados locomotores), que varían en cada grupo.

Diplópodo o milpiés.

Los **miriápodos** verdaderos incluyen los ciempiés y escolopendras (*Chilopoda*) y los milpiés (*Diplopoda*). Pueden alcanzar los 400 segmentos corporales y tener hasta 750 apéndices (pero no mil como indica el nombre de los diplópodos).

Una forma de locomoción similar presentan los gusanos de terciopelo y los osos articulados. En ambos casos los apéndices no están articulados, sino que son apéndices lobulados (menos especializados para la marcha y con forma de locomoción más cercana a la reptación).

Los arácnidos (arañas, escorpiones, opiliones, etc.) poseen siempre cuatro pares de patas (en los ácaros este número se suele reducir a tres pares, pero en general es un grupo ectoparásito) y muchas veces saltan o trepan por las telarañas y las ramas con hojas. Entre los **insectos**, dos grupos diferentes son ápteros (carecen de alas), deben caminar sobre el suelo: se trata de los grupos más primitivos (como los proturos, dipluros, colémbolos, tisanuros o pececitos de plata) y de algunos ectoparásitos saltadores como los piojos y las pulgas. También pierden las alas algunos representantes de grupos típicamente alados, como las hormigas, algunas termitas y ciertos grillos.

La poderosa musculatura de las extremidades posteriores de las ranas les permite realizar saltos espectaculares.

Los **anfibios** y la mayoría de los **reptiles** marchan con dificultad, ya que los miembros pares se despliegan a los costados del cuerpo (por carecer de la articulación de la rodilla y de una posición favorable de los huesos de la cadera). Sin embargo, muchos anfibios son diestros saltadores (en especial, ranas, que incluso pueden planear) y algunas especies de reptiles logran alcanzar carreras rápidas.

Entre las **aves** existen grupos corredores o caminadores que han perdido la capacidad de vuelo. Se trata de los **ratites** que incluyen los avestruces, ñandúes y suríes, kiwis, casuarios y emúes, así como los extintos moas de Nueva Zelanda y las aves elefante de Madagascar.

El choique o ñandú petiso es un ave corredora.

Sin duda, la mayor especialización actual a la locomoción terrestre caracteriza a los **mamíferos**. Entre ellos se distingue una gradación completa de acuerdo con el tipo de apoyo de las extremidades. Así, los osos, hipopótamos y, por supuesto, los simios, incluido el ser humano, son **plantígrados** (apoyan toda la planta del pie). En cambio, los perros, gatos, hienas, mangostas, etc., son **digitígrados** (apoyan sus dedos).

La categoría de mayor especialización está formada por los **ungulígrados**, por ejemplo, antílopes, ciervos, vacas e incluso caballos, con los dedos protegidos con pezuñas córneas sobre las que se apoyan. En el caso de los caballos, las pezuñas están fusionadas formando el casco.

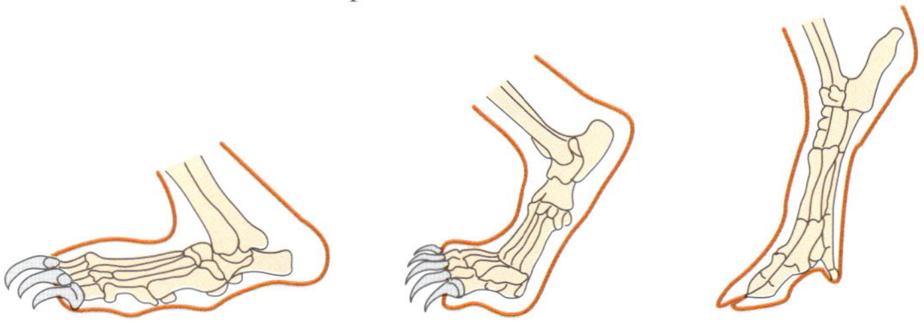

Plantígrados. Digitígrados. Ungulígrados.

Muchos **primates** han desarrollado notablemente las extremidades anteriores y las colas para trepar y colgarse de las ramas, también esto sucede en algunos grupos de carnívoros, como los coatíes. En este sentido, contrasta la especialización arborícola extrema de gibones y orangutanes con el caminar más erguido y la vida mayormente en el suelo de gorilas, chimpancés y bonobos, más cercanos al ser humano.

El guepardo puede alcanzar los 110 km por hora.

Vuelo

El **vuelo** implica el dominio de un medio muy exigente que requiere una gran cantidad de energía. Los primeros organismos que desarrollaron esta capacidad fueron la mayoría de los insectos. Pero las alas de los insectos son estructuras análogas a las de los vertebrados voladores. Son extensiones membranosas muy especializadas y ligeras, relacionadas con la poderosa musculatura estriada.

Las gaviotas aprovechan las corrientes de aire para sustentarse durante el vuelo.

Entre los vertebrados sólo desarrollaron la capacidad de vuelo activo los extintos pterosaurios (reptiles voladores relacionados con los dinosaurios), las aves y finalmente los murciélagos o quirópteros. Fuera de estos organismos con vuelo activo se cuentan algunos grupos de reptiles extintos y actuales, algunas ranas arborícolas y otros grupos de mamíferos, como las ardillas voladoras y algunos roedores y marsupiales voladores que pueden planear.

Adaptaciones de las aves al vuelo

El cuerpo de las aves se halla cubierto con **plumas** de diferentes tipos. En especial, se destacan las plumas **remeras**, o **pennas**, que aumentan la superficie alar y permiten la propulsión, y las **timoneras**, que insertas en la cola permiten el direccionamiento.

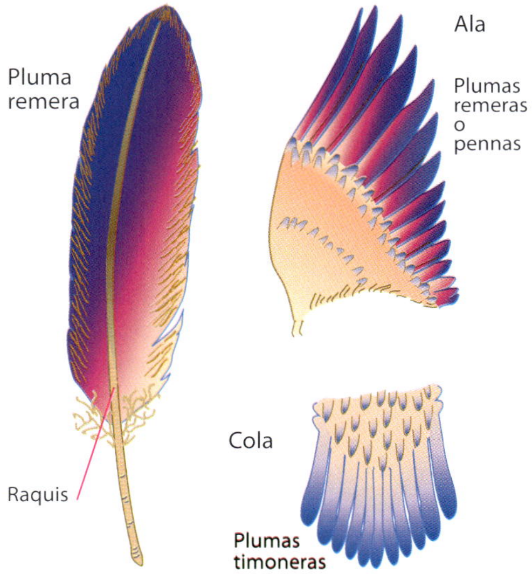

Pero el vuelo en las aves depende también de un esqueleto neumatizado y hueco, a la vez liviano y resistente; de los miembros anteriores que forman las alas; del aparato respiratorio con sacos aéreos, entre otras adaptaciones. Dos estructuras importantes en relación con el vuelo son la **quilla** (extensión del esternón) y la **fúrcula** o **espoleta** (unión de las clavículas), además de las **escápulas planas**, estructuras que permiten la inserción de la poderosa musculatura pectoral que facilita el vuelo (la pechuga de las aves).

Especializaciones alimentarias

Las **lombrices de tierra** (gusanos oligoquetos) consumen materia vegetal y animal en descomposición que se halla en el suelo. Para digerir este material, cuentan con una faringe muscular para succionar, un buche para almacenar y una molleja para triturar. Esta ventaja adaptativa se correlaciona, además, con la aptitud para excavar y revolver las partículas del suelo mediante movimientos continuos de reptación; actividad que facilita la aireación del suelo.

Lombriz de tierra.

Caracol de tierra.

Los **caracoles** (gasterópodos) tienen una especialización bucal, la rádula, con dentículos que raspan la materia vegetal (hojas). Allí quedan pegadas las partículas de alimento que pasan al estómago y finalmente al intestino para la digestión.

Las **arañas** (arácnidos) poseen glándulas que secretan veneno. Cuando capturan su presa, vierten sobre ella el veneno mediante los quelíceros y, a continuación, los jugos intestinales que digieren externamente la presa. Luego la araña succiona los líquidos digeridos.

Algunas arañas atrapan su presa por acecho y captura directa, y otras a partir de la telaraña y la secreción de sus glándulas hilanderas.

En los insectos varía la estructura de sus piezas bucales de acuerdo con la dieta. Así, por ejemplo, los ortópteros (langostas, grillos, grillos topo, etc.) o, entre los insectos avanzados, los coleópteros (escarabajos) poseen piezas bucales masticatorias, con mandíbulas, labium y labrum.

Las langostas tienen un fuerte aparato masticador.

Muchos insectos hematófagos (que succionan sangre) y nectarívoros (que toman néctar) tienen **aparatos bucales picadores** relativamente cortos, con un estilete succionador, es el caso de los sírfidos y bombícidos que polinizan flores blancas y verdosas, sin aromas. Los himenópteros (avispas y abejas) poseen **aparatos bucales succionadores** relativamente cortos, con los que polinizan flores labiadas o amariposadas, con frecuencia de colores violeta, lila o amarillas con iridiscencia ultravioleta.

Los lepidópteros poseen una gran proboscis con la que logran tomar el néctar de flores rojas o blancas en forma de trompeta o tubo. En general, los insectos cuentan con un tubo digestivo con buche, estómago e intestino donde se digiere el alimento.

Entre los vertebrados, las **aves** actuales carecen de dientes, pero en cambio presentan un pico córneo. El alimento es tragado entero (tanto porciones vegetales como presas animales) y así pasa al esófago (a veces se acumula en una bolsa gular del pico). En la parte posterior del esófago se forma el buche (dilatación) y allí se almacena y ablanda el alimento. Además tienen un estómago glandular, otro muscular y una molleja donde pequeñas piedras ayudan a romper las partículas de alimento.

Los picos de las aves se encuentran adaptados al tipo de alimento que consumen.

Pico en gancho adaptado para romper cáscaras y extraer semillas.

Pico fuerte, medianamente largo y curvo, utilizado para atrapar y sujetar peces.

Pico adaptado a filtrar organismos del agua.

Pico corto y robusto para comer semillas.

Pico moderadamente largo, adaptado a un régimen omnívoro que incluye semillas e insectos.

Pico de ave rapaz, fuerte, corto, agudo y en forma de gancho.

Pico largo, útil para extraer el néctar de las flores y capturar insectos.

TALLER

Salida de campo a un ecosistema aeroterrestre

Objetivo

Realizar una salida al campo a un sitio natural, o poco modificado por la influencia humana, para estudiar los factores abióticos y bióticos de un ecosistema aeroterrestre.

Materiales

Lupa, binoculares, cámara fotográfica, cuaderno para anotaciones, mapa, lápiz, red de mariposas, frascos con tapa, pala, bolsas de plástico, papeles de diario, etiquetas, termómetro, brújula.

Antes de la visita

Consulten datos del lugar y traten de averiguar todas las características posibles: clima, suelo, vegetación y animales que viven en el lugar.

Durante la salida

Alumnos durante una salida de campo.

1. Utilicen el mapa y la brújula para orientarse en el lugar.
2. Anoten en sus cuadernos las condiciones meteorológicas generales.
3. Tomen la temperatura en el sitio elegido a nivel de la superficie y en el suelo, en dos momentos diferentes del día.
4. Recojan con la pala una muestra del suelo y ubíquenla en la bolsa.
5. Determinen la dirección del viento y anótenla en sus cuadernos.
6. Observen, además, las características del relieve del lugar, si hay geoformas especiales, si la zona está atravesada por ríos o hay lagunas o charcos, etcétera.
7. Describan el tipo de vegetación que domina en el lugar y si hay niveles o estratos. Observen el crecimiento de epífitas (orquídeas, clavel del aire, etc.), o si predominan árboles o arbustos.
8. Utilicen los binoculares y la lupa para realizar acercamientos a los animales que viven en el lugar.
9. Si es posible, obtengan muestras de hierbas, ramas de arbustos y árboles, con flores, frutos y semillas. Coloquen las muestras de plantas dentro de las bolsas plásticas con una etiqueta para su identificación.
10. Observen si hay pisadas, mechones de pelos o plumas, excrementos, semillas, frutos caídos, etcétera.
11. También pueden analizar la presencia de organismos debajo de una piedra (lombrices, arañas, etc.) y si es posible, colocarlos en los frascos con algodón humedecido.
12. Pueden utilizar las redes de mariposas para capturar algún pequeño organismo, si está permitido. Deben tener en cuenta que sólo pueden tomar un ejemplar de aquellas especies que no están en peligro y ninguna en un área protegida.

Después de la visita

1. Coloquen los organismos vivos recolectados, como insectos y lombrices, en un terrario.
2. Pongan a secar las plantas recolectadas para la confección de un herbario.
3. En el laboratorio, analicen la presencia de microorganismos, como algas, protozoos u hongos, en las muestras de suelo.
4. Tomen una muestra de partículas del suelo, colóquenla en un tubo de ensayo y agítenla con agua. Pongan una gota de esa agua en un portaobjetos. Agreguen el cubreobjetos y analícenla en el microscopio. Cuenten varios campos del preparado analizando formas y restos de microorganismos.

TALLER

El terrario

Si quieren realizar un estudio de organismos vivos, pueden construir un terrario.

1. Tomen una pecera rectangular. Ubiquen una fuente de luz, piedras, hojarasca, muestras de suelo o tierra vegetal.
2. Consigan pequeños organismos como insectos, arañas, caracoles, ranas pequeñas, lagartijas, etc., y ubíquenlas en el lugar. Coloquen también algunas plantas.
3. Tengan una provisión de alimento para suministrar a los organismos en estudio y analicen cómo pueden relacionarse entre sí.

A modo de conclusión

¿Cuáles son los factores abióticos y bióticos en el ecosistema artificial en estudio?

¿Cuáles son los factores limitantes para el crecimiento y mantenimiento de las poblaciones?

¿Qué condiciones y refugios observan? ¿Cómo dependen de ellos los animales estudiados?

¿Qué factores abióticos son los adecuados para el crecimiento de los organismos en estudio?

¿Cuál es la interacción más común?

¿Qué observaciones les permitirían establecer que se trata realmente de un ecosistema? ¿Qué otras observaciones indicarían que faltan considerar otros elementos para que pueda funcionar de esa manera?

autoevaluación

Elijan la respuesta correcta

1. El factor limitante para el crecimiento de los árboles en la selva es principalmente:
a) la luz. ☐
b) el agua. ☐
c) el sustrato. ☐

2. El estudio ecológico de un ecosistema aeroterrestre debe:
a) basarse en su estructura. ☐
b) ser interdisciplinario. ☐
c) basarse en su dinámica. ☐

3. Los ecotonos son:
a) comunidades de aves. ☐
b) zonas de transición entre una comunidad y otra. ☐
c) grandes áreas climáticas. ☐

4. Las adaptaciones más importantes de las plantas al ambiente aeroterrestre se relacionan con:
a) la falta de nutrientes del suelo. ☐
b) la presencia o la ausencia de vegetación. ☐
c) la escasez o abundancia de agua, la temperatura y la disponibilidad de nutrientes del suelo. ☐

5. Las plumas remeras de las aves son aquellas que:
a) aumentan la superficie alar y permiten la propulsión. ☐
b) permiten el direccionamiento. ☐
c) ayudan a mantener el equilibrio en el aire. ☐

6. Los microorganismos criófilos son aquellos que:
a) resisten temperaturas muy bajas, por debajo del punto de congelación, y a veces 30 o 40 grados bajo cero. ☐
b) resisten elevadas temperaturas, en especial los hipertermófilos que viven por encima del punto de ebullición. ☐
c) resisten ambientes muy ácidos, muy alcalinos o muy salinos. ☐

7. Las adaptaciones morfológicas de los animales:
a) tienen que ver con la forma y estructura de los organismos. ☐
b) se manifiestan en las funciones del organismo, y muchas veces tienen un correlato anatómico o citológico. ☐
c) tienen que ver con el comportamiento de la especie. ☐

8. Tanto los insectos hematófagos como los nectarívoros poseen:
a) aparatos bucales succionadores. ☐
b) aparatos bucales filtradores. ☐
c) aparatos bucales picadores. ☐

9. Las aves tienen un pico:
a) con dientes. ☐
b) adaptado a la masticación. ☐
c) córneo. ☐

10. Los verdaderos pulmones son característicos de:
a) todos los animales excepto los acuáticos. ☐
b) los anfibios, reptiles, aves y mamíferos. ☐
c) las arañas y los insectos. ☐

11 Ecosistemas acuáticos

La mayor parte de la superficie de la Tierra está cubierta por agua, de ella un 70% corresponde a aguas marinas. La gran mayoría de los organismos vivos que habitan en mares y océanos se distribuyen cerca de la costa. En las aguas continentales también se desarrollan comunidades acuáticas, formadas por las más diversas especies.

Pez marino tropical.

Comunidad marina integrada, principalmente, por peces, algas, esponjas y corales.

Clasificación de los ambientes acuáticos

¿Cómo se desarrolla la vida en el agua? ¿Todos los ambientes acuáticos son marinos? ¿Qué adaptaciones presentan los organismos que viven en el agua?

Los **ambientes acuáticos** se clasifican en:

- **ambientes marinos**, son de enormes dimensiones, abarcan el conjunto de las aguas saladas correspondientes a los mares y océanos, aunque también reciben agua que proviene del deshielo de los polos, de la desembocadura de los ríos, de las precipitaciones y de las aguas subterráneas.
  La temperatura, la luz y la salinidad no presentan variaciones importantes a grandes profundidades; las variaciones son mayores en zonas cercanas a las costas. La luz que necesitan las algas para realizar fotosíntesis llega en cantidad suficiente hasta los 100 m de profundidad, aproximadamente; por debajo de los 100 metros llega muy poca luz.
- **ambientes de aguas continentales**, o dulceacuícolas, están formados en su mayoría por agua dulce. Por ejemplo: lagos, lagunas y ríos. Reciben agua del deshielo de las montañas, de las precipitaciones y de las aguas subterráneas. Son mucho más pequeños que los ecosistemas marinos y, por lo general, bastante menos profundos.
  De acuerdo con el movimiento de las aguas, se clasifican en dos grandes grupos: **lóticos** y **lénticos**. Los ambientes acuáticos lóticos son aquellos en los cuales el agua se desplaza en una dirección y sentido. En cambio, en los ambientes lénticos el agua no se desplaza, sino que permanece quieta en un lugar determinado.

A su vez, estos tipos de ambientes se clasifican en **artificiales**, cuando son originados por la acción del hombre, y **naturales**, cuando se forman sin la intervención del hombre.

Ambientes	Naturales	Artificiales
Lénticos	lagos, lagunas y pantanos	represas y estanques
Lóticos	arroyos, ríos y manantiales	acequias y canales

Ecosistemas de aguas continentales

Las aguas dulces se caracterizan por contener sales en escasas cantidades; la más abundante es el **bicarbonato de calcio**. La salinidad del agua dulce es de 0,5 por mil, o sea que un litro de agua contiene menos de medio gramo de sales.

El **agua potable** tiene menos de medio gramo de sal. Cuando esa concentración aumenta, deja de ser apta para el consumo humano y se la denomina **agua salada** o **agua dura**.

Si bien las aguas continentales ocupan ínfimas proporciones en comparación con las aguas marinas, son indispensables para la vida del hombre, no sólo en cuanto a su consumo en la alimentación, sino también en cuanto a su uso en múltiples actividades: transporte, agricultura, generación de energía, etcétera.

Río de montaña.

Ambientes lóticos

Los **ríos**, **arroyos** y **arroyuelos** son cuerpos de agua lóticos, en los que el agua se encuentra en continuo movimiento. Los ríos son cursos de agua permanente de más de cinco metros de ancho. Los arroyos pueden tener desde un metro hasta cinco metros de ancho y los arroyuelos, que pueden ser permanentes o transitorios, tienen menos de un metro de ancho. Desde su nacimiento hasta la desembocadura, un curso de **agua lótico**, por ejemplo, un río, va formando distintos ambientes con diferentes características. A lo largo de su curso presenta **cambios físicos**, **químicos** y **biológicos** –como variaciones en la temperatura, en la profundidad, en la cantidad de gases disueltos en el agua, en los seres vivos, etcétera.

El desplazamiento de las aguas de los ambientes lóticos, o **corriente**, es definido y dirigido siempre en la misma dirección. Además, este movimiento permite que gran parte del agua se encuentre en contacto con la atmósfera y que la concentración de **oxígeno disuelto en el agua** sea alta. La inclinación del terreno, la profundidad y el ancho del río determinan la **velocidad** de la corriente. Así, por ejemplo, en la naciente de un río de montaña, la pendiente es sumamente pronunciada, lo cual hace que la corriente sea mayor. Cuando el río atraviesa una zona más llana y también en su desembocadura, la corriente va disminuyendo progresivamente hasta volverse casi imperceptible.

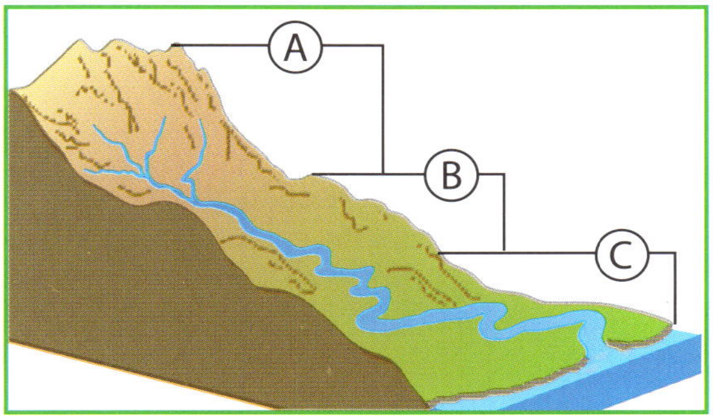

A. Corriente rápida e impetuosa debido a la pendiente.
B. Corriente moderada, menor pendiente.
C. Corriente lenta, poca pendiente.

Debido a que el agua se encuentra en permanente movimiento, la capa superficial que está en contacto con la radiación solar se mezcla continuamente con la capa inferior. Esto hace que casi no haya diferencia de temperatura entre la superficie del agua y la zona más profunda. O sea que la **estratificación térmica** es casi nula.

En los **ríos de montaña**, la corriente es rápida por la pronunciada pendiente; la temperatura es baja, debido a que proviene del deshielo de las montañas, y las aguas son cristalinas, por la escasa materia orgánica que contienen.

En los **ríos de llanura**, la corriente es moderada o baja, a causa de la regularidad del terreno; la temperatura es más alta que la de un río de montaña, y las aguas suelen ser turbias, debido a que arrastran tierra y gran cantidad de materia orgánica depositada en el suelo.

enciclopedia

Las aguas de los ríos no presentan la misma temperatura en su nacimiento que en su desembocadura. La temperatura es uno de los factores que determinan la mayor o menor cantidad de gases disueltos en el agua. Cuanto mayor es la temperatura del agua, menor es la cantidad de gases que contiene. El agua de los ríos en su nacimiento es más fría, por eso contiene mayor cantidad de oxígeno que los ríos de llanura o que las aguas lénticas de las zonas tropicales, que son más cálidas.

La fotosíntesis que realizan las plantas acuáticas también determina la cantidad de oxígeno presente en el agua. Cuanto más cristalinas son las aguas, mayor es la posibilidad de que penetre la luz solar y que, por lo tanto, las plantas realicen la fotosíntesis.

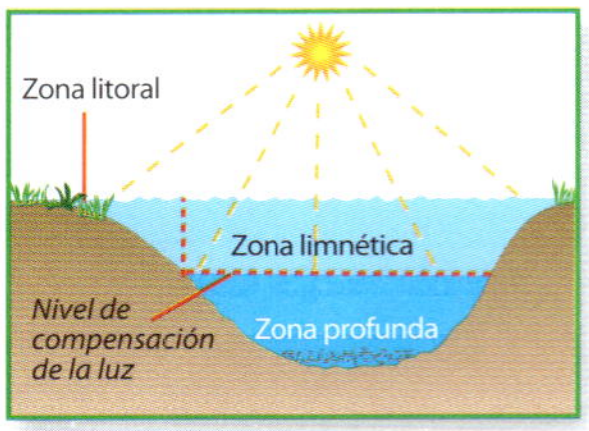

División de ambientes lénticos.

Ambientes lénticos

Los ambientes lénticos se caracterizan porque el agua permanece quieta. En general, tienen tres zonas bien definidas, aunque no siempre están presentes:

- **Zona litoral.** Es poco profunda y la luz solar penetra hasta el fondo. La mayor cantidad de plantas y de animales habitan en esta zona.
- **Zona limnética.** Es una zona de aguas abiertas alejadas de la orilla. Se extiende desde la superficie hasta la profundidad de compensación. Ésta es la profundidad a la que la cantidad de luz que llega permite igualar la materia orgánica que se produce por fotosíntesis con la que se pierde por la respiración. La profundidad de compensación depende de muchos factores, como la transparencia del agua y el tipo de organismos.
- **Zona profunda.** Es la zona que se extiende desde el punto en que termina la zona limnética hasta el fondo. Los organismos que la habitan son escasos y se alimentan de los animales y las plantas que viven en las zonas limnética y litoral.

Clasificación de los organismos acuáticos

Los organismos que habitan en los ecosistemas acuáticos se pueden clasificar, de acuerdo con su modo de vida y las adaptaciones que presentan, de la siguiente forma:

Organismos que viven sobre el fondo

Bentos: está integrado por organismos que viven sobre el fondo o dentro de él. Algunos viven fijos y otros se desplazan.

El bentos incluye: almejas, caracoles, cangrejos, larvas de insectos, anélidos, bacterias y hongos. Estos dos últimos son los encargados de descomponer todos los restos de plantas y animales que habitan el cuerpo de agua y que, al morir, decantan en el fondo.

Organismos que viven en la zona de las aguas libres

Plancton: el plancton está formado por aquellos seres vivos diminutos, que no tienen capacidad propia de movilización (o si la tienen, es demasiado débil como para moverse en contra de la corriente) y son arrastrados por el agua.

Dos tipos de organismos diferentes forman el plancton, ellos son: el **fitoplancton** y el **zooplancton**.

El fitoplancton está formado por organismos fotosintetizadores, como las diatomeas, las algas verdes, las algas azul verdosas y los dinoflagelados.

El zooplancton está integrado por microorganismos que son incapaces de fotosintetizar y que se alimentan del fitoplancton. Incluye protozoos, crustáceos (como las pulgas de agua), rotíferos, larvas de peces e insectos.

Necton: el necton está compuesto por animales nadadores que pueden desplazarse a voluntad. Lo integran peces, crustáceos, anfibios, reptiles e insectos, entre otros.

El siete colores es un pez de agua dulce, muy común en las lagunas de nuestro país.

Neuston: son comunidades que se desarrollan sobre la superficie del agua, en relación con el aire. La interfase agua-aire forma una especie de lámina que sirve de sostén a pequeños organismos que se encuentran posados sobre ella como pequeños escarabajos y otros insectos.

Perifiton: es el conjunto de microorganismos, bacterias, algas, hongos, animales y sedimentos que viven adheridos a un sustrato. El sustrato puede ser un ser vivo o un elemento inanimado, como una piedra.

enciclopedia

Una de las características distintivas de las aguas lénticas es la **estratificación**. Durante el verano, la zona superficial de un lago de clima templado recibe mucha radiación solar. Estas aguas, que se encuentran a mayor temperatura que el resto, forman un estrato superior denominado epilimnio. El agua fría se ubica en la parte profunda del lago formando un estrato denominado hipolimnio. Entre ambas capas puede existir un estrato intermedio de transición llamado termoclina.

Durante el invierno las temperaturas de ambos estratos tienden a igualarse y se produce una mayor mezcla de las aguas del epilimnio y del hipolimnio.

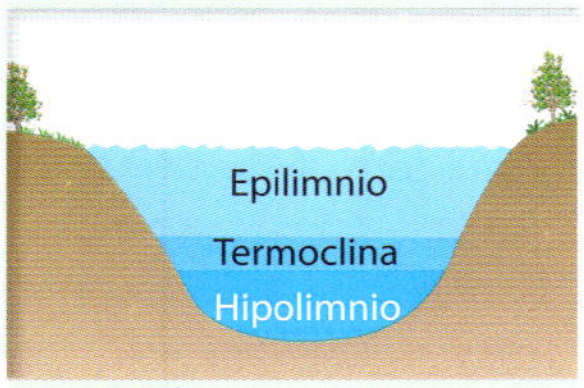

Estratificación de ambientes lénticos.

Las plantas acuáticas

A medida que nos acercamos a un lago o laguna nos vamos encontrando con distintas zonas de vegetación. Básicamente podemos diferenciar dos grandes grupos de plantas acuáticas, las **flotantes**, o de vida libre, y las plantas **arraigadas**, o **fijas**.

Plantas flotantes

Las plantas flotantes más comunes de encontrar en la superficie del agua son las diminutas lentejas de agua (como *Lemma*, *Wolffia*, *Spirodella*), la cucharita de agua (*Limnobium*), los repollitos de agua (como *Pistia*), los helechitos de agua (como *Salvinia* y *Azolla*) y los camalotes (como *Eichhornia*).

La posibilidad de flotar les permite a las plantas acuáticas adaptarse a las variaciones del nivel de agua. A pesar de no vivir arraigadas, las plantas flotantes tienen raíces por donde absorben agua y sales minerales.

La formación de grandes masas entrelazadas de vegetación flotante, también llamadas camalotes, está integrada por distintas especies de plantas flotantes en las que en su superficie habitan insectos, reptiles y aves.

Camalote, *Eichhornia*.

Repollitos de agua, *Pistia*.

Lentejas de agua, *Spirodella*.

Helechito de agua, *Salvinia*.

Elodea.

Plantas arraigadas

Las **plantas arraigadas** tienen raíces fijas al fondo del cuerpo de agua. Se clasifican en tres grupos:

Plantas arraigadas sumergidas. Se encuentran totalmente dentro del agua. No poseen cutícula impermeable, lo que les permite absorber oxígeno a través de toda la superficie, y tampoco tienen estomas. Las hojas son acintadas lo que proporciona una escasa resistencia a las corrientes de agua. Los tallos son largos y delgados. Las raíces son pequeñas y su única función es la de sujetar la planta al suelo.

Ejemplos: *Cabomba*, *Vallisneria* y *Elodea*.

Nenúfar.

Plantas arraigadas con hojas flotantes. Parte del tallo se encuentra sumergido y parte fuera del agua. Están firmemente enraizadas al fondo. Tienen hojas sumergidas, largas y acintadas y hojas flotantes con estomas en la parte superior, en contacto con el aire, y sin estomas en la parte inferior, en contacto con el agua.

Las plantas con hojas flotantes tienen un tejido especial denominado aerénquima.

Algunas de ellas son: trébol de cuatro hojas, nenúfar, irupé, berro.

Plantas arraigadas emergentes, **anfibias** o **palustres**. Tienen raíces en el fondo del agua, pero la parte principal de la planta se encuentra fuera de ella, en contacto con el aire. Estas plantas toman el agua del medio acuático en el que se encuentran, y los gases necesarios de la atmósfera.

Cortadera.

Los tallos y las hojas se encuentran recubiertos de una gruesa cutícula (al igual que las plantas terrestres) y los tejidos de sostén son los que le permiten mantenerse erguida.

Ejemplos: juncos, totoras y sagitaria.

Corte de una hoja de junco donde se ven los espacios aéreos.

Adaptaciones de las plantas al medio acuático

Muchas plantas acuáticas tienen en sus tejidos espacios que contienen aire. Estos espacios se denominan **lagunas aeríferas** y cumplen la función de permitir que el agua sostenga a la planta. A diferencia de las plantas terrestres que tienen tejidos de sostén, las plantas acuáticas que viven bajo el agua carecen de ellos. Tampoco tienen vasos de conducción ya que el agua penetra por toda su superficie. Por eso, las raíces son pequeñas, ya que sólo cumplen la función de fijar la planta al suelo y no la de absorber agua. La piel que recubre toda la planta es muy delgada, falta la gruesa cutícula que se halla presente en las plantas terrestres y que cumple la función de evitar la pérdida de agua.

Poseen abundante **clorofila** lo que les permite un máximo aprovechamiento de la luz solar.

Las hojas son numerosas y los tallos delgados y finos, lo cual las ayuda a soportar los movimientos del agua, sin quebrarse.

Nutrición de las plantas acuáticas

En las plantas acuáticas, la cutícula es muy delgada o inexistente y el intercambio de gases se realiza a lo largo de todo el cuerpo de la planta, a través de las paredes celulares de sus células epidérmicas. Por eso, no son necesarios los estomas. Durante la **respiración** penetra el oxígeno disuelto en el agua y sale el dióxido de carbono.

A través de la epidermis las plantas acuáticas incorporan las sales minerales necesarias para el crecimiento. Debido a la gran cantidad de clorofila que poseen, pueden aprovechar al máximo la luz solar, que llega al medio acuático de manera difusa.

Reproducción de las plantas acuáticas

Las plantas acuáticas y las algas se pueden **reproducir** en forma **sexual** y **asexual**.

La mayoría de las veces, la reproducción sexual de las plantas sumergidas, como la elodea, ocurre cuando llega el momento de la **floración**. Entonces, la parte superior de la planta emerge del agua y deja las flores en contacto con el aire. De ese modo, los insectos intervienen como **agentes polinizadores**.

La elodea también puede reproducirse asexualmente **por fragmentación**. El tallo se quiebra y los fragmentos caen al fondo del cuerpo de agua dando origen a una nueva planta.

Las plantas sumergidas con hojas flotantes poseen flores que se encuentran en contacto con el aire.

Las plantas flotantes y palustres se reproducen sexualmente mediante **óvulos** y **granos de polen** producidos en las flores. Los insectos y el viento son los encargados de llevar los granos de polen de una flor a otra.

Las algas tienen reproducción sexual, por medio de **gametas**, y asexual, por fragmentación (en el caso de las algas filamentosas) y por células que se forman por **mitosis** (las zoosporas asexuales).

Elodea en flor.

Adaptaciones de los animales acuáticos

La respiración

Los animales acuáticos que viven en aguas dulces se encuentran perfectamente adaptados a su medio.

Una de esas adaptaciones es la forma en que respiran, es decir, toman el oxígeno disuelto en el agua y eliminan el dióxido de carbono.

La cantidad de oxígeno que hay en el agua es inferior a la que se encuentra en el aire. Los animales toman el oxígeno que necesitan mediante estructuras adaptadas a tal fin como, por ejemplo, las **branquias**.

Las branquias son órganos que permiten tomar el oxígeno del agua y ceder el dióxido de carbono. En los peces, se encuentran a los costados de la cabeza, generalmente cubiertos por los **opérculos**. El pez traga agua por la boca, la pasa a través de las branquias y la despide por las agallas. Algunos anfibios durante su etapa larval también respiran de esta manera.

Otra forma de respiración en los animales acuáticos se realiza por difusión entre las células del cuerpo y el medio. Cuando la **respiración difusa** se realiza a través de la piel, se la denomina **respiración cutánea**, como ocurre, por ejemplo, con ciertos anfibios.

Algunos animales que viven en el agua respiran fuera de ella, en el aire. Por ejemplo, las chinches de agua tienen que subir a la superficie para respirar o recoger burbujas de agua.

Branquias de un pez.

La locomoción

Los peces se desplazan de un sitio a otro nadando. Para ello, cuentan con adaptaciones corporales.

Su cuerpo, por ejemplo, tiene **forma hidrodinámica**, es aplanado y comprimido lateralmente y más angosto en las puntas, lo cual le permite una menor resistencia al agua. Presenta **aletas** que cumplen distintas funciones:

- Las **aletas pares** ayudan a mantener la estabilidad, se mueven permanentemente aunque el pez esté quieto. Las aletas **pectorales** están situadas en los costados del pez y las **pélvicas**, en la zona ventral.
- Las **aletas impares** posibilitan el traslado. La **dorsal** está ubicada en el dorso del pez; la **caudal** o **cola** le permite el avance y da dirección al movimiento; la **anal** ayuda a que el pez se abra paso a medida que avanza.

Otra de las adaptaciones de la mayoría de los peces es la **vejiga natatoria**. Este órgano con forma de bolsa cumple la función de regular la flotabilidad del pez. Cuando la vejiga natatoria se llena de gases, se agranda, aumenta la flotabilidad, lo que permite la ascensión del pez en el agua. Cuando la vejiga natatoria expulsa los gases, se achica, disminuye la flotabilidad del pez, lo que favorece el descenso a zonas más profundas.

El cuerpo de los peces se encuentra recubierto de **escamas** y **mucus**, una sustancia gelatinosa que reduce la fricción con el agua y permite un mejor desplazamiento.

La **línea lateral** de los peces es un órgano sensorial, ubicado a lo largo y a los costados del cuerpo, que les permite detectar las vibraciones, la presión, la salinidad y la temperatura del agua.

Otros organismos acuáticos presentan tipos de locomoción distinta de la de los peces. Por ejemplo, el mecanismo de **remos** o el de **cilias**. Las ranas, los sapos y algunos insectos, como el escarabajo de agua, usan sus extremidades como remos. El paramecio es un organismo ciliado. Las cilias son prolongaciones cortas que hacen que el paramecio avance en el agua.

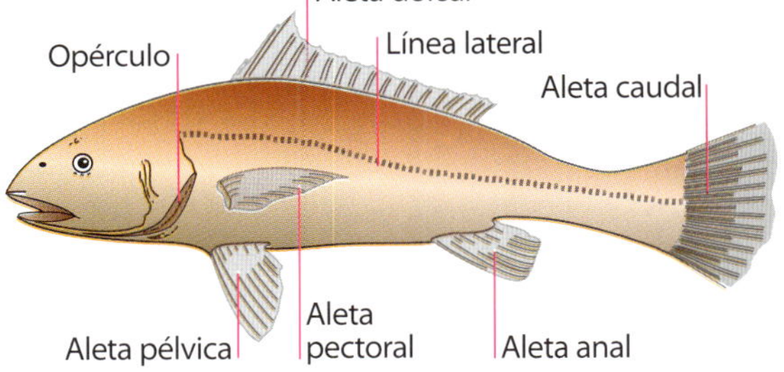

enciclopedia

Los delfines, orcas y ballenas son mamíferos adaptados a la vida en el agua. Sus extremidades están transformadas en aletas para la natación. Las narinas, por donde penetra el aire a los pulmones, se han desplazado a la parte dorsal de cuerpo para permitirles respirar cuando están en la superficie del agua.

Orca.

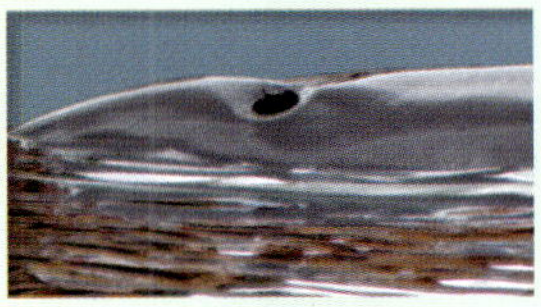

Narinas abiertas de una orca.

Ecosistemas marinos

Las **aguas saladas** se caracterizan por contener gran cantidad de sales, en especial, sal común o cloruro de sodio. Su salinidad es del 35 por mil (un litro de agua de mar contiene alrededor de treinta y cinco gramos de sales).

La luz solar penetra sólo en las capas superficiales del mar y está, en parte, determinada por la transparencia del agua.

Los organismos marinos y la salinidad del agua

Los animales que viven en los **mares** regulan el problema de la **elevada salinidad del agua** mediante diversos mecanismos.

Muchos organismos, como los peces óseos, los reptiles, las aves, los mamíferos marinos y ciertos artrópodos, se valen de algunas estrategias adaptativas para eliminar el exceso de sales sin deshidratarse.

En los **peces óseos** la mayor parte del cuerpo está impermeabilizada, lo cual le impide perder agua por ósmosis, con excepción de sus branquias, que sí son permeables. Para solucionar este problema, los peces beben agua marina y eliminan el exceso de sales mediante glándulas especiales, ubicadas en las branquias.

Además, el sistema excretor de estos peces produce una filtración muy escasa, la orina es muy concentrada y contiene poca cantidad de agua.

Otro mecanismo para compensar la pérdida de agua es la ingestión de otros vertebrados que tengan una muy baja concentración interna de sales.

Algunos **invertebrados** y **peces cartilaginosos** tienen en sus cuerpos una concentración de sal similar a la del agua de mar, hay un equilibrio osmótico del organismo con el ambiente.

Muchos invertebrados no tienen mecanismos reguladores. Por eso, cuando la salinidad del medio se modifica drásticamente, mueren.

Los peces cartilaginosos retienen un porcentaje de urea para poder aumentar su concentración interna. La urea produce un aumento del nivel de sales en el organismo, mayor al nivel de sales del medio. Esto hace que, por ósmosis, el agua del medio ingrese al organismo.

La luz y los organismos marinos

En las capas superficiales del océano, donde llega la luz solar, habitan los organismos fotosintetizadores. En esta zona también se encuentra la mayoría de los animales. Sólo unos pocos habitan las zonas más profundas del mar, pero dependen del alimento que les llega de zonas menos profundas. En sentido vertical, de acuerdo con la penetración de la luz, encontramos tres zonas:

La **zona eufótica** se extiende desde la superficie hasta los 50 metros. Las algas pardas y las algas rojas presentan una adaptación particular: además de contener clorofila, tienen otros pigmentos que les permiten captar distintas longitudes de onda.

La **zona disfótica** se extiende desde donde finaliza la zona eufótica hasta los 200 metros. Esta zona recibe escasa luz, que en algunos puntos apenas alcanza para que las algas fotosinteticen.

Los animales logran capturar su alimento gracias a la agudeza de su visión y a que sus ojos están adaptados a la penumbra.

La **zona afótica** se encuentra por debajo de los 200 metros de profundidad. La luz solar no llega hasta esta zona. La única luz presente es la que producen los animales bioluminiscentes, como ciertos peces, crustáceos y celenterados.

enciclopedia

Las **aguas salobres**, formadas por aguas marinas diluidas en aguas dulces, tienen una salinidad inferior a los 35 g de sal por litro de agua. **Los estuarios** son zonas de **agua salobre**, producto del encuentro de aguas marinas (saladas) con aguas dulces (por ejemplo, ríos), lo que disminuye la salinidad, como ocurre con el estuario del Río de la Plata.

A medida que nos acercamos a la zona del mar, la salinidad va aumentando paulatinamente.

Estas condiciones tan variables son un factor determinante para la vida de los organismos acuáticos.

La lisa es un pez adaptado a las aguas del estuario, puede movilizarse desde el medio marino hasta las aguas menos salobres en busca de alimento.

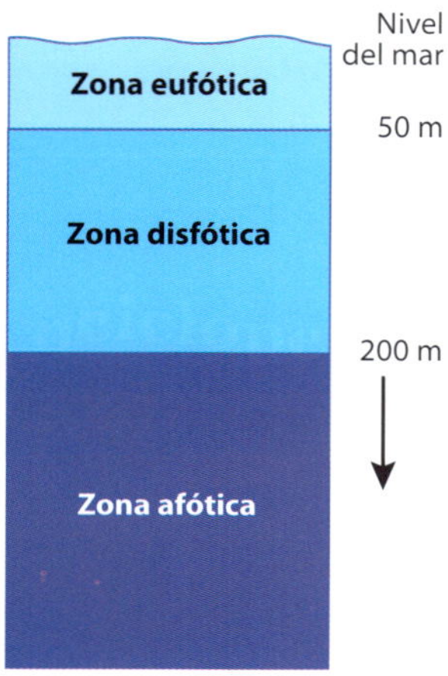

Zonas marinas

El **ambiente marino** puede ser clasificado, de acuerdo con la forma en que lo habitan sus organismos, de la siguiente manera:

1. **Dominio bentónico.** Abarca las aguas del fondo del mar, comprende el **fondo marino** e incluye a los organismos que viven fijos al fondo o dentro de él. Se subdivide en:
   a) zona **litoral** o **fital** se extiende desde la altura de la marea alta extraordinaria hasta el fin de la plataforma continental, donde la profundidad del mar es de 200 m. En la zona litoral podemos distinguir diferentes pisos, desde el superior al más profundo se denominan: **supralitoral**, **mesolitoral**, **infralitoral** y **circalitoral**;
   b) zona del **mar profundo** o **afital** se extiende desde los 200 m hasta el fondo del océano. Se caracteriza por la ausencia de luz, la ausencia de organismos fotosintetizadores y la existencia de grandes presiones.
   Dentro de la zona de mar profundo o afital es posible distinguir 3 pisos: el **batial**, el **abisal** y el **hadal**.

2. **Dominio pelágico.** Comprende los organismos que viven en aguas libres no vinculados al fondo, se subdivide en:
   a) provincia **nerítica**: abarca las aguas por encima de la plataforma continental. Se trata de una zona bien iluminada caracterizada por variaciones de la luz, temperatura, salinidad, contenido de oxígeno, nutrientes, etcétera;
   b) provincia **oceánica**: comprende las masas de agua que se encuentran fuera de la plataforma continental. Podemos distinguir dos regiones pelágicas oceánicas, la **fótica** y la **afótica**. La mayor parte de los organismos viven en la región fótica. Muchos realizan migraciones verticales entre la zona fótica y la afótica.

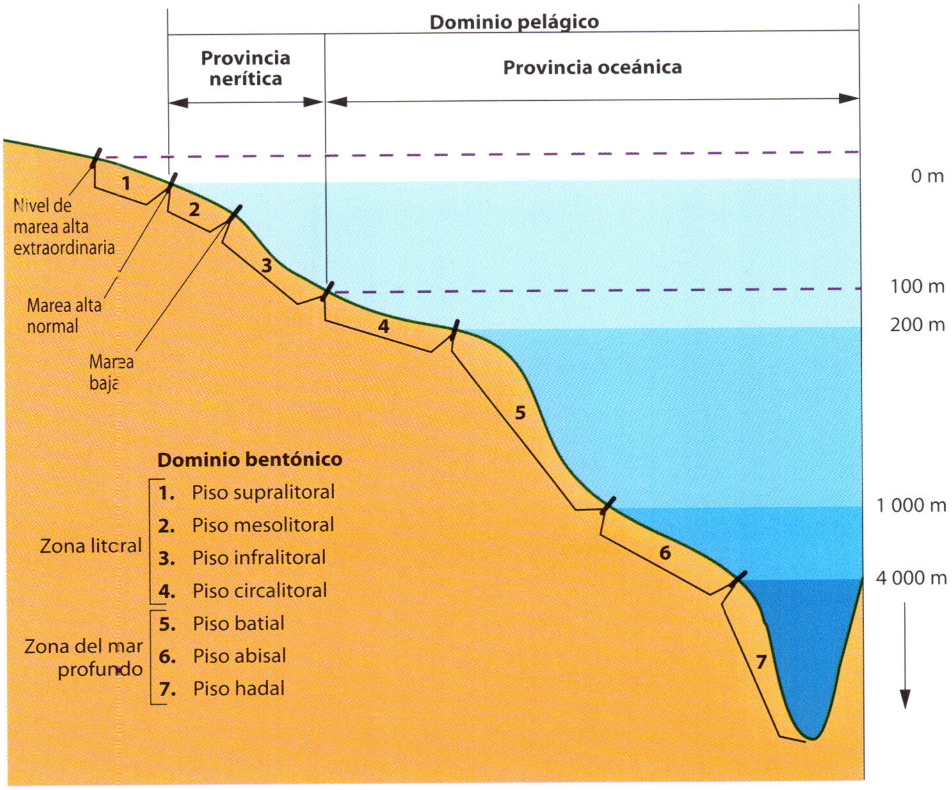

Esponjas marinas integrantes del bentos.

enciclopedia

La plataforma continental es la continuación del continente que se extiende bajo el mar. Aunque es difícil establecer un límite preciso, alcanza, aproximadamente, los 200 metros de profundidad. Desde el punto de vista ecológico es de gran importancia debido a que las condiciones de luz y temperatura permiten el desarrollo de una gran variedad de seres vivos.

Dominio bentónico: zona litoral

Como hemos visto, en la zona litoral podemos diferenciar cuatro pisos: el **supralitoral**, el **mesolitoral**, el **infralitoral** y el **circalitoral**.

Piso supralitoral. El límite superior del piso supralitoral coincide con el de las mareas extraordinarias, más altas que las mareas altas comunes, el límite inferior es el de la marea alta normal. Es una **región de transición** con el medio terrestre, donde el agua de mar llega a través de salpicaduras y humedad. El piso supralitoral está siempre humedecido con el agua marina que salpican las olas. Los organismos característicos de este piso son los líquenes y las plantas tolerantes al agua salada.

Algunos organismos que comparten el ambiente terrestre y marino desarrollan parte de sus actividades vitales en el piso supralitoral, por ejemplo, las tortugas marinas salen del mar para desovar en la arena de la playa y los cangrejos terrestres dejan sus crías en el mar.

Las algas que viven sujetas a las rocas tienen un cuerpo flexible que les permite resistir la fuerza de las olas. Además, entre ellas se alojan pequeños animales marinos.

Piso mesolitoral. Se trata de una franja de límites variables y cambiantes, comprendida entre las **mareas alta** y **baja** normales. Los organismos que la habitan están adaptados a los cambios constantes del ambiente en el que se encuentran inmersos. Es decir, cuando la marea sube, estos organismos se hallan dentro del ambiente marino. Pero cuando la marea baja, quedan expuestos al sol, a la atmósfera y al embate de las olas.

Cuando estos organismos quedan a la intemperie, el calor del sol les produce una gran pérdida de agua por evaporación que deben resistir hasta que la marea suba nuevamente. Además, la salinidad también cambia constantemente, ya sea por el agua de los ríos que desembocan en el mar o por la concentración de sales producida por la evaporación de agua.

Cuando el agua marina cubre la zona, aparecen los depredadores marinos, y cuando la marea baja, lo hacen los terrestres. Entre los habitantes del mesolitoral se encuentran las algas verdes, las algas pardas y rojas pequeñas, las lapas, los balanus, las almejas, los mejillones, los cangrejos, las anémonas de mar, etcétera.

Los cangrejos se esconden entre los huecos de las rocas.

Piso infralitoral. Se extiende desde el piso de la región mesolitoral hasta los 100 metros de profundidad aproximadamente. Se trata de una zona cubierta por el agua en forma permanente. Abundan las grandes algas pardas, rojas y verdes, los erizos de mar, las estrellas de mar, las esponjas, los cangrejos, etcétera.

Circalitoral. Comprende la franja que se extiende desde los 100 metros a los 200 metros de profundidad. Se caracteriza por el **predominio de los animales marinos** ya que no hay suficiente luz para el desarrollo de poblaciones de algas. Entre los animales podemos mencionar pulpos, lirios de mar y peces bentónicos, como las rayas.

La anémona de mar vive en los huecos que se encuentran entre las rocas, e incluso en las pequeñas piletas naturales que quedan formadas en la costa rocosa, cuando la marea baja.

Dominio bentónico: zona del mar profundo

La zona bentónica del mar profundo se caracteriza por la **ausencia total de luz**, las **grandes presiones** y las **aguas quietas**. No hay organismos fotosintéticos; los integrantes del bentos profundo se alimentan de los sedimentos que caen de las aguas superiores. Muchos de ellos presentan algunas adaptaciones particulares: tienen espinas, pedúnculos o apéndices que usan como medios de apoyo y les sirven para no hundirse en el fondo blando cubierto de sedimentos. En los fondos fangosos del mar profundo habitan bacterias adaptadas a la alta presión que degradan los restos orgánicos y los transforman en sustancias minerales.

Dominio pelágico: provincia nerítica

Esta región está habitada por asociaciones de organismos del fitoplancton, zooplancton y necton.

Los organismos que se mantienen a flote en diferentes niveles del mar conforman el **plancton**. Su característica principal es que no tienen forma de locomoción propia, sino que son arrastrados por las corrientes. La mayoría son microscópicos, aunque también se incluyen dentro de este grupo las medusas.

Dentro del plancton encontramos el **fitoplancton** (ej.: algas), compuesto por organismos capaces de fotosintetizar, y el **zooplancton**, formado por aquellos seres vivos que no pueden fotosintetizar (ej.: animales y protozoos).

Foraminíferos.

Integrantes del fitoplancton

Diatomeas. Organismos unicelulares o coloniales, que poseen una cubierta silícea. Tienen diversas formas.

Dinoflagelados. Organismos unicelulares, con dos o más flagelos.

La noctiluca es un dinoflagelado bioluminiscente. Cuando se agrupan en masa, emiten gran cantidad de luz azulada, fácilmente visible durante la noche.

Algunos dinoflagelados producen un alcaloide muy tóxico que provoca la muerte de los peces que los ingieren y que tiñe las aguas de un tono rojo. Este fenómeno se conoce con el nombre de marea roja.

Medusa.

Integrantes del zooplancton

Protozoos. Organismos unicelulares, algunos con caparazones o esqueletos, ej.: radiolarios, foraminíferos (como los de la ilustración) y ciliados.

Medusas. Organismos flotantes con forma de sombrilla y tentáculos con células urticantes.

Organismos en su etapa larval. Son organismos que forman parte del zooplancton sólo en su estado larval. Luego, integrarán parte de la fauna del fondo o de las aguas libres (ej.: larvas de cangrejo, de erizo de mar, de estrella de mar).

Crustáceos. Incluyen organismos con un exoesqueleto y quetas plumosas que les permiten flotar (los copépodos), y el krill, fuente de alimento de las ballenas.

Los peces neríticos

Los **peces** de la zona nerítica son de talla media, con algunas excepciones, como la corvina negra que alcanza gran tamaño. Entre los peces neríticos de la Argentina se encuentran el caballito de mar, el pejerrey, el salmón de mar, el mero, el turco, la anchoa de banco, la trilla, el besugo, etcétera.

Otros animales pelágicos que comparten la zona nerítica y la oceánica son los delfines, las tortugas marinas y las orcas, entre otros.

Meros.

Dominio pelágico: provincia oceánica

Muchos de los organismos de la provincia nerítica (fitoplancton, zooplancton y necton) también habitan la **zona oceánica superior** o **eufótica**. Los peces se desplazan entre la región nerítica y la oceánica superior, aunque la mayoría –en cuanto a cantidad y diversidad– se encuentra en la zona nerítica.

Los peces presentan colores que les permiten confundirse con el medio, su parte superior es levemente verdosa y azulada y la inferior es blanca o plateada.

Algunos de los peces pelágicos de la zona eufótica son: el bonito, la caballa, los grandes tiburones, la palometa.

En la **provincia oceánica no eufótica** habitan organismos especialmente adaptados a la falta de luz y al considerable aumento de la presión, como las bacterias, las arquibacterias y los peces abisales. La mayoría de estos peces son ciegos. Otros, en cambio, tienen enormes ojos que les permiten captar la luz emitida por otros peces bioluminiscentes. Además tienen dientes grandes y puntiagudos.

Pez abisal.

TALLER

Armado de un acuario marino

Materiales

Una pecera rectangular de vidrio, de aproximadamente 100 litros de capacidad; placas filtradoras; un aireador; manguera flexible transparente para acuarios; piedras difusoras; conchilla (caracoles marinos triturados); termómetro; calefactor; sales marinas; densímetro; cintas reactivas para medir el pH; reactivos para detectar la presencia de nitritos, nitratos y amoníaco; iluminador y tubo fluorescente; materiales para decorar la pecera, como papel tapiz, plantas artificiales, caparazones de caracoles marinos, etcétera.

Todos estos materiales se pueden conseguir en los acuarios.

Procedimiento

1. Limpien cuidadosamente la pecera y enjuáguenla con abundante agua limpia.
2. Cubran el fondo con las placas filtradoras, de manera tal que queden ubicadas una al lado de la otra y conectadas entre sí.
3. Conecten las mangueras al aireador y a las piedras difusoras.
4. Laven con abundante agua la conchilla, y luego cubran con ella el fondo de la pecera. Si quieren pueden forrar con el papel tapiz una de las caras del acuario.
5. Llenen la pecera con agua de la canilla y agréguenle la sal necesaria. Deben dejar estacionar el agua de 20 a 30 días, antes de colocar los peces. En ese tiempo, se desarrollarán algunas bacterias. Este proceso también puede ser acelerado agregándole al agua pastillas bacterianas que se consiguen en los acuarios.
6. Para saber si la cantidad de sales es la adecuada (generalmente, se encuentra indicado en los envases en los que vienen fraccionadas), utilicen el densímetro.
7. Conecten el calefactor y dejen permanentemente el termómetro dentro del agua, para poder controlar que la temperatura no varíe de los 27 ºC. Recuerden que si el agua está muy fría, los peces estarán demasiado inactivos, rechazarán el alimento y, probablemente, se enfermen. En cambio, si la temperatura es muy elevada, estarán demasiado activos, se agredirán y posiblemente se lastimen.
8. Mantengan el acuario permanentemente tapado, para evitar que el agua se evapore y se altere la salinidad.
9. Conecten el iluminador.
10. Alimenten los peces una sola vez al día y mantengan limpio el acuario. Es importante retirar con una red los restos de alimento que no fueron consumidos y los peces muertos. Si el agua está turbia, verifiquen el funcionamiento del aireador.

Cuidados especiales y mantenimiento

Periódicamente deberán controlar el pH del agua y la presencia de sustancias tóxicas.

El pH es el grado de acidez o de alcalinidad del agua. El agua neutra tiene un pH de 7,0. Si es ácida, el pH será menor que 7,0, y si es alcalina, será mayor que 7,0.

Los peces de agua salada necesitan agua cuyo valor pH oscile entre 8,0 y 8,5.

Utilizando tiras reactivas podrán verificar el pH del agua.

Si los niveles de acidez y alcalinidad del agua no son los adecuados, consulten en el acuario donde compraron los peces.

La presencia elevada de nitritos en el agua es sumamente peligrosa para la vida de los peces. Los nitritos se producen por las sustancias orgánicas, como los excrementos de los peces o los restos de alimento. Si el nivel de nitritos aumenta, esto indica que el sistema de filtrado no funciona o lo hace de manera deficiente.

Para corregir esta situación se debe cambiar el 20% del agua, limpiar el fondo, quitando los restos de alimento, y mantener limpio el filtro de agua. Si los niveles de nitrito son superiores a 1 mg por litro, es necesario cambiar completamente el agua del acuario, limpiar a fondo la pecera y volver a llenarla con el agua y las sales necesarias.

TALLER

Estudio de un ecosistema acuático

Objetivo

Explorar y estudiar ecosistemas acuáticos.

Estudio de los factores abióticos

Algunos de los factores que se pueden medir durante una salida de campo son: la turbidez del agua, la temperatura, el pH y la velocidad de la corriente.

Para medir el pH, coloquen una gota de agua sobre un trozo de papel indicador de pH y comparen el color que adquiere con la escala cromática de referencia.

Para medir la temperatura, utilicen un termómetro de mercurio. Sumérjanlo en el agua a diferentes profundidades y anoten las temperaturas registradas.

Para medir la turbidez del agua, utilicen un disco de Secchi. El disco de Secchi se puede construir con una tapa metálica de algún envase, de la siguiente forma:

a) Se divide el disco en cuatro partes iguales y se pintan dos sectores con pintura negra y los otros dos con pintura blanca, en forma alternada.

b) Se agujerea el centro del disco, por él se pasa una soga a la que se le hacen nudos cada 5 cm.

Para medir la turbidez del agua, sumerjan el disco de Secchi lentamente hasta que dejen de verlo. Contando los nudos podrán saber a qué profundidad sucede esto.

Midan la velocidad de la corriente de un curso de agua, de la siguiente forma:

a) Coloquen un objeto en un punto del terreno, cerca de la orilla (punto A). Luego, a determinada distancia, coloquen otro objeto, también cerca de la orilla (punto B).

b) Un compañero se situará en el punto A y arrojará al agua un objeto flotante. Otro compañero se ubicará en el punto B y, con un cronómetro, medirá el tiempo que tarda el objeto flotante en recorrer la distancia del punto A al B.

c) Vuelvan a realizar la actividad, pero esta vez arrojen el objeto desde la parte media del curso de agua.

Verifiquen si hubo variaciones entre las dos mediciones.

Disco de Secchi.

Estudio de los factores bióticos

En un medio acuático es posible tomar diferentes muestras. Veamos algunas formas de hacerlo.

Recolección de plancton

Para recolectar plancton es conveniente utilizar una red de plancton, que consiste en un embudo de tela de trama fina cuyo extremo inferior tiene un recipiente. Por el otro extremo del embudo se pasa un aro de alambre que le da forma y del que se ata una cuerda.

Tomen muestras de plancton de la siguiente manera:

a) Arrojen la red lo más lejos posible, y recójanla lentamente. Repitan el procedimiento en distintas zonas del cuerpo de agua y a distintas profundidades.

Conserven las muestras en frascos abiertos.

b) Luego, con la ayuda de una pipeta, tomen pequeñas porciones de las muestras. Colóquenlas en un portaobjetos, cúbranlas con un cubreobjetos y obsérvenlas al microscopio.

Red de plancton.

Recolección de necton

Para recolectar necton, utilicen una red de mano o un medio mundo.

Conserven algunos ejemplares vivos para luego ubicarlos en un acuario. Trasládenlos en recipientes grandes (baldes), con suficiente agua. Tengan en cuenta que deben poner pocos ejemplares en cada recipiente para que no consuman todo el oxígeno.

TALLER

Análisis de la vegetación acuática

Durante la salida de campo, tomen nota de los vegetales que observen. Identifiquen las zonas en las que se encuentran y recojan pequeñas muestras.

Materiales

Palita, bolsas para recolección, cámara fotográfica, lápiz y papel.

Procedimiento

a) Tomen una fotografía panorámica del ambiente visitado. Luego, saquen fotografías de los distintos tipos de plantas.
b) Hagan un esquema del lugar y dibujen las plantas que reconocen, anoten el nombre.
c) Con la palita, tomen las siguientes muestras de vegetación y colóquenlas en las bolsas:
- arraigadas sumergidas.
- flotantes no arraigadas.
- arraigadas con hojas flotantes.
- anfibias o palustres.

d) Observen las adaptaciones que presentan las plantas recolectadas y analicen las siguientes características:
- forma de las hojas.
- forma, color y consistencia del tallo.
- presencia de raíces.
- largo de las raíces.
- presencia de flores.
- presencia de aerénquima en las láminas o en los pecíolos de las hojas.

e) En el laboratorio, hagan un corte transversal de los tallos de las plantas para observar la presencia de aerénquima. Anoten cuáles de ellas los tienen.
f) Relacionen todas las características distintivas de cada planta con las funciones que cumplen.

Cucharero, *limnobium*.

Observación y análisis de algas

Utilicen una de las muestras de agua que tomaron de la laguna visitada.

Materiales

Microscopio óptico, portaobjeto, cubreobjeto, gotero, lupa.

Procedimiento

a) Coloquen una gota de la muestra sobre el portaobjeto. Tápenlo con el cubreobjeto evitando la presencia de burbujas de aire, de la siguiente manera: apoyen el cubreobjeto sobre el portaobjeto de manera tal que forme un ángulo de 45° y luego suéltenlo de golpe.
b) Apoyen el portaobjeto sobre la platina.
c) Coloquen el objetivo de menor aumento y giren el tornillo macrométrico para que el tubo baje y quede cerca del portaobjeto, sin tocarlo.
d) Miren por el ocular y con el tornillo macrométrico alejen o acerquen la muestra, según sea necesario. Muevan el tornillo micrométrico para lograr una imagen más ajustada. Observen la presencia de algas.
e) Hagan un dibujo esquemático de las algas observadas y anoten el aumento que utilizaron.
f) Repitan la operación con los otros aumentos.

ACTIVIDADES

Completen la grilla

1.	□	□	□	□	□	Z	□	□	□						
2.		□	□	□	□	O	□	□	□	□					
3.						O	□	□	□						
4.		□	□	□	□	P	□	□	□	□					
5.			□	□	□	L	□								
6.	□	□	□	□	□	A									
7.				□	□	N	□	□	□	□	□				
8.		□	□	□	□	C	□	□	□						
9.				□	□	T	□	□	□	□	□	□	□	□	□
10.		□	□	□	□	O	□	□	□	□	□	□			
11.						N	□	□	□	□	□	□	□		

Referencias

1. Organismos unicelulares, algunos con caparazones o esqueletos.
2. Organismos unicelulares o coloniales, que poseen una cubierta silícea.
3. Mamífero que habita las zonas nerítica y oceánica, del dominio pelágico.
4. Organismos con un exoesqueleto y quetas plumosas que les permiten flotar.
5. Crustáceo que sirve de alimento a las ballenas.
6. Organismo flotante con forma de sombrilla y tentáculos con células urticantes.
7. Organismo que en su estado de larva forma parte del zooplancton y que luego habita generalmente en el fondo marino y en las aguas libres.
8. Organismos marinos que se mantienen a flote y son arrastrados por la corriente.
9. Organismos que integran el plancton y que son capaces de fotosintetizar.
10. Organismos con caparazones o esqueletos que integran el grupo de los protozoos.
11. Una de las provincias del dominio pelágico.

autoevaluación

Elijan la respuesta correcta

1. Los ambientes lóticos son aquellos:
a) en los cuales el agua no se desplaza. ☐
b) en los cuales el agua se desplaza en una dirección y sentido. ☐
c) ambientes marinos. ☐

2. Las aguas dulces se caracterizan por:
a) contener sales en escasas cantidades. ☐
b) contener abundante cantidad de sales. ☐
c) ser potables. ☐

3. La zona limnética es:
a) poco profunda y la luz solar penetra hasta el fondo. ☐
b) una zona de aguas abiertas alejada de la orilla. ☐
c) la zona del fondo marino. ☐

4. El fitoplancton está formado por:
a) microorganismos incapaces de fotosintetizar. ☐
b) protozoos, crustáceos, rotíferos, larvas de peces e insectos. ☐
c) organismos fotosintetizadores. ☐

5. Son animales que pueden respirar a través de la piel:
a) los peces y las ballenas. ☐
b) las aves y los peces. ☐
c) los anfibios. ☐

6. Las plantas arraigadas emergentes, anfibias o palustres:
a) tienen raíces en el fondo del agua, pero la parte principal de la planta se encuentra fuera de ella, en contacto con el aire. ☐
b) tienen raíces flotantes y la parte principal de la planta se encuentra fuera del agua, en contacto con el aire. ☐
c) tienen raíces en el fondo del agua y la parte principal de la planta se encuentra dentro del agua. ☐

7. Los estuarios están formados por aguas:
a) salobres. ☐
b) sólo saladas. ☐
c) sólo dulces. ☐

8. El dominio bentónico abarca las aguas:
a) superficiales de los lagos. ☐
b) superficiales del mar. ☐
c) del fondo marino. ☐

9. En la zona abisal:
a) habitan los peces bioluminiscentes. ☐
b) habita el fitoplancton. ☐
c) no hay fauna marina. ☐

10. Los organismos del plancton:
a) no tienen locomoción propia. ☐
b) nadan contra la corriente. ☐
c) viven fijos al fondo. ☐

12 El ecosistema como unidad de estudio

Biomas y ecorregiones

Nuestro planeta está integrado por diversas áreas con características propias. El clima, el suelo, el relieve, la flora y la fauna de cada una de estas regiones forman extensos ecosistemas denominados biomas.

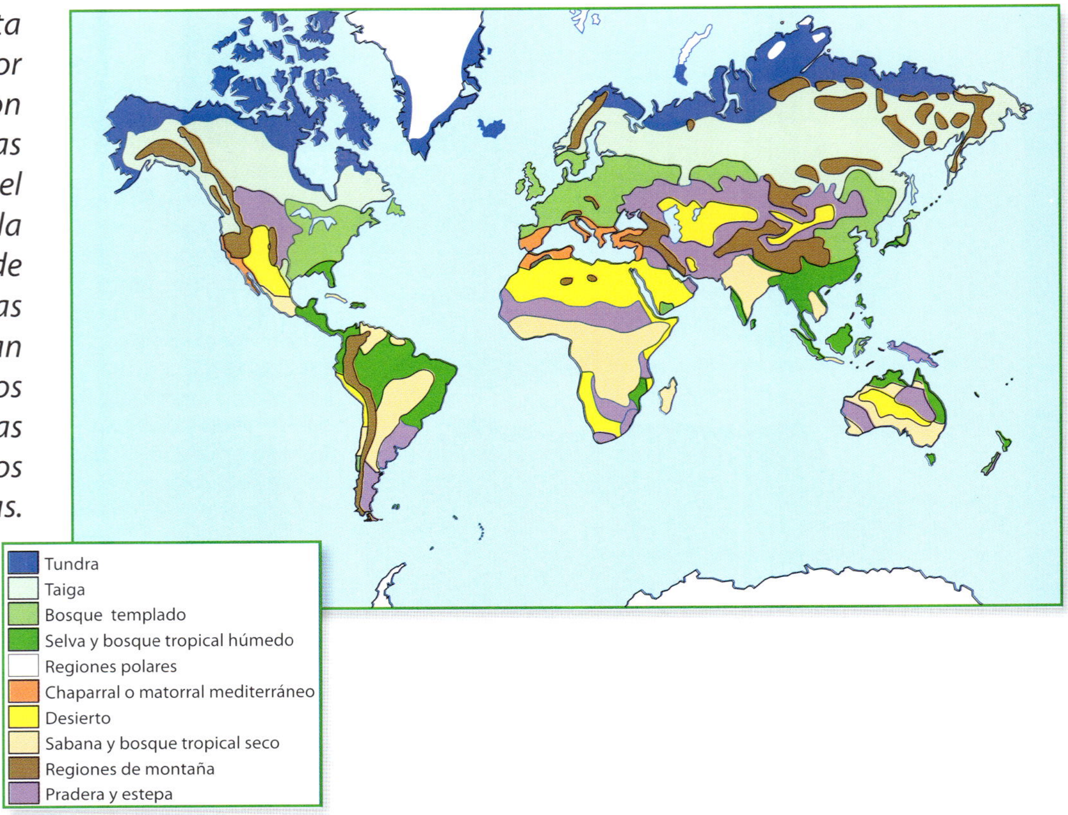

Biomas del mundo

Los biomas son grandes ecosistemas caracterizados por un tipo de flora, fauna y clima determinados. No tienen un límite preciso y se continúan unos con otros. Los principales biomas del mundo son:

Tundra. *Clima:* seco y muy frío. El suelo se encuentra cubierto de hielo. *Vegetación:* musgos y líquenes. *Fauna:* zorro del ártico, reno, oso polar, caribú, aves costeras.

Bosque tropical húmedo en Venezuela.

Taiga. *Clima:* húmedo, frío y con abundantes nevadas. *Vegetación:* bosque de coníferas con pinos, alerces y abetos. *Fauna:* marta, ardilla, lince, comadreja, ciervo, alce, lobo.

Bosque templado. *Clima:* temperaturas altas en verano y bajas en invierno. Lluvias moderadas. *Vegetación:* bosques de coníferas de hojas caducas, roble y haya. *Fauna:* aves, insectos, murciélagos, ciervos, ardillas.

Selva y bosque tropical húmedo. *Clima:* cálido y húmedo, altas temperaturas todo el año y lluvias torrenciales. *Vegetación:* selva con varios estratos y gran variedad de especies. *Fauna:* jaguares, monos, perezosos, tapires, aves, serpientes e insectos.

Regiones polares. *Clima:* temperaturas inferiores a los 0 °C. Suelo cubierto permanentemente de hielo. *Vegetación:* escasa o nula, con musgos y líquenes. *Fauna:* aves marinas, focas, oso polar, ballenas.

Chaparral o matorral mediterráneo. *Clima:* templado con inviernos lluviosos y veranos secos. *Vegetación:* arbustos, matorrales y árboles bajos, como el alcornoque y la encina. *Fauna:* aves, lagartos, venados, insectos, roedores.

Desierto. *Clima:* seco y árido con días calurosos y noches frías. *Vegetación:* resistente a las grandes sequías, como los cactos. *Fauna:* camello, rata del desierto, mangosta, erizo, arañas, serpientes, escorpiones.

Sabana y bosque tropical seco. *Clima:* cálido con temperaturas elevadas todo el año. Hay alternancia de una estación lluviosa y una seca más prolongada. *Vegetación:* herbácea con pocos árboles. *Fauna:* cebra, jirafa, antílope, león, elefante.

Regiones de montaña. *Clima:* la temperatura disminuye con la altura. En la cima de la montaña, nieve y temperaturas inferiores a 0 °C. *Vegetación:* en las laderas, árboles de hojas perennes y al pie de la montaña, bosques de árboles caducifolios. *Fauna:* cóndor, cabra, gamuza, oso, roedores.

Pradera y estepa. *Clima:* en la pradera, templado y húmedo. En la estepa, veranos cálidos, inviernos fríos y sequías. *Vegetación:* predominio de hierbas en la pradera y de hierbas con arbustos y manchones sin vegetación en la estepa. *Fauna:* roedores, zorros, lobo, liebre, guanaco.

Jirafas en la sabana africana.

Ecorregiones de la Argentina

El desarrollo de modernas tecnologías aplicadas al estudio de los ambientes naturales permitió realizar una zonificación de la Argentina en regiones naturales, denominadas **ecorregiones**, que integra aspectos ecológicos al concepto de bioma.

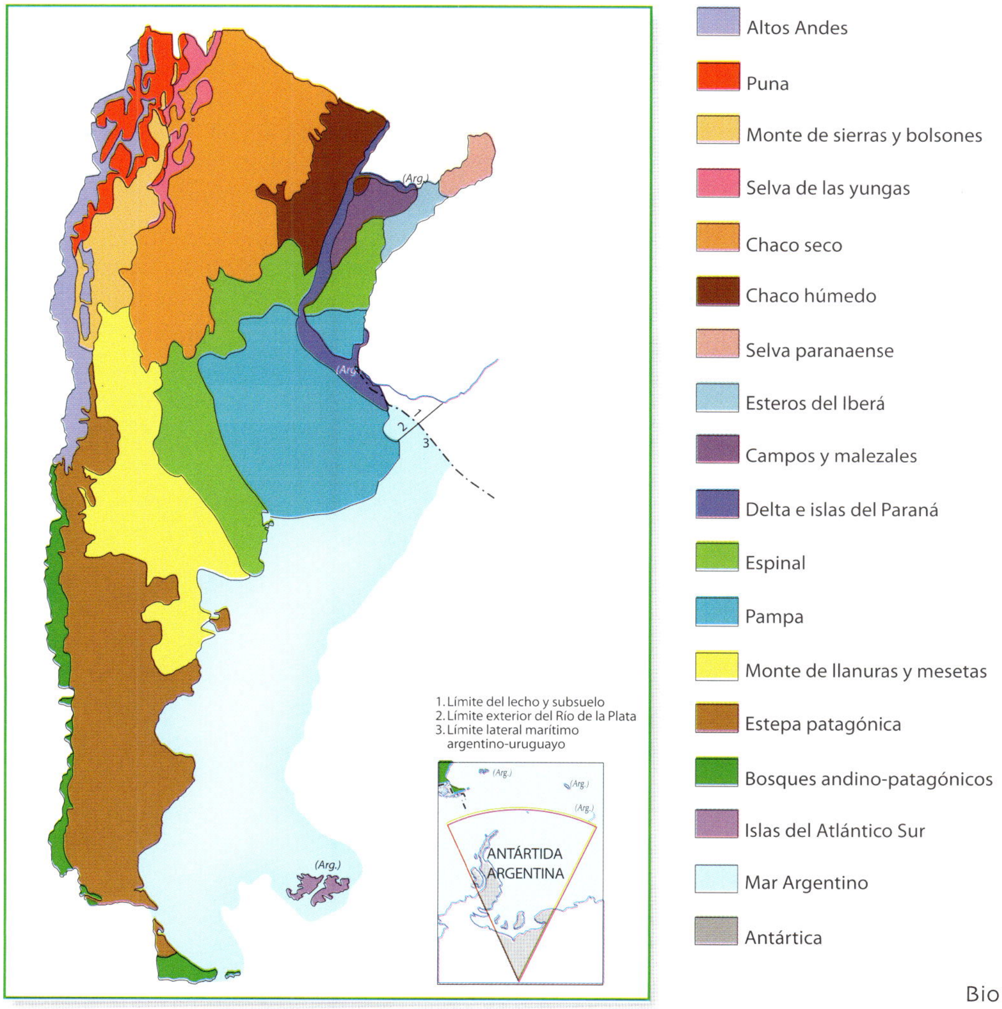

Selva paranaense o misionera.

Tucán grande.

Selva paranaense

También conocida como selva misionera, la selva paranaense se ubica en el extremo nordeste del país, en la provincia de Misiones. El relieve es el de meseta. Los suelos son rojos o lateríticos debido a la alta concentración de hierro proveniente de las rocas erosionadas por el agua. Presenta numerosas vertientes y cascadas, entre las que sobresalen las Cataratas del Iguazú.

El clima es subtropical sin estación seca, con abundantes precipitaciones durante todo el año. Los inviernos son suaves y los veranos no muy rigurosos debido a que las lluvias moderan la temperatura. Estas condiciones –temperatura y humedad elevadas, falta de una estación seca, presencia de agua circulando permanentemente en el ecosistema, presencia de luz solar, ausencia de frío– hacen de la selva una especie de invernadero.

En la selva misionera es posible distinguir cinco estratos, entretejidos por lianas y plantas epífitas (vegetales que se desarrollan sobre otras plantas como, por ejemplo, el clavel del aire). Entre los 15 y 25 metros de altura se encuentran las copas de los árboles que forman "el techo" de la selva. Es el estrato del **dosel**, en el que encontramos especies de palmeras como la pindó y el palmito, y árboles como el laurel amarillo, la guayca, el peteribí y el guatambú blanco. Cada tanto, y por encima de ellos, sobresalen algunos ejemplares de árboles que superan los 30 metros de altura y constituyen el estrato de los **emergentes**, donde se destacan el palo rosa y la araucaria misionera, o pino paraná *(Araucaria angustifolia)*. El estrato **intermedio** está constituido por árboles de 3 a 10 m de altura. Abundan los helechos arborescentes, como el chachí (de 4 m), un helecho de enormes hojas de 2 m de largo, la yerba mate y numerosos árboles frutales. En el estrato **arbustivo**, o **sotobosque**, existe gran cantidad de arbustos y helechos. También hay una zona de bambúes integrada por especies como el tacuarembó, el tacuapí, el yatevó y una especie de bambú gigante, el tacuaruzú.

En el Parque Nacional Iguazú se encuentra protegida parte de la selva misionera.

Por debajo de estos estratos, donde llega muy poca luz, se encuentra el estrato **herbáceo**. Allí predominan las gramíneas de hojas anchas, los helechos y las hierbas no leñosas. Debajo del primer estrato se encuentra el piso en el que se desarrollan hongos, musgos y líquenes.

La fauna de la selva es muy rica y variada, se destacan entre otros el agutí, la paca, la corzuela, el pecarí, el tapir –que es el mamífero terrestre sudamericano más grande–, el oso melero, el coatí, el mono caí, el mono carayá, el lobito de río y el lobo gargantilla.

El poderoso yaguareté es el superpredador de la selva. Se alimenta de tapires, corzuelas, pecaríes, lagartos, roedores y aves. Otros depredadores son: el águila harpía y el ocelote.

En la selva también habitan numerosas especies de insectos, reptiles, anfibios y una gran diversidad de aves entre las que se encuentran los tucanes, loros, águilas, chacurúes, vencejos y colibríes.

Esteros del Iberá

Es una ecorregión propia de la provincia de Corrientes y uno de los humedales más importantes de América debido a su gran biodiversidad. Desde el punto de vista geográfico, es una gran depresión inundable alimentada por precipitaciones y aguas subterráneas que ocupa la zona del antiguo cauce del río Paraná. Los ambientes característicos son los esteros –zonas deprimidas de poca profundidad permanentemente cubiertas con agua–, las lagunas y los embalsados –especie de islas formadas por la acumulación de camalotes y plantas flotantes–. También hay arenales de poca altura.

Entre la fauna autóctona se destaca el ciervo de los pantanos, que tiene en esta región su máxima distribución, el lobito de río, el emblemático aguará guazú y, por su abundancia, el carpincho. Entre los reptiles se encuentra el yacaré overo, el yacaré negro y la boa curiyú, de gran tamaño. Llama la atención la cantidad de aves que habitan en esta región como el jabirú, el hocó colorado, la pollona azul, el aguilucho pampa, diversas especies de garzas y patos, y una numerosa variedad de pájaros, como la lavandera y el verdón, entre otras.

Ciervo de los pantanos.

Delta e islas del Paraná

Comprende el Delta del río Paraná, la Rivera Platense (costa nordeste de la provincia de Buenos Aires hasta Punta Lara, en el partido de Ensenada) y los valles de inundación de los tramos medio e inferior de los ríos Paraná y Paraguay.

El clima es templado-cálido y húmedo. La temperatura media anual es de alrededor de 17 ºC, con máximas y mínimas moderadas. El Delta del Paraná es una extensa zona que tiene su origen en la dinámica del río Paraná, uno de los más grandes del planeta. En su desembocadura en el Río de La Plata, los brazos del Paraná forman una especie de abanico dando origen a una innumerable cantidad de islas, islotes y bancos. Los sedimentos que aporta el Paraná forman nuevas islas que son colonizadas por juncos y otras plantas palustres.

La vegetación característica de esta ecorregión es el bosque higrófilo, la selva costera –también denominada selva marginal o en galería–, los matorrales ribereños, los pajonales y los camalotales. Entre las especies vegetales se destacan el ceibo, el sauce y el aliso de río. La fauna está representada por numerosas especies de aves, entre ellas garzas, patos y pájaros que encuentran refugio en los árboles. Entre los mamíferos sobresalen el coipo, el carpincho, el lobito de río y el ciervo de los pantanos, gravemente amenazado en el área. La ictiofauna de la región es sumamente rica y variada, y presenta peces como el dorado, surubí, boga, sábalo, patí, pacú y armado, entre otros.

La sagitaria es una planta palustre muy común en la ecorregión del Delta.

Campos y malezales

Esta ecorregión abarca el sur de Misiones y la parte este de Corrientes. Se caracteriza por un relieve ondulado cubierto con pastizales. La zona más alta de los campos se encuentra al norte, y constituye una zona de transición con la selva paranaense. Entre los pastizales naturales crecen manchones de selva, continuación de la selva paranaense. La zona sur de los malezales es más baja y los suelos se encuentran frecuentemente anegados. Allí la vegetación es más pobre, con predominio de pajonales.

Entre la vegetación característica de esta ecorregión se encuentran la flechilla y el espartillo amargo en la zona de los campos, y la paja colorada y amarilla en el malezal. Entre los mamíferos se destacan el venado de las pampas, el aguará guazú y la mulita. Las aves son numerosas, sobresalen entre otras el tordo amarillo, la cachirla dorada, el curutié colorado, el corbatita dominó y el ñandú.

enciclopedia

Los **bañados** se diferencian de las **lagunas** porque son temporarios y se forman a partir del agua de lluvia. Las **cañadas** se forman de la misma manera, pero se encuentran entre dos elevaciones de terreno, y si son muy extensas, se las llama **cañadones**.

Espinal

Es una zona en forma de arco alrededor de los pastizales pampeanos. El relieve está constituido por llanuras y ondulaciones bajas. La vegetación característica son los bosques bajos, los pastizales y la sabanas.

Rama de algarrobo en la que se distinguen las hojas compuestas y las inflorescencias amarillentas, cilíndricas.

El clima en el norte es cálido y húmedo, y en el oeste y sur, templado y seco. Las lluvias van decreciendo de Este a Oeste desde los 1.000 mm a los 400 mm anuales.

La flora del espinal está compuesta en gran parte por leguminosas del género Prosopis, como el ñandubay, un árbol típico del norte del espinal, el algarrobo blanco y el algarrobo negro en la región central y el caldén en La Pampa. En el nordeste se destacan los palmares de palmera yatay y carandilla. En la ribera platense, al sur de la provincia de Buenos Aires, hay bosques de tala, o talares.

Los montes de caldén resultan un buen refugio para el puma, el gato montés, el yaguarundí y el gato de los pajonales. Los herbívoros están representados en esta zona por la vizcacha y los cuises. El piche llorón, un armadillo omnívoro, se alimenta de los vegetales y pequeños vertebrados de la zona. También se encuentran la comadreja overa, el zorrino y el tuco tuco, un pequeño roedor. Entre las aves se destacan el cardenal común, la tacuarita azul, el chinchero grande, el coludito copetón, el carpintero real y la cotorra común. Hay gran variedad de anfibios, reptiles e insectos.

Chaco húmedo

Pajonales y bosque ribereño en el chaco húmedo.

Está ubicado al este del chaco seco. Es una región de zonas bajas, anegadas, con esteros y bañados. El clima del chaco húmedo es continental cálido sin estación seca. Las precipitaciones rondan los 1.200 mm anuales y las temperaturas son generalmente estables, con una media anual de 22 °C.

La vegetación característica es el bosque, la selva ribereña, la sabana y el pastizal. El árbol más representativo de los bosques es el quebracho colorado chaqueño, también hay palmares de palma blanca y pajonales de paja de techar y paja amarilla.

Entre los mamíferos, los más representativos son el aguará guazú, el tapir, el osito lavador o aguará popé, el oso melero, el mono carayá o aullador. Y entre las aves encontramos el federal, el jabirú, la bandurria mora, el aguilucho colorado, el gavilán negro, el martín pescador, la urraca mora y el anó chico, entre otras. En los esteros y bañados hay yacaré negro, yacaré overo y boa curiyú.

Chaco seco

Vegetación en el chaco seco.

El relieve de esta región es de llanuras y serranías de baja altura. El clima es continental cálido con estación seca. Las precipitaciones promedian los 700 mm anuales y las temperaturas suelen ser extremadamente altas en verano (más de 45 °C).

Es una región de bosques xerófilos (plantas que viven en ambientes secos) de sabanas y de matorrales bajos. Los árboles están representados por el quebracho colorado santiagueño, el quebracho blanco, el horcoquebracho, el mistol, los algarrobos, el chañar, el yuchán o palo borracho de flor blanca. Las especies más representativas de los matorrales son la brea, el chañar y las jarillas.

Entre los mamíferos se encuentran el mataco bola, el pichiciego, el tatú carreta, el pecarí de collar, la vizcacha, la corzuela parda, el oso hormiguero y el puma. Las aves están representadas por el ñandú, la chuña de patas negras, la pava de monte o charata, el rey del bosque, el arañero corona roja y el loro hablador, entre otras. La tortuga de tierra, el lagarto colorado y las boas son reptiles representativos de esta región. Entre los insectos se destacan por su abundancia las hormigas y termitas.

Lagarto colorado.

Pampa

Abarca el sur de Entre Ríos, Santa Fe y Córdoba, casi toda la provincia de Buenos Aires y el este de La Pampa. Comprende las llanuras y praderas del este del país, con algunas ondulaciones muy suaves en el relieve. Presenta dos cordones serranos, los de Tandilia y Ventania. El clima es templado húmedo, las temperaturas medias oscilan entre los 9 y los 23 °C. Presenta lluvias todo el año que disminuyen de Este a Oeste y van de los 1.100 a los 600 mm anuales. Los suelos de la región central y este son negros, muy fértiles, con alto contenido de materia orgánica; hacia el oeste y sudoeste son arenosos.

La vegetación predominante es el pastizal de gramíneas y la estepa de flechillas de los géneros *Stipa*, *Aristida*, *Bromus*, *Poa*, etc. Es notoria la falta casi total de árboles que no sean los plantados por el hombre.

Entre la fauna se destaca el zorro gris pampeano, el zorrino, la mulita, el gato montés, la vizcacha, el puma y el venado de las pampas. Estas últimas especies, abundantes en el pasado, tienen actualmente un escaso número de individuos. Entre las aves se encuentran el ñandú, el chajá, el inambú, el tero, la lechucita de las vizcacheras, el espartillero pampeano y la loica pampeana, muchas de estas especies con escaso número de individuos. También habitan en esta ecorregión diversas especies de sapos, ranas y reptiles.

Vizcacha.

Pastizal pampeano.

Altos Andes

Esta ecorregión se extiende por las altas cumbres de la Cordillera de los Andes, desde Jujuy hasta Tierra del Fuego, aunque algunos autores consideran que sólo llega hasta Neuquén. El relieve corresponde al de las altas montañas y mesetas. El suelo es rocoso y arenoso. El clima es frío y seco, con precipitaciones en forma de nieve. Las temperaturas son muy bajas. Hay grandes amplitudes térmicas entre el día y la noche. Las altas cumbres poseen nieves permanentes.

Altos Andes.

La vegetación característica es la estepa arbustiva y la estepa herbácea. Las plantas, adaptadas a la aridez y los fuertes vientos, crecen en matas bajas, con forma de cojín o almohadón. La vegetación se acrecienta a medida que desciende la altura, aumenta la temperatura y disminuyen las nieves permanentes.

Entre los mamíferos se encuentra la vizcacha serrana, la chinchilla de cola corta y el zorro colorado. Las aves representativas de esta ecorregión son el cóndor andino, la caminera, la bandurrita austral y el cabecita negra austral, entre otros

Puna

Abarca las mesetas y montañas del noroeste, desde el límite con Bolivia hasta el noroeste de Mendoza. Las alturas van desde los 2.000 m hasta los 4.500 m sobre el nivel del mar. Los suelos son inmaduros. El relieve comprende sistemas serranos, volcanes y lagunas de desagüe de cuencas fluviales.

El clima es frío y seco, con amplitudes térmicas muy pronunciadas que van de los 0 °C a los 37 °C en un mismo día. Las precipitaciones son escasas, alrededor de 200 mm anuales al nordeste y menos de 100 mm anuales al suroeste. Soplan intensos vientos.

La vegetación predominante es la estepa arbustiva. También hay estepas herbáceas, arbustos con hojas reducidas y plantas resinosas. En algunas laderas y quebradas hay cardones y bosquecillos de queñoa (un árbol de gruesos troncos) y de churqui.

En las zonas en las que el agua subterránea se encuentra cerca de la superficie, se desarrollan los tolares (estepa de arbustos bajos y resinosos), con ejemplares de tola de vaca y tola de río. A más de 4.000 m de altura aparece la estepa de gramíneas.

enciclopedia

Las especies vegetales de la Puna se hallan perfectamente adaptadas a la falta de agua. Los estomas de las hojas son pequeños y las raíces crecen en forma desmesurada. Hay arbustos de sólo 20 cm de alto, pero con raíces que llegan a los 2 m de profundidad.

Vicuñas en la Puna.

Los animales representativos son la vicuña, el guanaco, la llama y la alpaca. Abundan los roedores, como el pericote, el ratón chinchilla y la rata cola de pincel.

Entre las aves, se encuentran el ñandú petiso, el inambú serrano chico, la remolinera castaña, la bandurrita de las piedras, el jilguero puneño y el platero.

Cerca del agua habitan el tero serrano, el chorlito de las ciénagas, la becacina andina y la avoceta andina, el pato puna, la gallareta americana y la gallareta cornuda.

Monte de sierras y bolsones

Esta ecorregión se extiende por las laderas de las montañas del noroeste, desde Jujuy hasta La Rioja y San Juan. Ocupa zonas que se encuentran a alturas que oscilan entre los 1.000 m y los 3.400 msnm.

El clima es subtropical seco, con precipitaciones estivales que van desde los 80 mm hasta los 200 mm anuales. Existe una gran diferencia de temperatura entre el día y la noche. Los suelos son arenosos, pedregosos y pobres debido a la rigurosidad del clima y a la erosión hídrica. La zona de los bolsones son cuencas cerradas que se caracterizan por no contar con una red de agua permanente.

La vegetación dominante es la estepa arbustiva de jarillas. Son característicos de esta ecorregión los cardonales, como el cardón *(Trichocereus pasacana)* de gruesos troncos de varios metros de altura y grandes flores blancas. El cardón está cubierto de fuertes espinas que lo protegen de los herbívoros. También son frecuentes los algarrobales.

La fauna de esta ecorregión comparte muchas de las especies de las ecorregiones vecinas (altos Andes, Puna y monte de llanuras y mesetas) como el gato montés de las salinas, la rata cola de pincel y la calandria castaña.

Cardones en la estepa arbustiva.

Monte de llanuras y mesetas

Se extiende por el Oeste, desde el este de San Juan y Mendoza, centro y este de Neuquén, oeste de La Pampa, centro y este de Río Negro y nordeste de Chubut.

El relieve que ocupa es de llanuras, mesetas y laderas bajas.

Es una región extremadamente árida, de clima templado seco con amplias diferencias de temperatura entre el día y la noche.

La vegetación característica es el monte de jarillas, o jarillal, integrado por tres especies. Además de este arbusto, crecen otros, como la mata negra, la pichana, el tintitaco, la chilladora, la brea y el alpataco.

Vegetación arbustiva del monte.

Existe una gran variedad de armadillos como el piche ciego, el piche llorón, el mataco bola y el piche patagónico. Otros herbívoros son el guanaco, la mara, la vizcacha y dos especies de cuises: el cuis pampeano y el cuis chico. Los predadores de la región son el puma, el gato montés, el gato de los pajonales y el yaguarundí, entre otros.

Las aves están representadas por el chimango, el águila mora, el jote negro, el aguilucho común, el loro barranquero, el carancho, el ñandú, la martineta común o copetona, el inambú chico, la calandria y muchas más.

Hay serpientes como la yarará ñata, la de cascabel y la boa de las vizcacheras.

Loros barranqueros sobre las ramas de un alpataco.

Estepa patagónica

Se extiende desde el centro de la precordillera de Mendoza hacia el sur, ocupa la parte occidental de Neuquén y Río Negro, parte de las provincias de Chubut, Santa Cruz y Tierra del Fuego. El relieve corresponde a la meseta y a la montaña baja. Los suelos son arenosos y pedregosos. El clima es seco y frío, con nevadas y heladas. Del oeste soplan vientos de más de 100 km por hora y provocan sequedad en el ambiente. Llegan del Pacífico cargados de humedad que descargan al chocar con la cordillera, avanzando por la Patagonia como vientos secos y fríos. Las precipitaciones son de 100 mm anuales en el centro, y de 500 mm anuales en el borde occidental de la región.

Guanacos en la estepa patagónica.

La vegetación característica es la estepa arbustiva, con especies como el neneo, la adesmia, la yareta, el quilimbay, el molle, el alpataco, la mata laguna, el calafate y la verbena. Los arbustos tienen hojas pequeñas y enroscadas, con espinas. Los pastos, llamados coirones, crecen en matas bajas y compactas. Entre los coirones encontramos especies de los géneros *Stipa*, *Festuca* y *Poa*.

El peludo tiene su caparazón cubierta con largos pelos.

La fauna más representativa de la estepa patagónica está constituida por el guanaco, el choique, o ñandú petiso, la mara, o liebre patagónica, el piche patagónico y el peludo.

Entre los roedores encontramos el cuis chico, el tuco-tuco, la rata conejo y el pericote de Darwin. Hay también mamíferos predadores como el puma, el zorro colorado, el gato montés, el gato de los pajonales, el zorro gris chico y el zorrino patagónico, cada vez más escasos. Las aves representativas de esta ecorregión son el aguilucho común, el águila mora, el halcón peregrino, la lechucita de las vizcacheras, el chorlo cabezón, la bandurrita pecho manchado, la agachona patagónica y la martineta, entre otras.

Selva de las yungas

También llamada selva "nublada" o selva tucumano-oranense, las yungas comprenden una delgada franja a lo largo de las laderas orientales de las montañas del noroeste del país, en las provincias de Salta, Jujuy, Tucumán y Catamarca. Abarcan las laderas escarpadas y los valles, con alturas que van de los 500 m al este hasta los 2.500 m sobre el nivel del mar al oeste, en el altiplano puneño.

El clima es cálido y húmedo, con una temperatura anual promedio de 20 °C. Las precipitaciones se acentúan notablemente en el verano. Los valores varían entre los 700 y los 2.500 mm anuales. Durante el invierno se producen heladas y nevadas en la cima de las montañas. La condensación del agua durante la temporada fría forma las neblinas características de esta selva "nublada".

Existen diferentes zonas de vegetación según la altura: en la base de las montañas se encuentra la selva pedemontana, en las laderas, la selva montana, más arriba, el bosque montano y en la parte más alta de la montaña, los pastizales de neblina.

Entre los árboles de las yungas se encuentran el palo blanco, el palo amarillo, la tipa, el cebil, el laurel, el lapacho rosado, el lapacho amarillo, el jacarandá y el horco molle. En la zona de bosque montano hay pino del cerro, aliso y queñoa. En la zona de selva abundan lianas, enredaderas y epífitas. En los pastizales predominan las gramíneas.

Selva de las yungas.

La fauna de las yungas está representada por el tapir, el pecarí, el agutí, el lobito de río, la comadreja colorada, el mono caí, el yaguareté, el zorro de monte, el hurón mayor, el coatí, el cuis serrano, la marmosa, el zorro colorado, el murciélago hocicudo y el gato de los pajonales, entre otros. Una gran variedad de aves habita en las yungas, como el guacamayo verde, el chiripepé, el loro alisero y el mirlo de agua, además de numerosas especies de reptiles, anfibios e insectos.

Bosques andino-patagónicos

Los bosques andino-patagónicos, también llamados bosques subantárticos, ocupan una angosta franja, de alrededor de 50 km de ancho, en las laderas cordilleranas del oeste de Neuquén, Río Negro, Chubut y Santa Cruz, y de casi toda Tierra del Fuego.

Bosque caducifolio de lenga y ñire.

El relieve lo forman los cordones montañosos, los glaciares, los campos de hielo y los valles glaciarios. Presenta grandes lagos muy profundos que actúan regulando la temperatura. Algunos suelos están desarrollados sobre ceniza volcánica.

El clima es templado y húmedo en el norte, y frío y húmedo en el sur. Con heladas permanentes y precipitaciones en forma de nieve que aumentan de Este a Oeste, y van de los 700 mm a los 2.500 mm anuales.

La vegetación característica es el bosque templado-frío y húmedo. Dentro de esta ecorregión se pueden diferenciar 4 distritos: pehuén, bosque valdiviano, bosque caducifolio y bosque magallánico.

El distrito del pehuén se desarrolla en el norte y centro de Neuquén. Se caracteriza por los bosques de pehuén o araucaria patagónica *(Araucaria araucana)*.

La selva templada, o bosque valdiviano, se extiende por las zonas más húmedas de la ecorregión con precipitaciones que alcanzan los 4.000 mm anuales. Los árboles más representativos son el coihue, el alerce, el maniú, el ciprés de las guaitecas, el avellano y el tineo, entre otros. Además, hay cañas colihue y gran cantidad de helechos, hongos y líquenes.

El distrito del bosque caducifolio se desarrolla a mayor altura que los otros distritos, en un clima más seco. Las especies características son la lenga y el ñire.

El bosque magallánico ocupa la porción más austral, con bosques perennifolios y caducifolios. Allí se encuentran guindos, lengas, ñires y canelos entre otros. Hay también diversos arbustos y helechos.

Entre la fauna de los bosques andino-patagónicos se destacan: el huemul, el pudú, de sólo 40 cm de altura, el huillín (una especie de nutria), el hurón menor, el zorrino patagónico, el monito del bosque, el murciélago oreja de ratón, el ratón topo, el puma, el zorro colorado, el gato huiña, el pato de los torrentes, el carpintero gigante y el caburé.

Pudú.

Mar Argentino

Abarca las aguas oceánicas que se encuentran sobre la plataforma continental y el espacio marítimo antártico.

Ballena franca.

En la zona marina correspondiente al litoral bonaerense hay numerosas especies de algas, como la lechuga de mar; animales invertebrados, como la almeja amarilla, los mejillones, los cangrejos y los camarones; peces, como la anchoa, la corvina, la merluza, el pejerrey y el lenguado; aves, como las gaviotas y los petreles; mamíferos acuáticos, como la franciscana o delfín del Plata, la tonina y los lobos marinos, y varias especies de tortugas, como la falsa carey.

La zona marina patagónica, además de compartir muchas de las especies con la zona bonaerense, presenta especies representativas propias como las ostras, las vieiras y las centollas, entre los invertebrados; el pingüino, la gaviota austral y los cormoranes, entre las aves; el elefante marino, la ballena franca austral, el delfín oscuro, la tonina overa, entre los mamíferos.

La zona oceánica antártica tiene una fauna marina rica en especies como la ballena jorobada, la ballena de minke, la orca, la foca de Ross, la foca de Weddell, el leopardo marino, la foca cangrejera, el pingüino emperador, el pingüino de barbijo, el pingüino de Adelia, el petrel damero, el cormorán imperial, etcétera.

Islas del Atlántico Sur

Esta ecorregión abarca las islas Malvinas, las islas Georgias del Sur y las islas Sandwich del Sur. El clima es frío y húmedo, con nieves durante casi todo el año. Los suelos están poco desarrollados.

Pingüino de barbijo.

La vegetación dominante es la tundra y la estepa de gramíneas con abundante presencia de musgos y líquenes. En las islas Malvinas crecen pajonales de cortadera, arbustos rastreros y pastizales de gramíneas. En las Georgias del Sur predominan las tundras de musgos y líquenes, y los pastizales de gramíneas.

En cuanto a la fauna, muchas de las especies de esta ecorregión corresponden a la fauna marina patagónica y a la del espacio marino antártico. Las islas del Atlántico Sur constituyen un área de cría de varias especies de aves, como el albatros de ceja negra, y mamíferos, como el elefante marino del sur.

Antártica

Abarca la Península Antártica y las islas ubicadas al sur de los 60° S. El clima es frío con temperaturas medias por debajo de los 0 °C. En invierno las temperaturas alcanzan -23 °C en la zona costera y -68 °C en el interior del continente. Las noches son prolongadas en invierno y los días largos en verano.

Debido a estas condiciones extremas sólo habitan musgos, líquenes, algas, hongos y dos especies de plantas vasculares.

La fauna terrestre está representada por algunas especies de insectos y otros artrópodos. La fauna marina corresponde a la descripta para la zona oceánica antártica en la ecorregión del Mar Argentino.

ACTIVIDADES

Los animales y plantas de las siguientes fotografías figuran con su nombre científico. Averigüen el nombre vulgar de cada uno y las ecorregiones donde habitan.

Luma apiculata

Circus buffoni

Dasyprocta azarae

Nothura maculosa

Passiflora coerulea

Trichocereus pasacana

autoevaluación

Elijan la respuesta correcta

1. **Los siguientes animales son representativos del desierto:**
   a) león, jirafa, cebra. ☐
   b) camello, serpientes, escorpiones. ☐
   c) jaguar, mono, rana. ☐

2. **En el bioma de la pradera:**
   a) predominan las lianas. ☐
   b) predominan los árboles. ☐
   c) predominan las hierbas. ☐

3. **La vegetación del bioma de la sabana es:**
   a) herbácea con pocos árboles. ☐
   b) resistente a la sequía todo el año, como los cactos. ☐
   c) de gran altura, con muchos árboles. ☐

4. **El estrato del dosel es:**
   a) el "techo" de la selva. ☐
   b) el estrato de los árboles que sobrepasan a los otros por su gran altura. ☐
   c) el piso de la selva. ☐

5. **El jaguar o yaguareté habita en la ecorregión:**
   a) de la pampa. ☐
   b) de los bosques andino-patagónicos. ☐
   c) de la selva misionera o paranaense. ☐

6. **La ecorregión del espinal rodea a la ecorregión de:**
   a) los montes de sierras y bolsones. ☐
   b) los altos Andes. ☐
   c) la pampa. ☐

7. **Los bosques de pehuén o araucaria patagónica se encuentran dentro de la ecorregión:**
   a) de los bosques andino-patagónicos. ☐
   b) de las yungas. ☐
   c) de la selva paranaense. ☐

8. **Las matas de coirones crecen en:**
   a) la estepa patagónica. ☐
   b) el Delta e islas del Paraná. ☐
   c) las yungas. ☐

9. **En la ecorregión de los Esteros del Iberá predominan:**
   a) los pajonales de totora y los juncales. ☐
   b) los bosques caducifolios. ☐
   c) los bosques perennifolios. ☐

10. **¿A cuál de las siguientes ecorregiones se la denomina selva nublada?**
   a) selva paranaense. ☐
   b) yungas. ☐
   c) chaco húmedo. ☐

Biodiversidad y áreas protegidas

A gran escala, nuestro planeta puede ser considerado como un gigantesco ecosistema. En él se desarrolla la variedad de formas de vida que son el producto de millones de años de historia evolutiva. La protección de esa diversidad biológica y de los recursos naturales de los que forma parte constituye, en este momento, un interés prioritario para el hombre.

Parque Nacional Los Alerces en la provincia de Chubut.

Pingüino magallánico, adulto con juveniles.

Nido de jaribú *(Jaribu mycteria)* sobre la rama de un árbol.

Biodiversidad

¿Qué es la biodiversidad? ¿Por qué es prioritario protegerla? ¿Qué problemas plantea la sobreexplotación de los recursos naturales?

Éstas son algunas de las preguntas que es necesario plantearse para buscar las respuestas y las soluciones más adecuadas a la problemática del cuidado de la naturaleza.

La **biodiversidad**, o diversidad biológica, se refiere a la variedad de organismos vivos que habitan las comunidades y los ecosistemas del planeta.

La biodiversidad se expresa en tres niveles diferentes: de acuerdo con la variedad de los organismos, **biodiversidad específica**; en relación con los genes de esos organismos, **biodiversidad genética**, y según los ecosistemas que forma, **biodiversidad ecológica**.

El estudio de la biodiversidad brinda al hombre información acerca de los recursos naturales de que dispone. Desde lo biológico, estos estudios le permiten conocer más sobre fuentes de alimentos, medicamentos, materias primas, etc. Desde lo ecológico, las especies de los ecosistemas animales y vegetales intervienen en el mantenimiento del equilibrio climático, de la estructura del suelo, etcétera. Desde lo social, brinda información sobre valores culturales, investigación científica, cualidades estéticas, entre otros aportes.

Las regiones tropicales de selvas y bosques y los arrecifes de coral contienen la mayor diversidad de especies del planeta.

Los tres niveles de análisis de la biodiversidad

- **Biodiversidad genética:** se relaciona con los cambios del material genético (la variabilidad genética) y con los factores que causan estos cambios (mutaciones y recombinaciones). Permite que los individuos con variaciones en su material genético se relacionen de una forma diferente con el medio ambiente, que en última instancia los selecciona. Este proceso es la evolución.
- **Biodiversidad específica:** se refiere al número de especies diferentes que hay en un determinado lugar. Cuando se hacen los análisis por especie, se habla de **fauna** (en el caso de analizar especies animales), **flora** (en el caso de especies de plantas mayores), **biota** (cuando se suman animales y plantas) y **microbiota** (cuando se analizan los microorganismos). Se estima que la cantidad total de especies se acerca a los 1,7 millones, de los cuales por lo menos un millón corresponde al ambiente aeroterrestre (esta desproporción puede deberse al escaso conocimiento del fondo submarino), aunque la cifra final podría trepar a los 100 millones de especies. Los insectos son el phylum de animales con mayor diversidad específica y las Angiospermas, o plantas con flores, lo son del reino de las plantas.
- **Biodiversidad ecológica o ecosistémica:** cuando se asciende a este nivel, no interesa conocer la cantidad de especies sino más bien el número de individuos de cada población natural. Se relaciona con los nichos ecológicos, condiciones y recursos, y con la suma de interacciones que se establecen en el ecosistema.

¿Por qué es importante conocer la biodiversidad?

Se pueden esgrimir múltiples factores para resaltar la importancia del conocimiento de la biodiversidad. En primer lugar, como respuesta a la toma de conciencia sobre la destrucción global del hábitat, pero también por el interés en el avance científico y tecnológico en el terreno del desciframiento del genoma de las especies, el descubrimiento de nuevos nutrientes, fármacos y elementos industriales en especies poco conocidas (por ejemplo, la proteína anticoagulante del cangrejo bayoneta). De hecho, muchos de los medicamentos utilizados proceden directa o indirectamente de fuentes biológicas, algunos cálculos indican que sólo se ha explorado el 1% de las plantas como fuente potencial de fármacos. En el mundo se utilizan alrededor de 120 compuestos químicos que se extraen en forma pura de unas 90 especies, muchos de estos compuestos no pueden ser manufacturados en forma sintética, como ciertas toxinas cardiacoestimulantes. También está presente la especulación sobre la existencia de vida en ambientes extremos de la Tierra o en algunos astros del Sistema Solar.

Cangrejo bayoneta.

*La **biodiversidad** es el resultado a escala planetaria de la **adaptación**, y la adaptación es la consecuencia del proceso evolutivo que se inicia en la **variabilidad genética** de la población y es modulada por la **selección natural**.*

¿Cómo se pierde la biodiversidad?

La pérdida de la biodiversidad puede actuar sobre cualquiera de los tres niveles, pero probablemente la más crítica e irreversible es la que involucra la pérdida de especies, dado que con ellas también se pierden sus genes.

enciclopedia

Mantener la biodiversidad existente es importante desde el punto de vista científico, social, ético, y también desde el punto de vista económico.

Los bienes y servicios esenciales para nuestra vida dependen de la variedad y variabilidad de los genes, las especies y los ecosistemas. Los biomas naturales (bosques, selvas, praderas, etc.) contienen la mayor parte de la biodiversidad, pero hoy en día, los bancos de genes, los jardines botánicos y zoológicos cumplen también un rol como reservas de diversidad biológica.

El uso actual de la biodiversidad como recurso biológico permite que obtengamos alimentos, medicamentos, vestimenta, etc. Pero sólo utilizamos una parte del verdadero potencial que encierra y que aún desconocemos. La información genética de cada especie podría ser utilizada para aumentar la producción de leche, lanas, cultivos o para el desarrollo de medicamentos.

El hombre está tomando conciencia de que el empobrecimiento actual de la biodiversidad es resultado de su propia actividad, y si no comienza a relacionarse de una forma más armoniosa y respetuosa con el medio ambiente, estará poniendo en peligro de extinción a su propia especie.

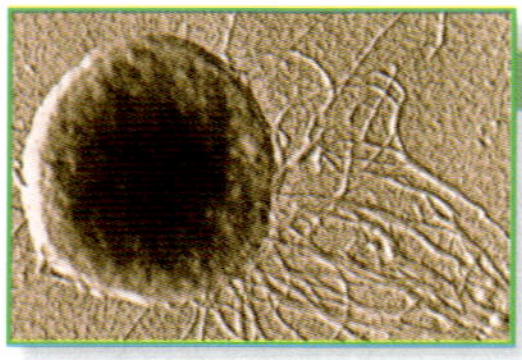

Arquea. Dominio Archaea.

¿Podemos conocer la biodiversidad?

De una forma común, las personas asignan nombres a los diferentes tipos de animales y plantas que habitualmente reconocen y éstos, en general, varían de región en región. En un estudio llevado a cabo en las islas de Indonesia y Nueva Guinea se observó que las tribus aborígenes y los científicos llegaban a un número similar de especies. Para que no exista confusión al nombrar un determinado organismo se utiliza el nombre científico. La taxonomía sistemática es una rama de la biología que se ocupa de la clasificación de los organismos vivos.

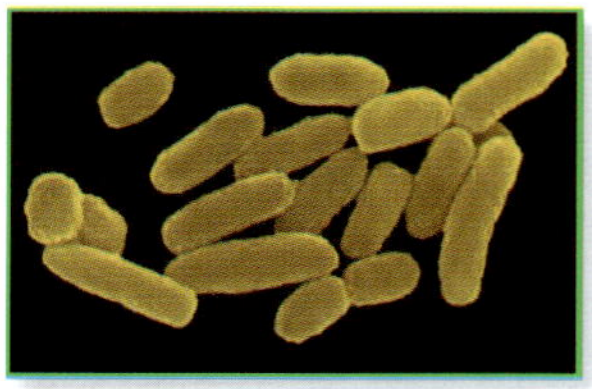

Bacterias. Dominio Eubacteria.

La clasificación de los organismos

Para poder estudiar los millones de especies que existen en nuestro planeta fue necesario agruparlas según características comunes mediante sistemas de clasificación. En un sistema de clasificación se establecen jerarquías o grupos de organismos que representan niveles o categorías más o menos amplios, que van desde el dominio o imperio hasta la especie. En la actualidad, los seres vivos se clasifican en **tres grandes imperios** y **numerosos reinos**. Los imperios son:

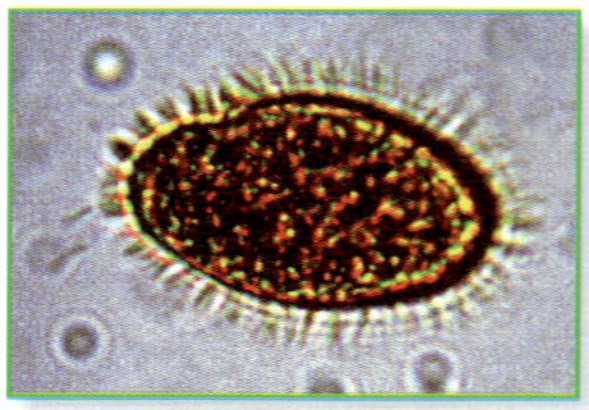

Protozoo ciliado. Pertenece al grupo de los protistas integrado por varios reinos diferentes.

1. Eubacteria (bacterias verdaderas, microorganismos procariotas, sin núcleo celular rodeado de membrana),
2. Archaea (arqueas, un grupo de microorganismos procariotas, con características parecidas a las bacterias, pero no relacionadas directamente con ellas),
3. Eukarya (organismos eucariotas, con verdadero núcleo celular, que incluye los reinos más conocidos de organismos, las Plantae o plantas, los Fungi u hongos, los Animalia o animales y los Protistas o protoctistas, este último un conjunto de varios reinos poco relacionados entre sí, pero que no son plantas, ni hongos ni animales.

Hongo de sombrero. Reino Fungi, dominio Eukarya.

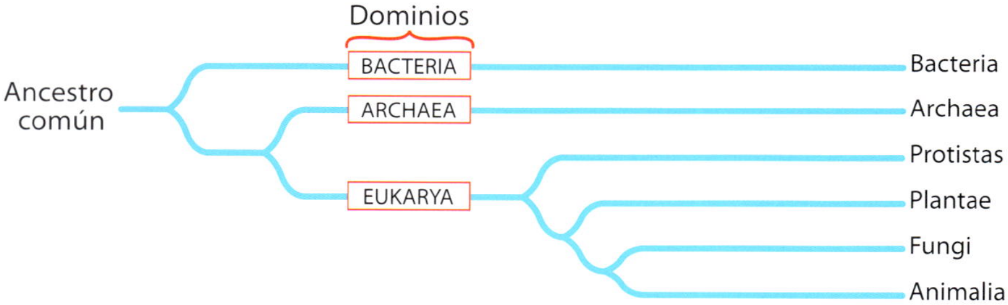

Maitén, árbol de los bosques del Sur. Reino Plantae, dominio Eukarya.

Sapito de las cuevas. Reino Animalia, dominio Eukarya.

Concepto de phylum

El phylum (plural phyla) es la unidad de diferenciación y el plan de organización básico dentro de un reino. Sin embargo, dos o más phyla pueden compartir características comunes con un ancestro común y, por esta razón, se engloban en categorías de grado creciente. Algunos phyla se dividen en subphyla e infraphyla de menor categoría. Pero la categoría central dentro del phylum es la clase, luego le siguen, el orden, la familia, el género y la especie.

Los recursos naturales

Todos los elementos de la naturaleza que el hombre puede obtener y utilizar directamente para satisfacer sus necesidades o como materias primas para hacer funcionar sus industrias se denominan **recursos naturales**.

Uno de los criterios para clasificar los recursos naturales es considerarlos según su posibilidad de recuperación:

Recursos renovables: se renuevan de manera natural, sin la intervención humana. Pero si el hombre los explota indiscriminadamente, en forma ilimitada e irracional, los recursos no llegan a renovarse naturalmente y terminan por agotarse. Por ejemplo, la flora y la fauna.

Recursos no renovables o agotables: una vez utilizados no se renuevan naturalmente. Por ejemplo, el carbón, el petróleo, los yacimientos de minerales, etcétera.

Recursos inagotables: no se agotan con el consumo humano. Por ejemplo, el Sol, que es un recurso que proporciona energía térmica constante, y el viento, que brinda energía eólica.

El loro pecho-vinoso, *Amazona vinaceae*, es una especie en grave peligro de extinción que se encuentra en los bosques de araucarias de la provincia de Misiones.

Bosques y mares: dos fuentes de recursos renovables

Uno de los recursos renovables más importantes lo constituyen los **bosques**. Desde tiempos remotos, el hombre utilizó la madera de los árboles para múltiples usos, construcción de viviendas, muebles y diques; combustible para obtener energía; materia prima para la industria del papel.

Los bosques además son el hábitat de numerosos animales, como aves, ciervos, reptiles, etc. Por lo que constituyen un elemento indispensable para el mantenimiento de la biodiversidad.

Pese a esto, el hombre ha descuidado este recurso deforestando grandes zonas de bosques de todo tipo: templados, tropicales, mediterráneos y ecuatoriales.

En el Amazonas fueron devastadas grandes áreas destinadas a la explotación agropecuaria. Esta deforestación masiva –que ya alcanza los 800.000 km^2– ocasiona alteraciones en el régimen de lluvias aumentando de manera alarmante la temperatura ambiental y sus consecuencias repercuten a escala mundial.

Oncidium bifolium, orquídea autóctona.
El tráfico internacional de especies posee el tercer lugar en importancia económica, luego del tráfico de drogas y de armas.

El **mar** es fuente de recursos, a partir de minerales, rocas, algas, peces e invertebrados. También, la energía de las olas y la de las mareas (mareomotriz) son aprovechadas por el hombre para generar energía eléctrica.

En algunas ciudades de la costa Argentina, el agua de mar es tratada y purificada transformándola en agua potable. Esto ocurre, por ejemplo, en Puerto Pirámides, provincia del Chubut.

La fauna ictícola que habita los mares es abundante y variada. Este importante recurso pesquero ha sido explotado desde siempre por el hombre, quien desarrolló diferentes métodos de captura.

Entre los métodos más importantes se encuentran: las redes de deriva larga (prohibidas por varios países debido a que en ellas quedan atrapados delfines y ballenas), el radar, el sonar, la detección por satélites, los palangres (redes con anzuelos con cebos que se extienden más de 100 km), las redes atuneras, etcétera.

enciclopedia

El convenio CITES

Un factor de amenaza a diversas especies de flora y fauna autóctonas lo constituye el comercio. Otro factor es la recolección en forma masiva de especies vegetales en países pobres, fomentada por coleccionistas y aficionados interesados en ejemplares obtenidos en su ambiente natural. Para proteger aquellas especies silvestres sometidas al comercio internacional, fue creado en 1973, por iniciativa de la Unión Internacional para la Conservación de la Naturaleza (UICN), el **Convenio CITES** firmado por 145 países. Éste regula el comercio, prohibiendo en algunos casos extremos la comercialización de ejemplares de ciertas especies, y en la mayoría de los casos, propone el control y la supervisión del comercio a través de permisos y certificados.

Entrada al Parque Nacional El Palmar, Colón, Entre Ríos.

Entrada a la reserva faunística provincial Isla de los pájaros.

Áreas protegidas

Una de las formas de cuidar la flora y la fauna de un bioma es la creación de áreas protegidas, cuya función es preservar la vida vegetal y animal y también el ambiente. En ellas además se llevan a cabo numerosas investigaciones científicas y tareas educativas.

Según su función, las áreas pueden ser:

- **Parques nacionales.** Son áreas representativas de una región biogeográfica en las que no se permiten los asentamientos humanos ni aquellas actividades que pongan en peligro o que alteren su equilibrio natural. Pueden ser visitadas con fines científicos, educativos o turísticos contemplativos. Están prohibidas, por ejemplo, la pesca comercial y la introducción de especies exóticas.
- **Reservas naturales.** Su principal objetivo es preservar la flora y la fauna autóctonas. Las actividades humanas están permitidas, siempre y cuando no perjudiquen las especies naturales que las habitan.
- **Monumentos naturales.** Son zonas, especies animales o vegetales de importancia significativa debido a su valor científico, histórico o estético. Están permitidas las actividades educativas o recreativas que no las perjudiquen.
- **Reservas naturales estrictas.** Son áreas en las que está prohibido el acceso de personas, salvo con fines científicos o educativos y con la autorización correspondiente. Tampoco se permite el tránsito de vehículos, ni la construcción de obras.

Parques Nacionales

1.	Baritú	Salta
2.	Calilegua	Jujuy
3.	El Rey	Salta
4.	Los Cardones	Salta
5.	Campo de los Alisos	Tucumán
6.	Río Pilcomayo	Formosa
7.	Iguazú	Misiones
8.	Chaco	Chaco
9.	Mburucuyá	Corrientes
10.	El Palmar	Entre Ríos
11.	Pre-Delta	Entre Ríos
12.	Talampaya	La Rioja
13.	Copo	Santiago del Estero
14.	El Leoncito	San Juan
15.	San Guillermo	San Juan
16.	Sierra de las Quijadas	San Luis
17.	Quebrada del Condorito	Córdoba
18.	Lihuel Calel	La Pampa
19.	Laguna Blanca	Neuquén
20.	Lanín	Neuquén
21.	Los Arrayanes	Neuquén
22.	Nahuel Huapi	Neuquén/Río Negro
23.	Lago Puelo	Chubut
24.	Los Alerces	Chubut
25.	Perito Moreno	Santa Cruz
26.	Los Glaciares	Santa Cruz
27.	Monte León	Santa Cruz
28.	Tierra del Fuego	Tierra del Fuego

Reserva Natural

29.	Formosa	Formosa

Reserva Natural Estricta

30.	San Antonio	Misiones
31.	Colonia Benítez	Chaco
32.	Otamendi	Buenos Aires

Monumentos Naturales

33.	Laguna de los Pozuelos	Jujuy
34.	Bosques Petrificados	Santa Cruz
	Ballena Franca Austral	
	Huemul	
	Taruca	
	Yaguareté	

Parques nacionales, reservas y monumentos naturales.

Los parques nacionales

El primer parque nacional fue Yellowstone creado en 1872, en los Estados Unidos. El objetivo era preservar la vida natural de la región, y que además pudiera ser visitada y usada como lugar de esparcimiento.

En la Argentina, el explorador y científico Dr. Francisco P. Moreno (1852-1919) donó parte de su propiedad –7.500 hectáreas de territorio cercano al lago Nahuel Huapi– para que (según sus propias palabras) "pudieran ser conservadas como parque público natural" y deseando que "la fisonomía actual del perímetro que abarca no sea alterada y que no se hagan más obras que aquellas que faciliten las comodidades para la vida del visitante culto". Así se creaba, en 1922, el primer parque nacional llamado Parque Nacional del Sur (actualmente Parque Nacional Nahuel Huapi). Este territorio había sido otorgado por el gobierno a F. P. Moreno en agradecimiento por su labor como perito (persona que tiene conocimiento de un tema) en la resolución de un litigio limítrofe con Chile.

Parque Nacional Nahuel Huapi.

En 1928 se creó el Parque Nacional Iguazú, y en mayo de 1937 se agregaron Los Glaciares, Los Alerces, Lanín y Perito Moreno. Los restantes parques fueron creados mucho tiempo después.

Recién en el año 1970 se sancionó la Ley de Parques Nacionales que designaba diferentes categorías para las zonas protegidas: parques nacionales, monumentos naturales y reservas naturales.

Dos parques únicos en el mundo: Iguazú y Los Glaciares

Parque Nacional Iguazú

Este parque se encuentra en la provincia de Misiones, en el departamento Iguazú. Abarca una superficie de 67.000 hectáreas. El río Iguazú lo separa de Brasil.

Conserva una de las mayores bellezas naturales del mundo: las cataratas del río Iguazú y un área de la selva que las rodea, con sus especies animales y vegetales características.

En el año 1984, este parque y su par brasileño fueron declarados Sitio de Patrimonio Mundial, por las Naciones Unidas.

Cataratas del Iguazú.

La selva alberga una variadísima flora y fauna. Los mismos saltos de las cataratas presentan una vegetación adaptada a la alta humedad y al golpe constante de las aguas.

El curso superior del río Iguazú presenta islas cubiertas de vegetación diferente a la del resto de la selva.

La fauna es celosamente protegida por los guardaparques, con lo cual la caza furtiva dentro del parque casi ha desaparecido.

Para observar los saltos, los visitantes pueden acceder a dos circuitos: el circuito inferior, desde el pie de los saltos, y el circuito superior, desde arriba.

Un gran barranco de 2.700 m de largo converge en un gran arco en forma de herradura llamado Garganta del Diablo. Las aguas en ese lugar tienen una caída de 80 metros creando vapor de agua al caer.

El parque tiene alrededor de 2.000 especies vegetales y alberga más de 400 especies de aves, entre las que se destacan el tucán, y los vencejos de cascada, que vuelan entre los huecos de las columnas de agua y llegan incluso a anidar allí.

En las pasarelas es posible ver coatíes, mariposas, lagartijas y una variedad inmensa de insectos. También hay animales acuáticos como el yacaré overo o de hocico ancho, y el yacaré negro.

En el río inferior se encuentra gran cantidad de peces, como el sábalo, la piraña, el surubí y el pacú.

Parque Nacional Los Glaciares

Parque Nacional Los Glaciares.

Este parque fue incluido en la lista de Patrimonio Mundial de la UNESCO, en el año 1981.

Se encuentra en la provincia de Santa Cruz, en el departamento Lago Argentino.

Este parque fue creado con el objetivo de proteger el hielo continental, los trece grandes glaciares que contiene, así como también parte de la región de la estepa patagónica y del bosque subantártico.

El hielo continental es un manto de hielos y nieves eternas que cubren la cordillera austral a lo largo de 350 kilómetros. Los ríos helados descienden hacia el lago Viedma.

Las 600.000 hectáreas del parque albergan imponentes glaciares que son visitados por miles de turistas de todo el mundo.

Sobre las aguas del brazo Rico se extiende el glaciar Perito Moreno, con un frente de bloques de 60 metros de altura y 5 kilómetros de largo.

Como resultado del deshielo se origina el Lago Argentino, uno de los principales del parque denominado así por el perito Moreno en honor a la bandera nacional, y el lago Viedma, ambos vierten sus aguas en el océano Atlántico cruzando toda la provincia de Santa Cruz.

El glaciar en ocasiones ha superado el Canal de los Témpanos, llegando a tocar la costa opuesta al valle del glaciar. Es entonces cuando forma un dique de hielo que obstruye el normal drenaje de las aguas del brazo Rico hacia el Lago Argentino y produce un embalse.

Cuando las aguas del Rico se elevan, ejercen una gran presión sobre el glaciar, las paredes de hielo se resquebrajan y caen (un proceso natural que dura aproximadamente tres días), provocando un impresionante estruendo y derrumbe, cuyo hielo cae al llamado Canal de los Témpanos.

Los guardaparques

La primera escuela de guardaparques fue creada en el año 1967 en la isla Victoria del lago Nahuel Huapi. En 1995 esta escuela fue trasladada a la provincia de Tucumán, dependiendo de la universidad de esa provincia.

Las **tareas de un guardaparques** son diversas y todas apuntan a la preservación del ambiente, el cuidado de la flora y de la fauna y la colaboración con la investigación y el turismo. Debido a la multiplicidad de tareas que debe realizar un guardaparques y a los conocimientos que debe tener para poder llevarlas a cabo, fue necesario darle el carácter de carrera universitaria.

Los guardaparques tienen autoridad de policía ya que deben controlar y vigilar las zonas, haciendo respetar las normas que las rigen. Frecuentemente deben enfrentarse con cazadores furtivos que ponen en peligro el equilibrio del sistema.

La carrera de guardaparques incluye amplios conocimientos sobre biología, que apuntan a una interpretación adecuada de la naturaleza; nociones prácticas de supervivencia, que permiten sobrevivir en lugares completamente inhóspitos y normas para la prevención de incendios.

Algunos **cuidados** a tener en cuenta **al visitar un parque** son los siguientes:

- no dañar las plantas, ni molestar a los animales,
- no encender fuego,
- no ingresar con perros,
- la caza y la pesca son delitos, así como recolectar insectos,
- no arrojar basura,
- respetar las indicaciones del guardaparques en todo momento.

Especies autóctonas y exóticas

Las especies **autóctonas** son aquellas especies propias de un lugar. Entre ellas y el ambiente se produce un equilibrio adaptativo que puede quebrarse por la acción del hombre.

Cuando las especies no forman parte de la vida natural de un lugar, es decir que no son autóctonas, se las denomina **exóticas** o **foráneas**.

Una especie exótica se vuelve **invasora** cuando su población se propaga sin control y ocasiona desequilibrios ambientales. La introducción de especies exóticas puede producirse por causas intencionales o accidentales.

Causas naturales. La especie exótica es transportada naturalmente desde su hábitat de origen hacia una zona foránea. Tal es el caso de las corrientes marinas o las inundaciones provocadas por el desborde de los ríos, las que pueden transportar aves, reptiles o mamíferos de una zona a otra. Por ejemplo, la garcita bueyera que originalmente habitaba en África fue transportada por las corrientes marinas hacia América.

Causas accidentales. Se debe a pérdidas o fugas accidentales de animales foráneos que se integran al nuevo ambiente, se reproducen y, generalmente, como no tienen predadores naturales, aumentan su número en forma geométrica. Es el caso, por ejemplo, de las ratas negras introducidas por navíos europeos.

Causas estéticas, turísticas, deportivas, culturales. Se introducen especies exóticas para fomentar la caza, la pesca, el turismo, el deporte, etcétera. Estos animales se liberan deliberadamente en zonas principalmente turísticas. Se piensa que un lugar natural puede ser embellecido introduciendo, por ejemplo, plantas con flores extrañas o bien liberando animales que puedan ser cazados.

Causas económicas. Para disponer de nuevos recursos, algunas especies son introducidas en un ambiente en el que se reproducen para luego ser utilizadas en las industrias textil, alimentaria, del cuero, etcétera. Es el caso, por ejemplo, de los castores canadienses liberados en el sur.

Alteraciones en el ambiente

Las invasiones de animales y plantas provocan alteraciones ambientales tanto ecológicas como económicas.

En nuestro país hay numerosos ejemplos de especies invasoras que alteran el ambiente natural. Por ejemplo, en el Parque Nacional El Palmar, ubicado en la provincia de Entre Ríos, fueron introducidas dos especies exóticas provenientes de Europa, que causaron graves alteraciones al equilibrio del ecosistema natural. Nos referimos al jabalí europeo y al paraíso. El jabalí, al hociquear escarbando la tierra, elimina el pastizal y las plantas autóctonas.

Entre las **alteraciones ecológicas** más importantes podemos mencionar:

- el empobrecimiento de la biodiversidad del medio natural. La especie invasora se vuelve dominante ya que carece prácticamente de predadores naturales y compite por el alimento con las especies autóctonas, generalmente con ventaja. Con el paso del tiempo, estas últimas comienzan a desaparecer y sólo sobreviven las especies invasoras;
- la introducción de enfermedades que aniquilan las especies autóctonas;
- la alteración genética producida por la cruza de diferentes especies que a veces dan como resultado individuos híbridos;
- la competencia desmedida por el alimento, el refugio, el territorio, etc., que provocan el desplazamiento y la exclusión de las especies autóctonas.

Las **alteraciones económicas** constituyen daños a infraestructuras humanas, a cultivos y animales.

enciclopedia

Invasiones biológicas

Ciervo colorado
Origen: Europa.
Invadió el oeste de la Patagonia.
Se alimenta del roble pellín. Compite por el alimento con los ciervos autóctonos.
Perjudica especialmente al ciervo huemul (especie autóctona en peligro de extinción).

Alga *Undaria*
Origen: Asia.
Se cree que se introdujo adherida a los cascos de los barcos amarrados en el muelle de Puerto Madryn y de ahí comenzó a dispersarse. Crece con gran rapidez y forma bosques submarinos que impiden la llegada de la luz a las comunidades marinas autóctonas.

Flora y fauna en peligro de extinción

Loro hablador. Especie amenazada por la destrucción de su hábitat y la venta ilegal.

Las actividades humanas ocasionan cambios en el ambiente. Algunos de esos cambios resultan beneficiosos como, por ejemplo, la reforestación de zonas despobladas de árboles; mientras que otras actividades ponen en peligro la flora y la fauna del ecosistema, por ejemplo, la tala indiscriminada, la contaminación ambiental ocasionada por la actividad industrial, etcétera.

Entre las múltiples causas que han puesto en peligro la supervivencia de muchas especies animales y vegetales, la actividad irracional y descuidada del ser humano sobre la naturaleza ocupa un papel determinante.

Según su estado de conservación, se pueden clasificar en:

- **Especie rara.** Es escasa y muy sensible a la acción humana. Tiende a disminuir rápidamente.
- **Especie amenazada.** Está en peligro de desaparecer a mediano plazo.
- **Especie en peligro de extinción.** Si no se modifican las causas que la ponen en peligro, su supervivencia es poco probable.
- **Especie extinta.** Aquella que ha desaparecido a causa de la actividad humana.
- **Especie vulnerable.** No está en peligro de extinción pero puede llegar a estarlo si no se modifican las causas que la ponen en peligro.
- **Especie en situación indeterminada.** Debe ser estudiada para poder determinar su estado.
- **Especie no amenazada.** No corre peligro y, por lo tanto, no está en ninguna de las categorías anteriores.

Venado de las pampas. Su situación es altamente comprometida.

Flora amenazada

Dentro de la ecorregión chaqueña crece un árbol característico que se encuentra en peligro de extinción debido a su explotación desmedida. Se trata del **quebracho colorado**, cuya madera dura y pesada fue utilizada durante años para la fabricación de muebles, postes, durmientes de ferrocarriles y hasta para la obtención de taninos empleados en el curtido de cueros. Además, la acción del ganado fue un factor más que influyó en el deterioro de los primitivos bosques de quebracho, de los que sólo queda menos del 20%.

Otra especie que fue diezmada por el hombre es la del **algarrobo** que, junto a las palmeras y los talas, crece en la ecorregión chaqueña.

En la zona de la selva misionera habitan infinidad de plantas. La **palmera silvestre**, codiciada por quienes realizan la extracción furtiva de palmitos, sobrevive casi exclusivamente en este parque. Estas palmeras de 15 o 20 metros de altura terminan en una yema comestible (el palmito) que al ser separada del árbol le produce la muerte.

Fauna amenazada

Numerosas especies autóctonas se encuentran protegidas por la ley. Algunas de ellas son:

▲ **Yaguareté** (*Panthera onca*)
Hábitat: noroeste argentino y Parque Nacional Iguazú. Zona selvática y zona montañosa.
Causa principal de amenaza: cazadores furtivos que comercializan su piel.
Animal autóctono de la nuboselva de Salta y Jujuy, y de la selva misionera. Es el felino más grande de América latina. Se trata de una especie seriamente amenazada que encuentra refugio en el Parque Nacional Iguazú.

▲ **Aguará-guazú**
(*Chrysocyon brachyurus*)
Hábitat: Chaco, Formosa y Corrientes. Zona de pastizales y pajonales.
Causa principal de amenaza: cazadores furtivos que los venden a los zoológicos o comercializan su piel.
Lo caracterizan sus largas patas y la velocidad con la que se desplaza.
Es principalmente carnívoro pero también complementa su dieta con frutos.

▲ **Yacaré overo** (*Caimán latirostris*)
Hábitat: Corrientes, Entre Ríos, Santa Fe, Misiones, Chaco y Formosa. Zona de esteros, arroyos y ríos.
Causa principal de amenaza: caza indiscriminada. Su cuero es utilizado para la confección de zapatos, carteras y demás artículos de marroquinería.
Es carnívoro. Se alimenta de aves, peces, tortugas y pequeños mamíferos.

◀ **Guacamayo rojo**
(*Ara chloroptera*)
Hábitat: En la Argentina, en los bosques de Formosa y Misiones.
Causa principal de amenaza: captura para comercializar como mascota y destrucción del hábitat natural. Su situación es extremadamente crítica, se trata de una especie casi extinguida en la Argentina.

▲ **Oso hormiguero** (*Myrmecophaga tridactyla*)
Hábitat: Formosa y Misiones (Parque Nacional Río Pilcomayo y Parque Nacional Iguazú).
Causa principal de amenaza: cazadores furtivos que lo atrapan para venderlo a zoológicos o como mascota.
Se alimenta exclusivamente de insectos (hormigas y termitas). Con sus poderosas uñas destruye los hormigueros y con su larga lengua obtiene insectos adultos, huevos y larvas.

Ballena franca austral ▶
(*Eubalaena australis*)
Hábitat: mares del sur. Durante la primavera acuden cerca de la Península Valdés.
Causa principal de amenaza: caza indiscriminada con fines económicos.
La ballena franca, actualmente protegida, fue durante años presa fácil de caza. Se comercializaba la carne (de la cual se obtiene aceite), las barbas y hasta parte del esqueleto (utilizado en la fabricación de muebles y adornos).

Pudú (*Pudu pudu*) ▶
Hábitat: bosques andino-patagónicos.
Causa principal de amenaza: introducción de una especie invasora -el ciervo colorado- en la región. Al ser más grande y alto, el ciervo exótico se alimentó de los brotes de los árboles con mayor facilidad que el pudú, dejándolo sin alimento.
Este pequeño ciervo es uno de los mamíferos en peligro que se protege en el Parque Nacional Lanín.

TALLER

Gráficos circulares

¿Qué son?

Una de las formas de organizar los datos recolectados durante una investigación científica es a partir de los gráficos circulares o gráficos de torta. ¿Y en qué consisten?

Los gráficos circulares permiten representar porcentajes mediante sectores. Cada sector del gráfico representa un porcentaje del total de los datos obtenidos.

A simple vista, es posible diferenciar los datos registrados y compararlos.

¿Cómo se construyen?

1. Se organiza la información obtenida en una tabla. Se colocan los totales de cada ítem.
   Veamos el siguiente ejemplo:
   La selva amazónica abarca nueve países.

Distribución geográfica del Amazonas

País	km^2 de selva
Brasil	4.982.965
Perú	955.637
Bolivia	826.702
Colombia	401.974
Otros países	417.143

2. Luego, se obtienen los porcentajes que se quiere representar, por ejemplo:

$$\frac{4.982.965 \times 100}{7.584.421} = 65{,}7$$

País	km^2 de selva	Porcentaje
Brasil	4.982.965	65,7%
Perú	955.637	12,6%
Bolivia	826.702	10,9%
Colombia	401.974	5,3%
Otros países	417.143	5,5%
TOTAL	**7.584.421**	**100%**

3. Se hace el cálculo de las áreas del círculo que va a representar cada porcentaje. El área total del círculo corresponde al 100%, y equivale a un ángulo de 360º. Para calcular el ángulo que corresponde a cada sector circular, se realiza una regla de tres simple. Por ejemplo, para calcular el porcentaje correspondiente a Brasil (65,7%):

100% .... 360°
65,7% x

$$x = \frac{65{,}7\% \times 360°}{100\%} = 236{,}52°$$

Los números obtenidos se aproximan a un número entero. En el ejemplo: 236,52° > 237°

4. Una vez obtenidos los ángulos, con un compás se hace una circunferencia y se marcan los ángulos con la ayuda de un transportador.

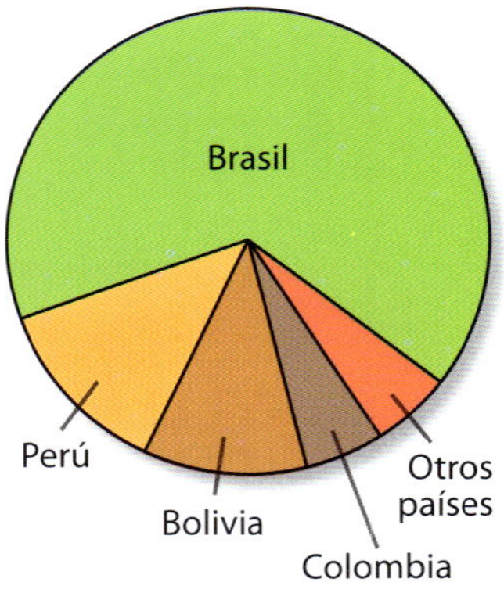

Ahora practiquen ustedes

a) Obtengan los porcentajes con la siguiente información y luego confeccionen un gráfico circular.
   En una hectárea de selva hay:
   2.000 kg de animales
   365.000 kg de vegetales
   279.000 kg de vegetales muertos
   255.000 kg de raíces
   Total: 901.000 kg de masa vegetal y animal

b) Averigüen los porcentajes y confeccionen un gráfico circular.
   En Brasil, se devastó por año la siguiente superficie de selva:
   en el año 1989, 18.000 km^2
   en el año 1990, 14.000 km^2
   en el año 1991, 11.130 km^2
   en el año 1997, 13.227 km^2
   en el año 1998, 16.838 km^2
   Total: 73.195 km^2

ACTIVIDADES

Soluciones para problemas ambientales

Analicen los siguientes problemas actuales, lean las posibles soluciones y elijan algunas de las que les parezcan más adecuadas en cada caso. Propongan otra solución (puede ser nueva o ampliar las que ya están propuestas).

Elaboren las conclusiones en sus carpetas siguiendo el esquema modelo:

Especie en peligro o problema:
Hábitat:
Características:
Solución/es elegida/s:
Nueva solución propuesta:

Problema: castores

En 1946 se introdujeron 50 castores en Tierra del Fuego con fines económicos, se los pensaba explotar en la industria peletera. Actualmente hay 50.000 castores en la isla y están avanzando hacia islas vecinas. De llegar al continente, se extenderían por toda la Patagonia y también hacia Chile.

Los castores levantan diques y hacen que los árboles se pudran, tal es el caso de las lengas. Si llegaran a ocupar los bosques del sur argentino, sería muy difícil erradicarlos y se convertirían en un grave problema.

Diques contruidos por los castores en Tierra del Fuego.

Soluciones

a. Leyes que sancionen a los responsables de las introducciones de animales exóticos.
b. Autorización de criaderos controlados de especies exóticas.
c. Controles biológicos (introducción de otra especie que la desplace).
d. Aplicación de métodos de control que minimicen su impacto ambiental y que permitan sacar rédito económico de su aprovechamiento.

autoevaluación

Elijan la respuesta correcta

1. **Una especie autóctona es:**
   a) la que es introducida.
   b) aquella naturalmente propia de un lugar.
   c) sinónimo de exótica.

2. **Una especie exótica es:**
   a) la especie propia de un lugar.
   b) sinónimo de autóctona.
   c) sinónimo de foránea.

3. **Una especie exótica se vuelve invasora cuando su población:**
   a) se propaga sin control y ocasiona desequilibrios ambientales.
   b) se propaga en forma controlada, pero ocasiona desequilibrios ambientales.
   c) es mantenida en cautiverio.

4. **En los parques nacionales:**
   a) está prohibido el acceso de personas.
   b) se permite el acceso de personas con fines científicos, educativos o turísticos contemplativos.
   c) no se permite el tránsito de vehículos.

5. **Una especie en peligro de extinción es aquella que:**
   a) su supervivencia es poco probable, si no se modifican las causas que la ponen en peligro.
   b) ha desaparecido a causa de la actividad humana.
   c) debe ser estudiada para poder determinar su estado.

6. **Una especie amenazada de nuestro país es:**
   a) el ciervo colorado.
   b) la acacia negra.
   c) el ciervo huemul.

7. **El Parque Nacional El Palmar se encuentra en la provincia de:**
   a) Corrientes.
   b) Entre Ríos.
   c) Buenos Aires.

8. **La Reserva Natural Estricta San Antonio se encuentra en la provincia de:**
   a) Misiones.
   b) San Juan.
   c) Córdoba.

9. **La ballena franca austral es:**
   a) una especie no amenazada.
   b) una reserva nacional estricta.
   c) un monumento natural.

10. **En las áreas protegidas:**
   a) se preserva la vida animal.
   b) se preserva la vida vegetal y animal.
   c) se preserva la vida vegetal, animal y también el ambiente físico.

14 Ciclos biogeoquímicos

La mayor parte del agua de lluvia proviene de la evaporación del agua de los océanos; y posiblemente algunos elementos químicos que ahora forman parte de las plantas de sus jardines hayan pertenecido a algún organismo prehistórico. Y esto es así porque en la biosfera la materia sufre transformaciones y cumple ciclos que se repiten una y otra vez, son los ciclos biogeoquímicos.

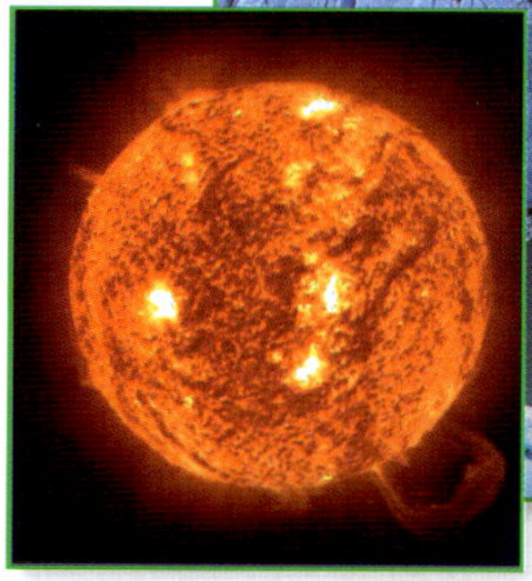

La circulación de materia en nuestro planeta es posible gracias a la radiación que nos llega del Sol.

El agua en la naturaleza se puede encontrar como hielo, como agua líquida y como vapor de agua.

Las plantas incorporan sustancias inorgánicas con las que producen compuestos orgánicos.

La energía radiante del Sol, motor de la circulación de materia

La continuidad de la vida en la Tierra es posible gracias al flujo continuo de energía proveniente del Sol, que es la fuente de energía externa que recibe la Tierra de modo permanente y que impulsa el ciclo de la materia en la biosfera.

La materia se recicla y de este modo su cantidad se mantiene constante. Esta circulación de materia involucra importantes elementos químicos tales como el carbono, el nitrógeno, el oxígeno, el azufre y el fósforo, además de grandes cantidades de agua. *Estos ciclos continuos y cerrados de la materia en la naturaleza en los que se producen transformaciones químicas y físicas se designan* ***ciclos biogeoquímicos***. Tienen lugar en la atmósfera, en la corteza de la Tierra y en la hidrosfera; participan en ellos los organismos productores, consumidores y descomponedores. Cada elemento pasa por "compartimientos" distintos durante su ciclo, todos los ciclos ocurren simultáneamente en la biosfera y están relacionados entre sí.

Una parte de la energía que proviene del Sol es absorbida por los organismos fotosintéticos (productores), junto con otros elementos del suelo, para construir sus materiales. Cuando un animal se alimenta, una parte de su energía se libera al ambiente durante la respiración en forma de calor y el resto es empleado por el organismo para cumplir con sus funciones vitales. Así se transfiere la materia junto con la energía haciendo posible la existencia de vida.

Algunos elementos, como el carbono, el oxígeno y el nitrógeno son gaseosos o forman parte de compuestos gaseosos durante alguna fase de su ciclo. Su depósito más importante está en la atmósfera. Otros, como el fósforo y el azufre, se encuentran, principalmente, formando parte de compuestos sólidos en la corteza terrestre y en los océanos.

Ciclo del agua

El agua es un elemento esencial para la vida, cubre las tres cuartas partes de la superficie del planeta y forma parte aproximadamente del 70 % del cuerpo de los organismos vivos. El mayor porcentaje del agua del planeta, alrededor del 97%, se encuentra en los océanos, mares, lagos y ríos que constituyen los grandes depósitos de agua líquida.

El **ciclo del agua**, o **ciclo hidrológico**, comprende **transformaciones físicas** del agua en la naturaleza, a diferencia de los demás ciclos, como los del carbono, oxígeno, nitrógeno, fósforo y azufre que implican **transformaciones químicas**. El agua en la biosfera pasa por los tres estados de la materia: sólido, líquido y gaseoso (vapor de agua). Tomando en cuenta la cantidad de materia (agua) que se moviliza anualmente, el ciclo hidrológico representa el más importante movimiento de materia en la Tierra.

A pesar de las transformaciones físicas del **ciclo hidrológico**, la cantidad de agua existente en la naturaleza se mantiene constante.

Etapas del ciclo del agua

Entre la superficie del mar y la capa inferior de la atmósfera existe una interacción permanente y un continuo flujo de energía y materia.

La energía solar produce la **evaporación** de grandes masas de agua de las superficies oceánicas. Así, el vapor de agua pasa a la atmósfera y forma **masas de aire húmedo**, las nubes, que son desplazadas por las corrientes de aire a grandes alturas hacia los continentes. El **vapor de agua** que forma las nubes se **condensa** por acción del frío y **precipita** como lluvia, nieve o granizo sobre los continentes y océanos.

Las aguas continentales de los ríos, lagunas, lagos, etc., también se **evaporan** y forman nubes, aunque en general, los continentes reciben mayor cantidad de agua por precipitación que la que pierden por evaporación.

Una pequeña cantidad del agua que cae sobre la Tierra es absorbida por las raíces de las plantas e ingerida por los animales terrestres. En algún momento, el agua utilizada por estos organismos vuelve al ambiente a través de la respiración celular, la transpiración de los seres vivos y la excreción.

La mayor parte del agua precipitada sobre los continentes se pierde por **evapotranspiración** de la cubierta vegetal y por **evaporación** del agua del suelo, de los lagos y ríos. Toda esta humedad se integra nuevamente a la atmósfera.

Parte del agua que cae sobre la tierra forma **corrientes superficiales** dando origen a ríos, arroyos, lagos, etc., mientras que otra parte, el **agua de infiltración**, queda retenida a un metro o dos de la superficie del suelo dando origen a **corrientes de agua subterráneas**.

Tanto las aguas superficiales como las subterráneas se conducen hasta los océanos o mares por acción de la gravedad, estas últimas lo hacen con mayor lentitud que las superficiales.

El ciclo hidrológico comprende el desplazamiento, intercambio y almacenamiento de grandes masas de agua en sus tres estados físicos, sólido (hielo), líquido y gaseoso (vapor de agua).

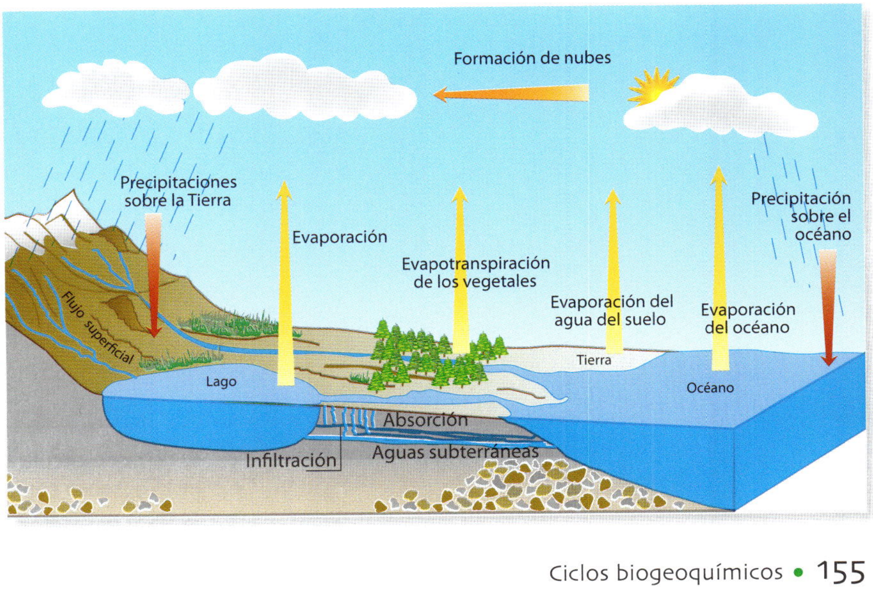

Ciclo del carbono

enciclopedia

En los yacimientos de combustibles fósiles se hallan grandes cantidades de carbono. Los sedimentos acumulados al final del período carbonífero, formaron las reservas de carbón que conocemos en la actualidad.

Los compuestos orgánicos, o **compuestos del carbono**, se encuentran presentes en todos los organismos, de allí la gran importancia del ciclo del carbono en la biosfera.

El carbono puede formar parte de compuestos sólidos, como los hidratos de carbono, o de compuestos gaseosos, como el dióxido de carbono (CO_2) de la atmósfera.

El dióxido de carbono atmosférico es incorporado mediante fotosíntesis por los organismos **productores** (plantas, algas marinas, etc.). En esta etapa, el carbono se asocia a compuestos orgánicos sólidos, como los azúcares. El carbono pasa más tarde a los animales que se alimentan de plantas, o consumidores primarios, y luego a otros animales que se alimentan de ellos. Las plantas y animales liberan a la atmósfera dióxido de carbono y agua durante la respiración.

Los restos de vegetales y animales muertos son desintegrados por microorganismos **descomponedores** (hongos y bacterias) que devuelven una parte del dióxido de carbono a la atmósfera, mientras el resto permanece debajo de la tierra donde se cumple una etapa mucho más lenta de este mismo ciclo, que da origen a los **combustibles fósiles**, como el carbón, el gas natural y el petróleo. La combustión o quema de los combustibles fósiles aporta, nuevamente, CO_2 a la atmósfera.

El mayor depósito de carbono se encuentra en los fondos oceánicos formando parte de gigantescas masas de **sedimentos marinos**, el segundo depósito en importancia está **debajo de la superficie terrestre**, el resto del carbono se encuentra en los **suelos con materia orgánica en descomposición** y en la **atmósfera**.

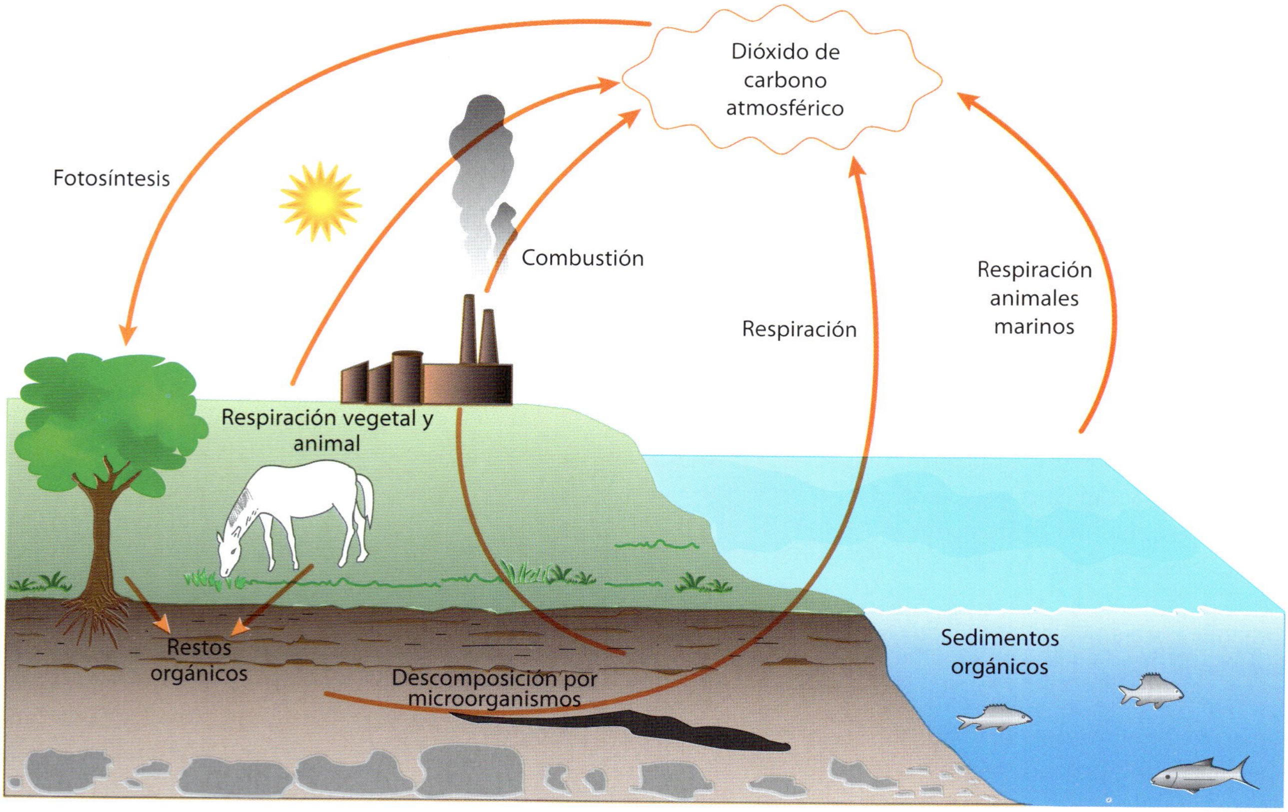

El carbono circula a través de toda la biosfera, tanto en su ciclo gaseoso como en su etapa sedimentaria, formando parte de la materia orgánica y de los minerales.

Ciclo del nitrógeno

El **nitrógeno** es un elemento muy importante que está presente en los aminoácidos de las proteínas y en los nucleótidos de los ácidos nucleicos de los seres vivos. La mayor parte del nitrógeno (78%) se encuentra en la atmósfera en estado gaseoso (N_2).

Sin embargo, la inmensa mayoría de los seres vivos no puede asimilar directamente el nitrógeno gaseoso (N_2), depende de que los **microorganismos fijadores de nitrógeno** cumplan con esta tarea.

Las **bacterias** de vida libre que viven en el suelo y las bacterias del género *Rhizobium*, que viven en relación simbiótica con las raíces de las plantas leguminosas (alfalfa, porotos, soja, etc.), pueden fijar el nitrógeno atmosférico y transformarlo en **amoníaco** (NH_3) mediante el proceso conocido como **fijación del nitrógeno**. Posteriormente, otras **bacterias nitrificantes** transforman el amoníaco en nitritos (NO_2) y nitratos (NO_3) durante el proceso de **nitrificación**.

A través de las raíces, las plantas toman los nitratos del suelo junto con el agua y lo utilizan para fabricar materia orgánica.

Las plantas son ingeridas por los animales. Junto con las plantas, los animales incorporan el nitrógeno que posteriormente transfieren a otros consumidores. Los desechos eliminados por los animales y la descomposición de la materia orgánica devuelven el nitrógeno al suelo, donde las bacterias y hongos descomponedores reciclan los compuestos nitrogenados, los convierten en amoníaco y luego en sales minerales que las plantas asimilan nuevamente del suelo.

Parte del nitrógeno regresa a la atmósfera en el proceso de **desnitrificación**, en el que intervienen las **bacterias desnitrificantes**, que lo transforman en nitrógeno libre o molecular (N_2).

Los descomponedores son los hongos y bacterias que intervienen en estas **transformaciones químicas** y se encargan de completar el ciclo de la materia.

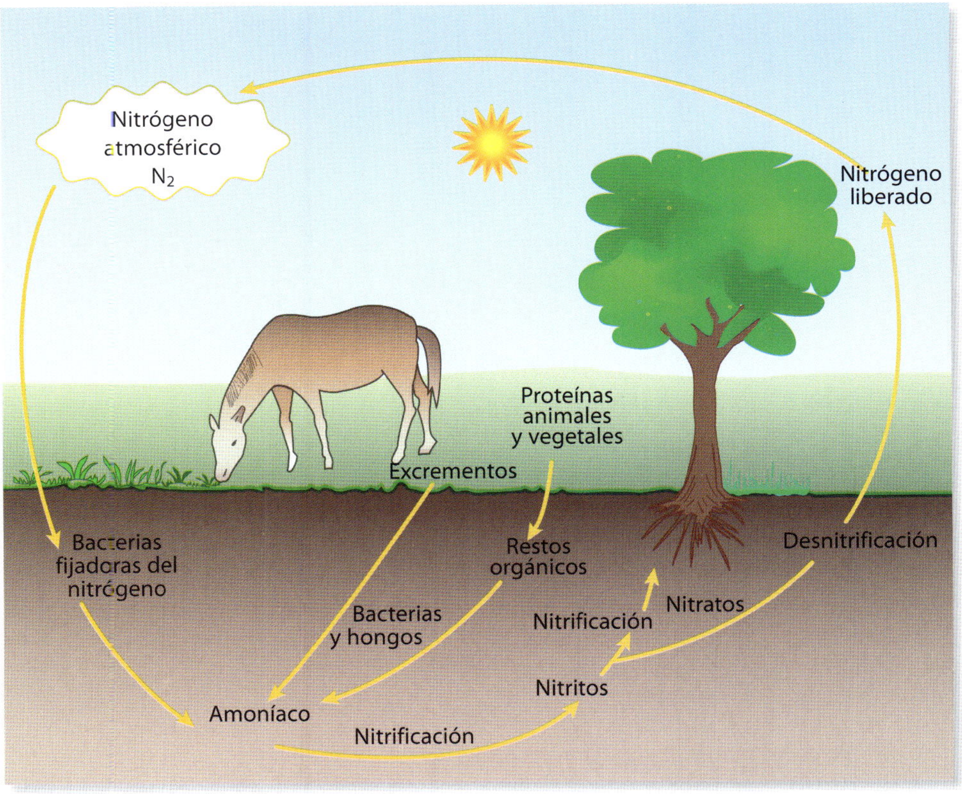

Los cultivos mejoran su rendimiento cuando se emplean fertilizantes que contienen amoníaco.

enciclopedia

El nitrógeno es reciclado principalmente por las bacterias y algas azules del suelo (bacterias fijadoras de nitrógeno, bacterias nitrificantes, etc.), algunas de las cuales viven libres y otras forman nódulos que se asocian a los tejidos de las raíces de ciertas leguminosas, como *Rhizobium*. La bacteria *Rhizobium* provee el nitrógeno que la planta necesita, y ésta a su vez le proporciona los nutrientes que necesita la bacteria. Establecen así una relación simbiótica donde cada especie beneficia a la otra.

Raíz de leguminosa con nódulos con bacterias fijadoras del nitrógeno.

El nitrógeno circula a través de la biosfera gracias a los procesos de fijación del nitrógeno y desnitrificación, en los que intervienen microorganismos del suelo, y mediante los procesos metabólicos de otros seres vivos que lo convierten principalmente en proteínas.

Ciclo del oxígeno

El **oxígeno** circula a través de la biosfera de tres formas diferentes:

- en forma sedimentaria,
- combinado con el carbono y
- en forma gaseosa (O_2).

La mayor reserva de oxígeno libre (O_2) se encuentra en la atmósfera, y la mayor parte proviene de la fotosíntesis que realizan las plantas verdes y las algas.

Otra pequeña reserva de oxígeno gaseoso está disuelto en el agua de mares y océanos. Cada tanto, los volcanes emiten gases, entre los que se encuentra dióxido de carbono (CO_2), agua en forma de vapor y una reducida cantidad de oxígeno que se integra a la atmósfera.

El oxígeno se encuentra, además, combinado con el carbono formando dióxido de carbono atmosférico, por lo tanto, comparte una etapa del ciclo del carbono. También forma parte de los compuestos orgánicos en los seres vivos.

Durante el proceso de respiración los organismos emplean el oxígeno libre del aire (O_2) para obtener energía. Como resultado se libera dióxido de carbono (CO_2), sin embargo, la mayor cantidad de oxígeno gaseoso (O_2) se consume en la actividad industrial que realiza el hombre durante los procesos de quema de combustibles fósiles.

Otros factores que reducen la cantidad de oxígeno atmosférico son los incendios forestales y la destrucción de los bosques y selvas tropicales húmedas, esto además produce una disminución del proceso de fotosíntesis.

enciclopedia

Los organismos que realizan fotosíntesis absorben anualmente un 5% del CO_2 atmosférico y aportan la mayor cantidad de O_2. Por esto es necesario preservar los bosques naturales, hacer explotación forestal racional y planes de reforestación para compensar la pérdida de fotosíntesis en las superficies taladas.

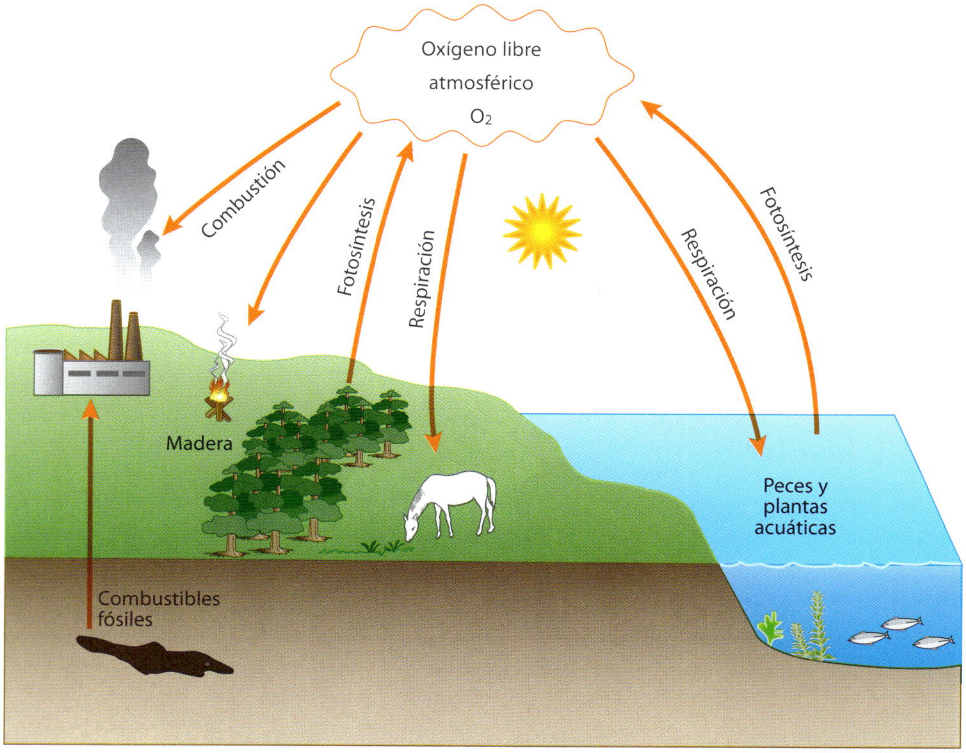

El oxígeno circula a través de la biosfera tanto en su forma gaseosa, que en su mayor parte proviene de la fotosíntesis, como en su forma sedimentaria, ya que es uno de los elementos más abundantes en las rocas y en el suelo.

Ciclo del fósforo

El **fósforo** es un elemento mineral que forma parte de gran variedad de moléculas biológicas, como los ácidos nucleicos y las moléculas portadoras de energía (ATP).

Este elemento no se encuentra en estado gaseoso, circula entre la tierra y sus sedimentos, hacia el océano y nuevamente hacia la tierra.

Las precipitaciones y los ríos erosionan las rocas, que alguna vez formaron parte del fondo marino, desprendiendo y arrastrando el fosfato inorgánico presente en ellas. Una parte de ese fosfato es absorbido por las raíces de las plantas y otra parte regresa al mar. Los animales incorporan el fósforo al alimentarse de las plantas y de otros animales. Cuando los organismos terrestres mueren, los descomponedores degradan sus esqueletos ricos en fósforo y éste vuelve a formar parte del suelo para ser reutilizado por las plantas.

En el agua, el fósforo circula de la misma manera. El fosfato inorgánico es incorporado por los organismos autótrofos (algas y plantas acuáticas). Los animales incorporan el fósforo al alimentarse de estos organismos y de otros animales. Más tarde, los restos orgánicos son descompuestos por microorganismos que liberan el fósforo inorgánico al agua. El depósito más importante de fósforo se encuentra en los **estratos sedimentarios** de los mares y océanos.

Cuando los peces sirven de alimento a las aves marinas, el fósforo se devuelve a la tierra a través de los excrementos ricos en fósforo (guano) que ellas producen y se deposita en grandes cantidades sobre las costas.

Las aves marinas forman grandes colonias sobre las rocas. Allí depositan sus excreciones, el guano, rico en fosfatos.

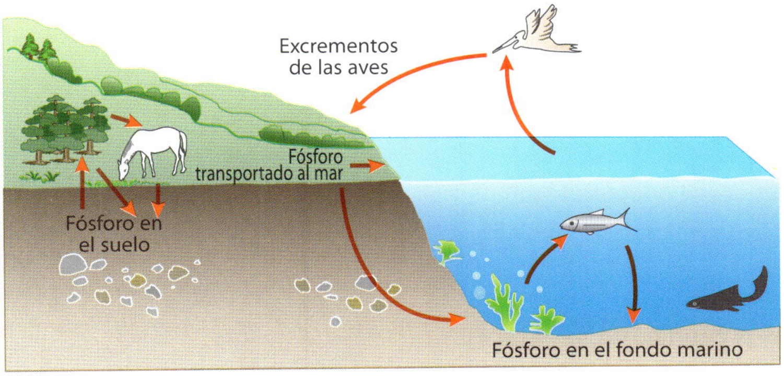

Durante las erupciones, un volcán, además de la lava y de otros componentes sólidos, libera nubes de gases con alto contenido de azufre.

Ciclo del azufre

El **azufre** es un elemento mineral que junto con el nitrógeno, aunque en menor proporción, necesitan los seres vivos para sintetizar algunos aminoácidos que forman las proteínas.

Su ciclo es principalmente sedimentario, y el mayor depósito se encuentra en las rocas sedimentarias, como el yeso, o disuelto en el agua de mar.

Por acción de las bacterias, el azufre del suelo se convierte en sulfatos, y de esta forma es captado por las raíces de las plantas para sintetizar sus aminoácidos, luego se incorpora a los animales junto con el alimento, a través de plantas u otros animales.

Las fuentes hidrotermales marinas producen gases de azufre. También los gases que emanan las erupciones volcánicas aportan azufre a la atmósfera, pero la mayor parte del óxido de azufre (SO_2) proviene de la actividad industrial y de las centrales de energía que emplean como combustible carbón con alto contenido de azufre.

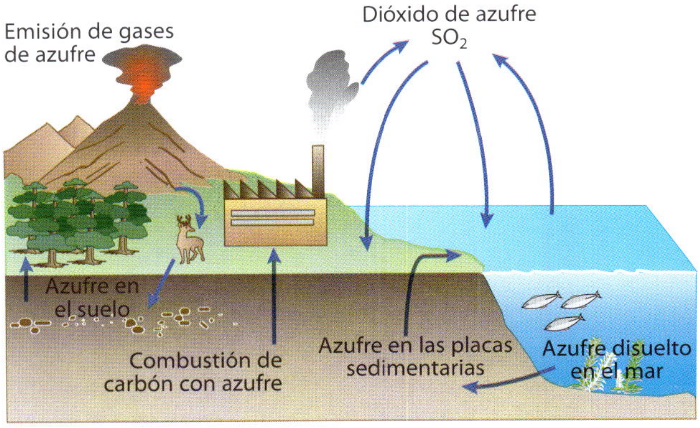

ACTIVIDADES

Ciclos biogeoquímicos

Observen y relacionen cada una de las fotografías con, al menos, uno de los ciclos biogeoquímicos. Expliquen estas relaciones en sus carpetas.

Contesten las preguntas en sus carpetas.

1. ¿Qué elementos se encuentran en estado gaseoso o formando parte de compuestos gaseosos durante una fase de su ciclo?
2. ¿Qué ciclos tienen un componente principalmente sólido?
3. ¿Cómo pasa el agua de los océanos a la atmósfera?
4. ¿Por qué se desplazan las masas de aire húmedo en la atmósfera?
5. ¿Cómo llega a los continentes el agua de la atmósfera?
6. ¿Por qué el agua de las corrientes subterráneas y de los ríos siempre viaja hacia los océanos?
7. ¿Por qué se considera al carbono el elemento constitutivo más importante de los organismos vivos?
8. ¿Cuál es la función de los microorganismos en el ciclo del nitrógeno?
9. ¿Cuáles son las fuentes naturales del azufre?
10. ¿Qué depósito contiene la mayor cantidad de fósforo de la biosfera y cómo se ha formado?
11. ¿De qué manera la combustión acelerada del carbón y el petróleo alteran el ciclo de algunos elementos?
12. ¿Qué organismos compensan, en cierta medida, este proceso y cómo podemos preservarlos?

ACTIVIDADES

Completen la grilla

Una vez que hayan completado la grilla, aparecerá en la columna vertical coloreada el nombre de uno de los ciclos de vital importancia para todos los seres vivos.

Referencias

1. Uno de los organismos descomponedores de la materia orgánica.
2. Proceso de transformación del amoníaco.
3. Ciclos cuyo depósito principal se encuentra en la tierra.
4. Elemento más importante que constituye la materia orgánica.
5. Mayor depósito de agua líquida.
6. Circulación de las sustancias en la biosfera.
7. Reacción del agua al ser calentada por el Sol.
8. Elemento gaseoso liberado durante la fotosíntesis.
9. Ciclos continuos de los elementos en la biosfera.
10. Microorganismos que liberan el nitrógeno a la atmósfera.
11. Elemento cuyo mayor depósito se encuentra en los sedimentos oceánicos.

autoevaluación

Elijan la respuesta correcta

1. En la biosfera:
a) circulan todos los elementos simultáneamente y se relacionan entre sí. ☐
b) circula un elemento, según la región geográfica. ☐
c) circula un elemento a continuación del otro. ☐

2. Los ciclos biogeoquímicos son:
a) todos gaseosos. ☐
b) todos sedimentarios. ☐
c) algunos gaseosos y otros sedimentarios. ☐

3. El factor que desencadena la circulación de la materia en la biosfera es:
a) la energía solar. ☐
b) las precipitaciones. ☐
c) las características del relieve. ☐

4. El principal depósito de agua en la Tierra se encuentra en:
a) las aguas subterráneas. ☐
b) los mares y océanos. ☐
c) los ríos y glaciares. ☐

5. El ciclo hidrológico se completa cuando:
a) las plantas y los animales la consumen. ☐
b) ocurren las precipitaciones. ☐
c) las aguas continentales regresan al mar. ☐

6. El principal depósito de carbono se encuentra:
a) en los yacimientos de petróleo, gas natural y carbón. ☐
b) en la atmósfera. ☐
c) disuelto en el agua de los ríos. ☐

7. Los suelos más fértiles para los cultivos:
a) son ricos en su contenido de nitrógeno. ☐
b) son pobres en nitrógeno. ☐
c) no influye su contenido de nitrógeno. ☐

8. Los organismos fotosintéticos tienen un papel importante en la circulación atmosférica de dos elementos:
a) el agua y el oxígeno. ☐
b) el carbono y el oxígeno. ☐
c) el fósforo y el oxígeno. ☐

9. El fósforo circula entre la tierra y los sedimentos marinos, ¿cómo lo incorporan los seres vivos?:
a) con la respiración. ☐
b) con el agua. ☐
c) con los alimentos. ☐

10. El mayor depósito de azufre se encuentra en:
a) las rocas sedimentarias y el agua de mar. ☐
b) la atmósfera. ☐
c) el agua de mar. ☐

Intercambio de materia y flujo de energía en los ecosistemas

Todos los seres vivos necesitan materia para construir sus cuerpos y energía para llevar a cabo sus actividades. En capítulos anteriores hemos visto cómo los organismos individuales obtienen materia y energía. Ahora tomaremos el ecosistema como unidad de estudio, para analizar las transformaciones que siguen la materia y la energía dentro de la comunidad.

El yaguareté ocupa el nivel más alto en la cadena alimentaria.

Los hongos no realizan fotosíntesis, se alimentan de materia en descomposición.

Los consumidores primarios, como los carpinchos, se alimentan de vegetales.

Las plantas ocupan el primer nivel en la cadena alimentaria, son los organismos productores.

Cadenas alimentarias y redes tróficas

Las relaciones alimentarias vinculan los organismos de un ecosistema y son un buen ejemplo de cómo la materia y la energía se transfieren a través de él. Preguntándonos quién se come a quién, podemos ir conformando una cadena en la que cada eslabón representa o forma parte de un nivel trófico diferente. Una **cadena alimentaria** es, entonces, *una representación simplificada de la interacción que se establece en la naturaleza* sobre el consumo del alimento, en la cual la materia y la energía se transfieren de un organismo a otro. En la naturaleza, las cadenas se entrecruzan formando complejas **redes** o **tramas tróficas**.

Una cadena alimentaria está compuesta por distintos eslabones. Cada uno de ellos recibe un nombre, que depende del rol que cumplen los individuos que lo integran dentro de la cadena. El primer eslabón corresponde a los **productores**, representados en general por vegetales y algas, entre otros. Estos organismos son **autótrofos** (de *auto*, por sí mismo, y *trofo*, relativo a la nutrición o alimentación) porque son capaces de fabricar su propio alimento. A éstos le siguen los **consumidores**, organismos que se alimentan de otros organismos vivos. El siguiente eslabón está representado por los **descomponedores** y **detritívoros**, aquellos que desintegran los restos orgánicos de organismos muertos transformándolos en inorgánicos. Este último eslabón permite reiniciar el ciclo de la materia y la energía, lo que significa que la cadena se cierra sobre sí misma y la materia inorgánica generada es utilizada nuevamente por los productores para producir su alimento.

En la realidad, esta visión resulta simplista si consideramos que algunos organismos de determinado **nivel trófico** de una cadena alimentaria pueden integrar a la vez otras cadenas alimentarias, es decir que un individuo puede servir de alimento a muchos otros, con lo cual estas cadenas comienzan a entrecruzarse conformando **redes** o **tramas tróficas**.

La llamada **ecología trófica** o **bioenergética** centra su estudio en estos flujos de materia y energía entre los distintos niveles tróficos, en la producción por parte de los organismos productores y en la transferencia de materia y energía a los consumidores y entre ellos.

¿Cómo se forman las tramas o redes tróficas?

En los ecosistemas naturales es sumamente difícil encontrar una comunidad organizada como una única cadena alimentaria; en general, como ya hemos dicho, las cadenas están interconectadas. Sólo en ecosistemas cuyas condiciones son muy rigurosas y sus recursos muy escasos, como podrían ser la tundra de las regiones árticas, pueden encontrarse estructuras tróficas donde cada nivel se halla ocupado por unas pocas especies.

Las estructuras más comunes y estables están constituidas por varias cadenas, con múltiples conexiones entre ellas. Cada nivel trófico está compuesto por muchas especies, dado que por lo general una población particular tiene varias alternativas para su alimentación. Por ejemplo, los animales omnívoros pueden consumir vegetales y animales, comportándose de este modo como herbívoros o como carnívoros, lo que hace que en la red trófica estos animales ocupen distintos niveles tróficos.

Red trófica de un ecosistema pampeano.

Analicemos una situación hipotética en la que un componente de la estructura trófica desaparece, por ejemplo, la extinción de la población de inambúes por la presión de la caza sostenida. El zorro y el gavilán de campo que se alimentan de ellos verían disminuidos sus recursos, mientras los insectos y los roedores aumentarían su número por falta de predadores naturales. Como efecto secundario, el aumento del número de roedores podría incrementar las enfermedades sanitarias que estas especies transmiten. En la naturaleza, las redes son aun más complejas e interrelacionadas, por lo que a menudo es muy difícil predecir las consecuencias que podría producir la desaparición de una especie. Un caso extremo sería la desaparición de los vegetales de un área, por ejemplo, a causa de un incendio, ¿qué consecuencias creen que este fenómeno tendría sobre el resto de la trama trófica?

¿Qué pasaría si en el ecosistema hubiese únicamente una cadena alimentaria? ¿Qué ocurre, en cambio, al haber una red de cadenas? En este caso, los animales que comían perdices podrán seguir alimentándose de otras presas, por lo que el ecosistema será más estable o más resistente a posibles cambios.

Los integrantes de las redes

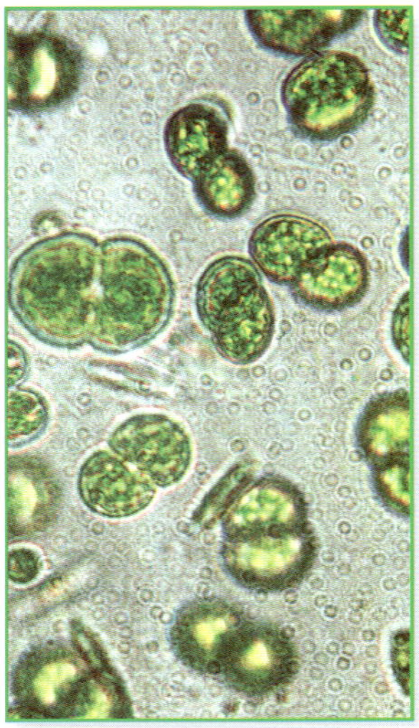

Algas verdes microscópicas.

El modo en que los organismos de un ecosistema establecen sus relaciones alimentarias conforma la **estructura trófica del ecosistema**, la cual constituye el parámetro más difundido en la ecología descriptiva.

La materia disponible en el sustrato físico se encuentra en forma de sustancias inorgánicas como las sales, el agua, el nitrógeno y el dióxido de carbono. La circulación de la materia en el ecosistema comienza cuando es captada por los productores.

Productores

El nivel de los **productores** está integrado por *organismos que tienen la capacidad de transformar las sustancias inorgánicas en orgánicas*, función que dentro del ecosistema son los únicos que la poseen. De ahí su gran importancia, dado que si no existieran, la cadena alimentaria no podría iniciarse. En su mayoría son **vegetales** y **algas fotosintetizadoras** que transforman la energía lumínica en energía química, la que es acumulada en compuestos orgánicos. Los organismos productores son entonces **autótrofos** que transforman las sustancias inorgánicas en alimento orgánico.

Biomasa

La **biomasa** es la *masa seca total de organismos existentes en un área determinada*, sea ésta la superficie de un terreno o del agua. La biomasa puede expresarse en unidades de energía por superficie o por cantidad de materia orgánica seca por superficie. Por ejemplo, la biomasa de un bosque puede ser de 40 kg por m^2 y la de un pastizal de 1 kg por m^2. La mayor cantidad de biomasa de un ecosistema terrestre está representada por las plantas. Las plantas aumentan la biomasa fijando el CO_2 de la atmósfera mediante el proceso de fotosíntesis.

Los campos cultivados se caracterizan por su alta productividad.

Productividad Primaria Bruta (PPB)

Es la tasa con que los organismos autótrofos, o productores primarios, producen biomasa. Es la cantidad de energía convertida en compuestos orgánicos acumulados en los tejidos de las plantas, por unidad de superficie en un tiempo determinado. Se expresa, por ejemplo, como el peso de materia orgánica seca producida por año y por metro cuadrado de superficie. A diferencia de la biomasa, que es el peso seco total de los organismos existentes en un momento dado, la productividad está relacionada con el tiempo. Un bosque puede tener una biomasa muy alta, pero a la vez baja productividad, porque la cantidad de materia producida en un año es poca. En cambio, a pesar de que la biomasa de un campo sembrado con trigo sea menor que la del bosque, la productividad puede ser mayor, debido a que es más alta la cantidad de materia orgánica producida por fotosíntesis en un año.

Productividad Primaria Neta (PPN)

Las plantas no conservan toda la biomasa que producen por fotosíntesis. Una parte se pierde durante la respiración. La productividad primaria neta se obtiene de restar la biomasa perdida durante la respiración a la productividad primaria bruta.

Las vacas son consumidores de primer orden.

Consumidores

Los **consumidores** se alimentan de sustancias orgánicas ya elaboradas por otros organismos, es decir, de sustancias elaboradas por los productores o por otros consumidores y en relación con su régimen alimentario se los conoce como **heterótrofos**. Este nivel trófico incluye una gran variedad de organismos, desde los muy pequeños, como los integrantes del zooplancton, hasta los grandes mamíferos predadores.

Los consumidores pueden ser:

Consumidores primarios o de primer orden

Son organismos **herbívoros** que se alimentan de los productores, como roedores, insectos, algunas especies de aves granívoras (palomas, teros) y los rumiantes (vaca, oveja).

Rana criolla.

Consumidores secundarios o carnívoros de primer orden

Son organismos carnívoros que se alimentan de los consumidores primarios. Por su régimen alimentario se los llama **carnívoros**. Dentro de este grupo encontramos algunos peces, zarigüeyas, culebras, ranas, etcétera.

Consumidores terciarios o carnívoros de segundo orden

Son los que se alimentan de los carnívoros de primer orden, es decir, carnívoros que se alimentan de otros carnívoros, como las aves rapaces y los felinos.

Dentro del grupo de los consumidores secundarios o terciarios podemos encontrar organismos que por consumir tanto vegetales como animales se los considera **omnívoros**.

El águila negra es un ave rapaz característica del nordeste de nuestro país.

Descomponedores y detritívoros

enciclopedia

Muchos organismos detritívoros que se alimentan de madera carecen de las enzimas necesarias para degradar la celulosa, componente principal de la madera. Pueden llevar a cabo esta función porque se asocian a bacterias o protozoos capaces de realizarla y que viven en el interior del sistema digestivo del detritívoro. Esta asociación simbiótica es la que tiene el taladro de la madera y el taladro de mar que causan estragos en las maderas de las casas y en los cascos de madera de los barcos.

Bicho taladro de la madera.

Cuando una planta o un animal muere, los cuerpos son desintegrados por otros organismos, los **descomponedores**, representados por bacterias y hongos, y los **detritívoros**, representados por pequeños gusanos, lombrices de tierra, protozoarios, etc. Estos dos grupos de organismos se diferencian de los consumidores, herbívoros o carnívoros, en que estos últimos, al alimentarse, le causan un daño a sus presas; podemos resumir este daño diciendo que los consumidores afectan la tasa reproductiva de las presas. Por ejemplo, los pumas al capturar y matar a las comadrejas reducen la capacidad de reproducción de la población de comadrejas, las vacas al comer pasto limitan la velocidad de crecimiento de la población de pasto. Contrariamente, los descomponedores y los detritívoros no controlan la tasa a la que sus recursos alimentarios pueden generarse, y dependen de otros procesos para subsistir, tales como la muerte por vejez o por enfermedad, la caída de las hojas, etc. A este tipo de relación alimentaria se la conoce como *donante-controlada*, por existir una presa (donante) que controla la densidad de los predadores, pero no a la inversa.

Las lombrices son animales detritívoros que ayudan a fertilizar la tierra.

La **descomposición** involucra la liberación de energía y la mineralización de nutrientes químicos, es decir, la *conversión de sustancias orgánicas en inorgánicas*. Si los comparamos con la actividad de los productores, podríamos ver que son procesos inversos, uno es el espejo del otro, dado que los productores inmovilizan los nutrientes inorgánicos al incorporarlos a compuestos orgánicos, como hacen las plantas al incorporar a sus organismos el dióxido de carbono del aire y las sales minerales del suelo.

La descomposición puede ser definida como la desintegración gradual de materia orgánica muerta, en la que complejas moléculas ricas en energía son fragmentadas por los organismos descomponedores y detritívoros.

Los descomponedores **degradan** la materia orgánica, por lo que también se los llama desintegradores o transformadores, reingresándola al grupo de los componentes abióticos. Los organismos pertenecientes a este nivel trófico tienen un rol primordial en el ciclo de la materia porque "cierran" las cadenas tróficas en ciclos, posibilitando que la materia orgánica se transforme en inorgánica y pueda ser captada nuevamente por los productores. En este sentido, son los responsables de reciclar la materia reingresándola al ciclo.

Los detritívoros pueden ser clasificados de acuerdo con su tamaño. Los más pequeños son los **microdetritívoros**, dentro de este grupo se encuentran los protozoarios y los rotíferos, luego le siguen los **mesodetritívoros**, entre los que se encuentran pequeños insectos, como los ácaros, y los **megadetritívoros** como las lombrices, caracoles, babosas y milpiés.

Dentro del grupo de los detritívoros se ubica también un grupo de grandes animales vertebrados: los **carroñeros**, organismos que se alimentan de carroña, como los buitres y cuervos. Los carroñeros se diferencian del resto de los detritívoros por su tamaño y porque poseen las mismas enzimas para degradar los alimentos que los animales carnívoros.

Muchos consumidores carnívoros son también carroñeros, es decir, son carroñeros oportunistas.

Carancho alimentándose de carroña.

Por último, recordemos que no sólo los cuerpos de animales y plantas que mueren constituyen la fuente de alimentación de descomponedores y detritívoros. Mucha materia orgánica es aportada continuamente a lo largo del ciclo de vida de los organismos; por ejemplo, las serpientes cambian su piel vieja por una nueva cada ciertos períodos, numerosas larvas al crecer y convertirse en insectos dejan sus exoesqueletos, muchos árboles pierden las hojas en otoño, los animales depositan sus excrementos en la tierra y ¡quién de ustedes no ha visto como sus perros pierden cantidades de pelos! Todas éstas son fuentes de recursos alimentarios para los descomponedores y detritívoros.

Esquema simplificado del ciclo de la materia en un ecosistema

Materia orgánica proveniente de organismos vivos, como animales y plantas.

Materia inorgánica aportada al ambiente por los descomponedores, utilizada por los productores.

Estructura trófica y flujo de materia y energía

Los **compuestos químicos** son vitales para los seres vivos. Los organismos gastan energía para obtenerlos del ambiente donde se desarrollan, los usan por un tiempo y luego los pierden nuevamente. La materia viva está constituida fundamentalmente por **agua** y por **compuestos carbonados**. La energía es acumulada y almacenada en estos últimos y finalmente disipada (liberada) cuando los compuestos carbonados son "fragmentados", produciendo moléculas simples, como la del dióxido de carbono (CO_2).

El carbono ingresa a la estructura trófica de una comunidad cuando una simple molécula de CO_2 es tomada en la fotosíntesis y utilizada para formar azúcares simples y luego moléculas más grandes de azúcares, grasas o proteínas. De este modo, queda disponible para ser consumido por otros seres vivos. Los compuestos carbonados, luego de ser consumidos por algún herbívoro, en gran parte son asimilados, incorporándose de esta forma la materia a un nivel trófico superior. Cuando el organismo que ha incorporado materia requiere energía, vuelve a fragmentar las moléculas carbonadas, parte de la energía es utilizada y parte liberada y disipada en forma de calor. El CO_2 es liberado a la atmósfera (a través de procesos como la respiración), y el vínculo entre energía y carbono finaliza. Es aquí donde los caminos del CO_2 y la energía se separan.

La gran diferencia entre la materia y la energía es que cuando la energía se transforma en calor ya no puede ser utilizada por los organismos vivos, es decir que la energía no se recupera para la cadena alimentaria. El CO_2, en cambio, puede ser utilizado nuevamente por otras plantas o algas productoras, que en la fotosíntesis captan el CO_2 de la atmósfera reingresándolo al ciclo. La materia es reciclada de esta manera a través de la trama trófica de los ecosistemas una y otra vez.

La energía que escapa de la cadena alimentaria, principalmente en forma de **calor**, al pasar de un nivel trófico a otro es mucha. Se calcula que sólo un 10% de la energía perteneciente a un nivel trófico pasa al nivel trófico siguiente. Es decir, de la energía existente en el nivel trófico de los organismos autótrofos sólo un 10% pasa al nivel de los herbívoros cuando éstos se alimentan de las plantas. A su vez, cuando un consumidor de segundo orden o carnívoro de primer orden se alimenta de un herbívoro, retiene sólo un 10% de la energía contenida en la materia del nivel del herbívoro, y cuando un consumidor de tercer orden o carnívoro de segundo orden se alimenta del nivel anterior sólo incorpora el 10% de la energía.

enciclopedia

A diferencia del flujo unidireccional de energía existente en las cadenas tróficas, los nutrientes (calcio, fósforo, carbono, oxígeno, nitrógeno, etc.) describen ciclos. Aquellos incorporados en la productividad primaria neta, por ejemplo, en forma de azúcares, proteínas, grasas, están disponibles para pasar de un nivel a otro, ser reutilizados y volver al medio por acción de los descomponedores que los dejan nuevamente disponibles para los productores en forma de moléculas inorgánicas simples.

Pirámides ecológicas

Las **pirámides ecológicas** son formas de representar gráficamente la **estructura trófica** de una comunidad. Son diagramas en forma de pirámide, en los cuales la base de la pirámide está ocupada por el nivel de los productores, y los sucesivos escalones superiores, por los distintos niveles de consumidores. Por lo tanto, habrá tantas barras horizontales como niveles tróficos existan en la cadena alimentaria en estudio. En términos generales, las pirámides pueden construirse para estudiar la **cantidad de energía**, **biomasa** o **número de individuos** representada en cada nivel trófico.

En el primer caso se calcula la cantidad de energía contenida en cada nivel trófico y, dado que la energía va disminuyendo desde los productores hacia los consumidores terciarios, queda representada en una pirámide.

Pirámide de energía

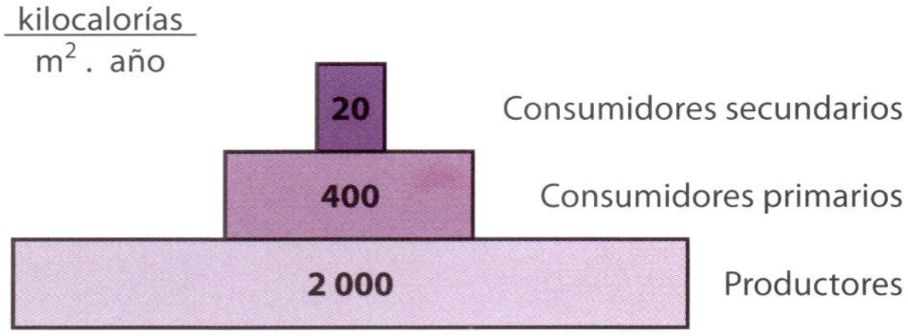

Las **pirámides de energía** se expresan en calorías o kilocalorías por unidad de área y por unidad de tiempo. La energía almacenada en los productores es siempre mayor que la de los consumidores primarios. A su vez, la de éstos es superior a la de los consumidores secundarios, y así sucesivamente. Siempre que la energía se traspasa de un nivel trófico a otro, una gran parte se disipa en forma de calor escapándose de la cadena trófica. Debido a esto, las tramas tróficas no tienen más de cuatro o cinco niveles. La particularidad de este tipo de pirámides es que **no pueden resultar nunca invertidas**, dado que un nivel no puede disponer de mayor cantidad de energía que la recibida del nivel inferior.

Pirámide de biomasa

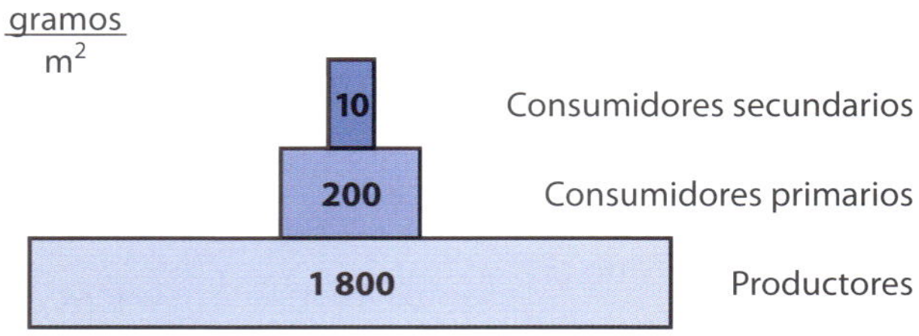

Las **pirámides de biomasa** representan el peso de la materia viva en cada nivel trófico en un área y un momento dados, expresada en peso o en calorías equivalentes a los compuestos orgánicos. Al igual que las pirámides de energía, las pirámides de biomasa, normalmente, se angostan hacia su extremo, dado que se requiere mayor cantidad de materia para sustentar los niveles superiores, los consumidores.

Pirámide de números

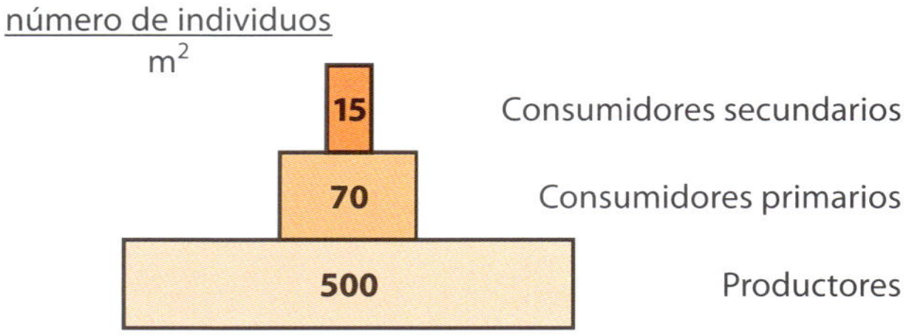

Las **pirámides de números** son las que representan la cantidad (o la densidad) de individuos en cada nivel trófico. En este tipo de pirámides, los pisos inferiores son, en general, más grandes que los superiores, dado que existe un mayor número de organismos productores que sustenta a un número más reducido de organismos consumidores.

En las pirámides de números se presentan excepciones, por ejemplo, cuando se representan interacciones de tipo parasitario. En este caso **la pirámide se invierte**, ya que existe más cantidad de parásitos (de mayor nivel trófico) que de hospedadores, cuyo nivel trófico es inferior.

La energía en los ecosistemas

Las cadenas alimentarias son cortas y, en general, no tienen más de tres o cuatro eslabones o niveles tróficos. Una cadena trófica no puede alargarse demasiado, fundamentalmente por dos causas: la primera, relacionada con el espacio en el que se desarrolla un ecosistema que limita su propio funcionamiento. Veamos un ejemplo, si un herbívoro, como el guanaco, necesita cierta extensión de estepa para vivir, un carnívoro tendrá que poder cazar sobre un territorio aun más amplio, y así sucesivamente, limitando el número neto de eslabones posibles ya que un carnívoro de tercer o cuarto orden necesitaría un espacio enorme para sobrevivir. La segunda, relacionada con la transferencia de energía de un eslabón a otro: de la energía solar que es interceptada por la Tierra, menos de una milésima parte es necesaria para hacer funcionar la biosfera. En cada eslabón sucesivo sólo una pequeña parte es aprovechada, disminuyendo la energía disponible para el siguiente eslabón.

Además de la energía disponible en un nivel trófico determinado, sólo alrededor del 10% es utilizada para generar nueva materia orgánica en el nivel siguiente.

La biomasa de consumidores primarios en los ecosistemas terrestres es, por lo general, mucho menor que la de los productores.

Si esquematizamos esta idea...

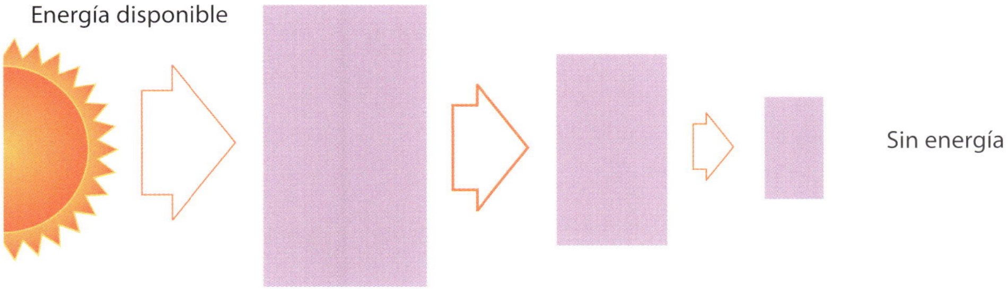

La biomasa en los ecosistemas

En los ecosistemas terrestres, la biomasa de consumidores primarios es mucho menor que la encontrada en el nivel de los productores, tanto que en líneas generales es del orden del medio por mil de la biomasa vegetal total. Esto está vinculado con que en los ecosistemas terrestres los animales consumen directamente una parte pequeña de la producción vegetal. Por ejemplo, los roedores que habitan un campo consumen sólo alrededor del 3% de dicha producción. De la producción de hojarasca, la fauna asociada al suelo consume alrededor de un 25% de la producción. En síntesis, los **ecosistemas terrestres** se caracterizan por presentar una gran caída de consumo a lo largo de sus cadenas tróficas, dando como resultado una relación entre datos que pueden representarse a través de pirámides ecológicas que se afinan hacia los niveles superiores.

En los **ecosistemas acuáticos**, en cambio, la biomasa de consumidores a menudo no es muy inferior a la de los productores. La biomasa de zooplancton y peces planctófagos, que representarían a los consumidores primarios en este tipo de ecosistemas, se aproxima a la de los productores primarios, representados por el fitoplancton. En estos ecosistemas los consumidores primarios llegan a ingerir hasta el 100% del fitoplancton.

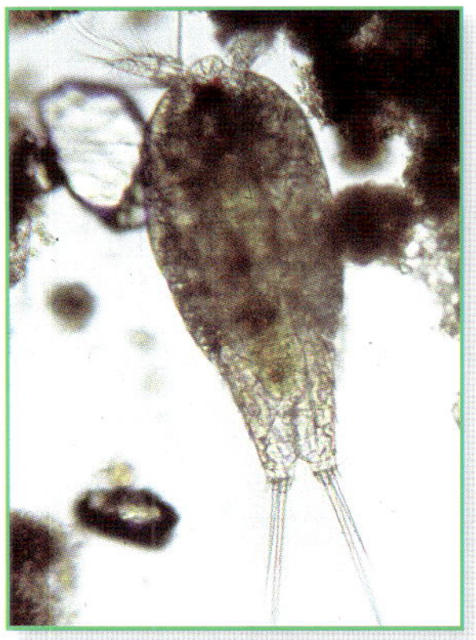

Copépodo marino, consumidor primario integrante del zooplancton.

ACTIVIDADES

Ciclo de la materia y flujo de la energía

Lean el siguiente párrafo y completen las líneas.

Todo ecosistema se puede reducir a una superposición de dos ciclos, un ciclo de materia y uno de energía. El ciclo de la ________ es más o menos cerrado, dado que determinados átomos y moléculas como, por ejemplo, el ________ es captado por los ________ en el proceso de fotosíntesis, y luego pasa a formar parte de otros organismos, los ________ que conforman un nivel ________ superior. Nuevamente, los átomos y moléculas vuelven a quedar en el medio en forma inorgánica, y luego de un tiempo pueden ser tomados por los ________, que los incorporan nuevamente a las redes ________. El ciclo de todo elemento químico realiza un trayecto en el seno de la parte viva del ecosistema, la ________, y otro trayecto en el medio abiótico o ________. El flujo de energía, en cambio, tiene características diferentes, porque la energía no es ________, de modo que se puede hablar de un ciclo ________. La energía solar entra en el ecosistema a través de los ________. La energía circula en forma de compuestos químicos a lo largo de los distintos ________ tróficos, pero a medida que es transferida a los consumidores, sólo una pequeña ________ es utilizada y el resto se________.

La energía que llega hasta el nivel trófico que ocupa el yaguareté sólo es una ínfima parte de la energía disponible en el nivel de los productores.

Análisis de una trama trófica

Observen la trama trófica de un ecosistema lagunar que se presenta debajo y completen el cuadro identificando a qué nivel trófico corresponde cada uno de los organismos que conforman la red.

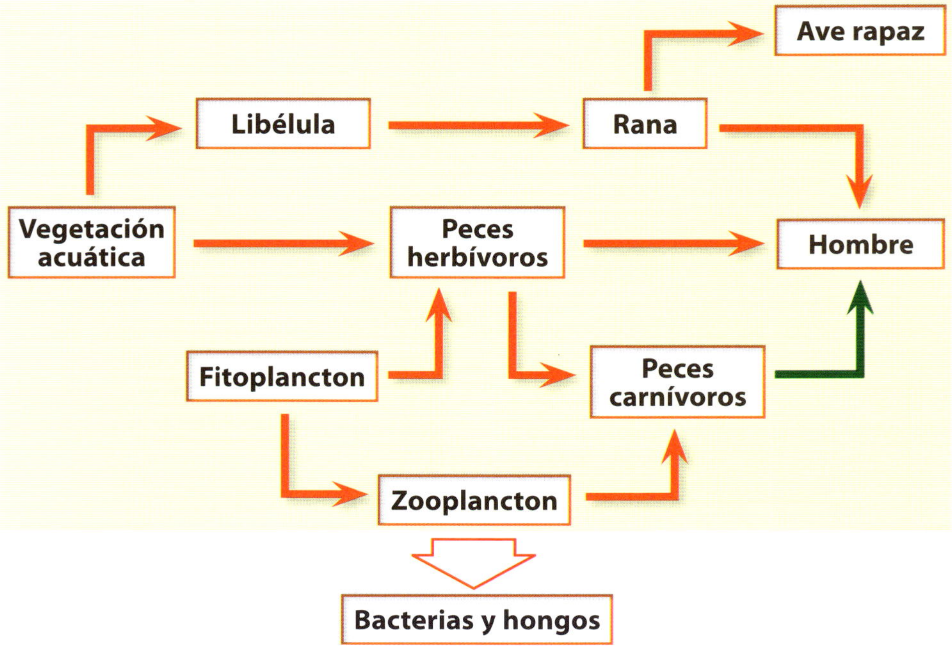

Descomponedores	Productores	Consumidores primarios	Consumidores secundarios	Consumidores terciarios

ACTIVIDADES

Cadenas tróficas de nuestro país

Objetivo:

Identificar distintas cadenas tróficas en diferentes ecorregiones de nuestro país, y reconocer los niveles tróficos.

Procedimiento:

Dividan el curso en cuatro grupos. Tres grupos deberán elegir una ecorregión de nuestro país y el cuarto trabajará con un ecosistema marino. Cada grupo investigará acerca de la fauna y la flora que conforman las distintas ecorregiones, estudiando de qué se alimentan y recabando información que pueda indicar qué niveles tróficos pueden representar.

Cada grupo deberá armar dos cadenas alimentarias y una trama trófica y explicar y describir al resto de la clase la información obtenida, mediante el empleo de afiches, dibujos o fotos.

autoevaluación

Elijan la respuesta correcta

1. **En la naturaleza las cadenas alimentarias:**
   a) se conectan entre sí a nivel de los descomponedores, que captan la materia orgánica muerta y la transforman en inorgánica. ☐
   b) se entrecruzan en distintos niveles tróficos, formando redes o tramas tróficas. ☐
   c) son más o menos complejas en función de los niveles que tiene cada una, pero funcionan independientemente unas de las otras. ☐

2. **Los productores son aquellos organismos que:**
   a) son los únicos con capacidad de transformar energía lumínica en energía química acumulada en compuestos orgánicos. ☐
   b) dependen de otros para sustentarse. ☐
   c) se denominan heterótrofos, por poseer la capacidad de producir su propio alimento. ☐

3. **La biomasa:**
   a) es la cantidad de consumidores primarios que hay en todo el planeta. ☐
   b) es la cantidad de productores que existe en el mar. ☐
   c) es la masa seca total de organismos existentes en un área determinada. ☐

4. **Los consumidores primarios:**
   a) son organismos herbívoros que se alimentan de los productores. ☐
   b) pueden existir sin la necesidad de un productor; primarios se refiere a que pueden ser los primeros en una cadena trófica. ☐
   c) son organismos carnívoros que se alimentan de otros carnívoros. ☐

5. **Las pirámides ecológicas:**
   a) representan la estructura de edades de una población. ☐
   b) son representaciones gráficas que se construyen para estudiar la cantidad de energía o materia representada en cada nivel trófico. ☐
   c) tienen siempre tres escalones, que representan los tres niveles tróficos que existen en un ecosistema: los productores, los consumidores y los descomponedores. ☐

6. **Las pirámides de energía:**
   a) expresan en calorías o kilocalorías por unidad de área y por unidad de tiempo lo que comúnmente se denomina productividad, la energía concentrada en cada nivel trófico. ☐
   b) pueden estar invertidas cuando la energía en el nivel de los productores es mayor a la encontrada en el nivel de los consumidores. ☐
   c) representan la cantidad (o la densidad) de individuos en cada nivel trófico. ☐

7. **Las pirámides ecológicas expresadas por la biomasa:**
   a) representan el peso de la materia viva en cada nivel trófico en un área y un momento dados, expresada en peso o en calorías equivalentes a los compuestos orgánicos. ☐
   b) permitieron confirmar que los ecosistemas terrestres y los acuáticos siempre tienen formas similares, dado que la biomasa de consumidores primarios es igual a la encontrada en el nivel de los productores. ☐
   c) representan el número de organismos vivos en cada nivel trófico. ☐

8. **Los organismos descomponedores:**
   a) llevan dicho nombre por tener la capacidad de descomponer la materia orgánica muerta, reintegrándola al componente biótico. ☐
   b) al alimentarse afectan la tasa de producción de sus presas. ☐
   c) llevan dicho nombre por tener la capacidad de convertir las sustancias inorgánicas en orgánicas. ☐

9. **Las lombrices de tierra son organismos:**
   a) productores. ☐
   b) consumidores secundarios. ☐
   c) detritívoros. ☐

10. **Los organismos carroñeros:**
    a) son los que se alimentan de seres vivos, pero sin causarles grandes daños. ☐
    b) se alimentan únicamente de plantas verdes. ☐
    c) se alimentan de organismos muertos. ☐

Ecosistemas urbanos

Durante el siglo XVII, vivían en ciudades 50 millones de personas; en 1994 esta cifra había aumentado a 1.500 millones y para el 2010 se espera que al menos la mitad de los habitantes del planeta, 3.300 millones, vivan en ellas. Este enorme aumento de la población urbana ha generado un creciente interés acerca del funcionamiento de los ecosistemas urbanos y las consecuencias ambientales que las ciudades generan sobre el resto de los ecosistemas naturales.

Vista de la Ciudad de Buenos Aires.

Calle céntrica en la ciudad de Pergamino.

El surgimiento de las ciudades

Los primeros grupos humanos no vivían en lugares fijos; se trasladaban de un sitio a otro en busca de agua y alimentos, hasta que comenzaron a cultivar la tierra, actividad que les exigía establecerse. Las posibilidades que brindaba la agricultura, la necesidad de intercambiar bienes y de organizar los recursos disponibles, los impulsaron a agruparse. Así surgió la ciudad como un núcleo de población aislado en territorios muy vastos y despoblados.

El aumento acelerado de la población del mundo y el avance industrial de algunos países luego de la Revolución Industrial, en el siglo XIX, trajeron como consecuencia la afluencia de muchos pobladores rurales a las ciudades fabriles y a los grandes centros comerciales, dando comienzo a un gran crecimiento de las ciudades, en muchos casos sin una planificación adecuada. Así, áreas que debieron destinarse a plazas y centros de recreación fueron utilizadas para construir edificios, perdiendo, entre otras cosas, el valor de la vegetación como generadora de oxígeno. Las calles trazadas hoy resultan angostas para la gran cantidad de automotores que transitan a diario, interrumpiendo la circulación del aire y favoreciendo la acumulación de gases.

Nuestro país no es ajeno a esta problemática, existen ya varios núcleos que crecen alrededor de las ciudades más importantes, denominados **conurbanos** o **conglomerados urbanos** como Gran Buenos Aires, Gran Rosario y Gran La Plata.

La ciudad: un ecosistema urbano

A principios de los años 80 comenzaron a imponerse ciertos conceptos erróneos acerca de considerar al mundo dividido en dos: por un lado los humanos y por el otro el resto calificado de "natural". Para comprender un poco más esta discusión, pensemos en un extraterrestre que llegara a nuestro planeta y se propusiera entenderlo. Evidentemente percibiría la enorme diversidad de especies que lo habitan y la singular forma de comportarse de una de ellas, el hombre, que él seguramente ubicaría entre los animales. Lo describiría como una especie capaz de todo tipo de trucos para instalarse en cualquier punto de la Tierra, desde los polos al Ecuador. Pero indiscutiblemente, todas las especies serían parte de la naturaleza. De igual modo, las ciudades serían ecosistemas, con ciertas particularidades y diferencias respecto de otros.

Basural a cielo abierto.

La ciudad constituye un **ecosistema urbano abierto** que requiere energía y materia externa para su funcionamiento, son los "alimentos" del metabolismo urbano. Las ciudades importan gran cantidad de recursos y energía, exportan residuos hacia las áreas vecinas y contaminantes a través de los medios aéreo y acuático, y disipan energía hacia su entorno. En forma similar a otros ecosistemas, el urbano se compone de:

1. **Comunidades de organismos vivos**.
2. Un **medio físico** con el que interacciona transformándolo como consecuencia de su actividad interna.
3. Funcionamiento sobre la base de **intercambios de energía**, **materia** e **información**.

Lo que distingue a los sistemas urbanos de la mayoría de los ecosistemas es la enorme preponderancia de una especie: el hombre, que junto a sus artefactos y sus características sociales, culturales, económicas y políticas conforman relaciones particulares que caracterizan al neoecosistema (nuevo ecosistema) resultante. Otra de las particularidades del ecosistema urbano son los grandes recorridos horizontales de los recursos: agua, alimentos, electricidad y combustibles. Esto implica la explotación de ecosistemas lejanos, con los importantes desequilibrios ambientales que conlleva.

En el ecosistema urbano, los ciclos de información, materia y energía se encuentran fuertemente modificados por la intervención humana que los acelera y acorta. La **materia prima** que ingresa se transforma, se consume, se exporta (como producto) o se desecha, en pocos casos se recicla y en muchos otros se acumula como desperdicios. Para que sean posibles esos movimientos, y para iluminarse, calefaccionarse, ventilarse, la ciudad utiliza una gran cantidad de **energía exosomática** (circula por fuera de los organismos vivos) que "importa" de otros lugares, estableciendo flujos, condicionados a la vez por decisiones tomadas por los ciudadanos que conforman los flujos de información.

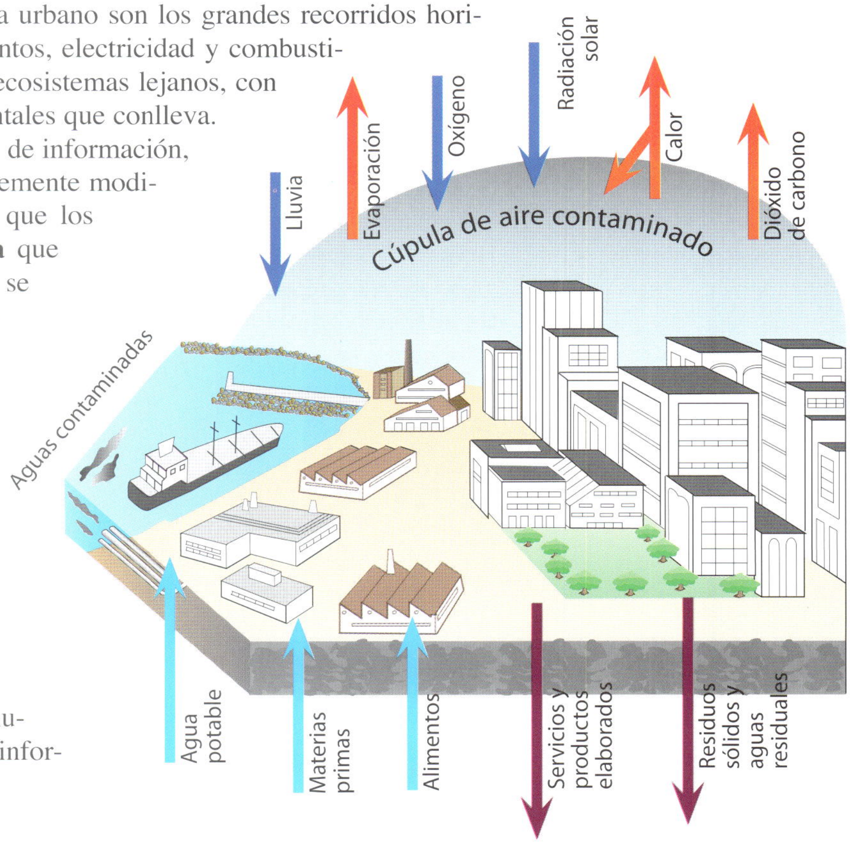

El clima urbano

En los barrios de casas bajas se produce un movimiento del aire mayor que en las ciudades de edificios altos.

El medio urbano supone una profunda alteración de las condiciones físicas y ambientales de un territorio al crear sus propias condiciones ambientales, lumínicas, de paisaje, geomorfológicas, biológicas, etc., con características particulares.

Las ciudades modifican las condiciones climáticas de la región haciéndolas distintas de las del medio natural que las rodea, y creando **microclimas** particulares.

Las **modificaciones del clima** dependen principalmente de:

1. **La localización de la ciudad.** En aquellos sitios en donde el movimiento del aire es persistente y rápido, los efectos de la urbanización se verán minimizados. Contrariamente, en aquellos lugares en donde el movimiento del aire es mínimo o calmo, la modificación del clima será mayor. Por ejemplo, las ciudades localizadas en valles favorecen el estancamiento del aire.
2. **El tamaño de la ciudad.** Se estima que una pequeña población (entre 10.000 y 20.000 habitantes) es suficiente para provocar cambios significativos en la atmósfera circundante.
3. **El diseño y la dinámica de la ciudad.** Los espacios verdes, edificios, forma de las construcciones, color, etc., causan absorciones y reflexiones variadas de la radiación, acumulando calor durante el día y liberándolo por la noche.

La atmósfera urbana

El aire de la ciudad presenta una composición bien diferente de la de los bosques. La característica más distintiva de la atmósfera urbana es la adición de **contaminantes sólidos**, **líquidos** y **gaseosos**, entre los que se encuentran los óxidos de carbono, sulfuros y nitrógeno resultantes de la combustión de combustibles fósiles. Las principales **fuentes de contaminación** son los automotores, los hornos comerciales, las plantas de fuerza motriz y las industrias y refinerías. La presencia visible de dichos contaminantes es la denominada “nube negra”.

La liberación de contaminantes afecta a todos los seres vivos (incluido el hombre, por supuesto) de diversas formas, así como también provoca daños en las construcciones, líneas de alta tensión, etcétera.

Las partículas liberadas a la atmósfera crean un “paraguas” de polución atmosférica sobre las ciudades que modifica la energía solar entrante, dado que dichas partículas esparcen y absorben la radiación. Es por esto que las ciudades con altos niveles de contaminación atmosférica reciben menos luz solar por día que las localidades de sus alrededores. Este fenómeno se relaciona con lo que conocemos como **efecto invernadero**, mediante el cual la atmósfera enrarecida atrapa el calor reflejado por la tierra, aumentando en consecuencia el promedio de la temperatura.

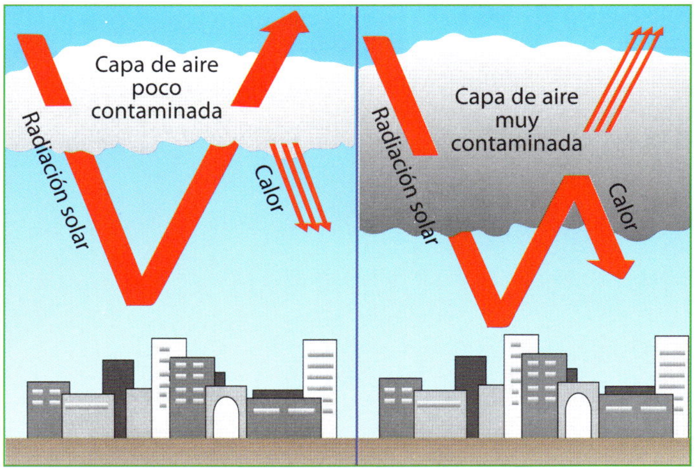

enciclopedia

En la ciudad de Los Angeles, EE.UU., se registró una reducción de la luz solar del 50% en días con alto nivel de contaminación atmosférica.

Las ciudades y el aumento de la temperatura

Después de un día de campo, al regresar a una gran ciudad, muchos habrán podido experimentar una sensación de calor mayor que la que tenían al aire libre.

Dentro de los cambios climáticos urbanos más reconocidos se encuentra la **tendencia hacia altas temperaturas del aire en las ciudades**. Esto se debe al predominio de superficies compuestas de materiales que absorben y almacenan grandes cantidades de radiación solar durante el día y liberan ese calor por la noche.

Los espacios verdes aminoran el aumento de temperatura de las grandes ciudades.

Los materiales con los que se construyen los edificios conducen el calor con una rapidez tres veces mayor que lo que lo haría un suelo esponjoso, como el de un bosque. Esto quiere decir que la piedra, el asfalto, el ladrillo o el cemento son capaces de aceptar más calor en menor tiempo. Los muros, las calles y los techos funcionan como un laberinto de reflectores capaces de absorber toda esa energía o de dirigirla hacia superficies con características absorbentes. A esto se suma que el enfriamiento de la superficie en las ciudades, debido a la escasa evapotranspiración de la vegetación, es muy bajo. Por otra parte, el agua de lluvia no llega a enfriar las superficies ya que es rápidamente eliminada.

La alteración del viento

En comparación con áreas rurales, las ciudades registran **menores velocidades de viento** y mayor frecuencia de días calmos. Esto ocurre porque los edificios altos e incluso la vegetación obstaculizan el flujo del aire. La orientación de las calles es otro factor que también influye en la velocidad del viento. Los barrios residenciales bajos reducen la velocidad del viento en promedio 1,6 km por hora, mientras que los centros comerciales y administrativos, lo hacen en promedio 6,4 km por hora.

enciclopedia

La ciudad crea su propio clima, muy diferente al del terreno circundante. Se comprobó que, a una latitud media, una ciudad ubicada sobre una superficie horizontal recibe en promedio un 15% menos de energía solar que el campo circundante (un 5% menos en verano y un 30% menos en invierno).

Las comunidades biológicas en la trama urbana

El establecimiento de una ciudad puede ser observado como un experimento ecológico en el cual un número de recursos, como edificios, líneas de teléfono, tránsito, plazas, etc., reemplazan a otros naturales.

La desaparición del ambiente original lleva simultáneamente a la desaparición de un gran número de especies. Al mismo tiempo, los ambientes recién creados son colonizados por otros animales de exigencias ecológicas completamente diferentes, con capacidad de utilizar eficientemente los recursos disponibles y sobrevivir. Estas especies que logran adaptarse a la nueva situación, junto con otras especies animales y vegetales introducidas por el hombre, conforman nuevas comunidades urbanas. La estructura y relaciones de las comunidades que allí se establecen tienen características distintivas y particulares. Veamos un ejemplo: en cualquier plaza de nuestras ciudades podemos encontrar especies autóctonas propias del lugar y otras introducidas, de distinto origen, **todas** conviviendo en el nuevo ecosistema urbano.

En las ciudades los ambientes naturales fueron reemplazados por espacios abiertos parquizados (plazas, lugares de recreación). Esta transformación llevó a la reducción de muchas especies y a la aparición de especies con hábitos más flexibles y capaces de explotar situaciones nuevas. Especies exóticas como la paloma doméstica, *Columba livia*, y el gorrión, *Passer domesticus*, son actualmente habitantes conocidos en muchas ciudades de la Argentina.

Ceibo.

El siguiente cuadro muestra algunas especies autóctonas e introducidas que habitan en el ecosistema urbano.

Autóctonas	Introducidas
Benteveo	Gorrión
Paloma torcaza	Paloma doméstica
Calandria	Rata
Chingolo	Eucalipto
Ceibo	Ligustro

Paloma doméstica.

Paloma torcaza.

Ligustro.

Una de las características de las comunidades faunísticas de muchas ciudades es el **aumento de la biomasa de las especies de aves** y la **disminución de la biodiversidad**, es decir, una menor cantidad de especies, pero representadas por un gran número de individuos por especie. Esto básicamente se relaciona con la enorme cantidad de recursos que la ciudad ofrece para unas pocas especies que lo pueden aprovechar.

Analicemos en el cuadro de la derecha un ejemplo hipotético para entender este fenómeno:

	Ambiente natural	Ambiente urbano
N° total de individuos	450	2025
Cantidad de especies de aves	90	45
N° de individuos por especie	5	45

Las islas de vegetación y los corredores verdes

La disposición de la vegetación en las ciudades está determinada por el hombre, la flora urbana poco tiene que ver con la composición original de la flora de la región, predominando las especies ornamentales. Así, el paisaje urbano raramente coincide en sus características con el paisaje original, lo que condiciona a la vez las posibilidades para el desarrollo de algunos animales.

Los espacios verdes, barrios densamente arborizados, terrenos no ocupados por construcciones, etc., forman **islas de vegetación** dentro de la ciudad. En dichos lugares, donde la flora es más rica y abundante, también se encuentra más variedad de recursos que posibilitan el establecimiento de un mayor número de especies animales. La fauna de estos sectores carece de aquellas especies exigentes y de hábitos restringidos, pero es más rica que la que puede encontrarse en áreas con mayor ocupación humana y más densamente construidas. El funcionamiento de estas islas de vegetación está sujeto a la existencia de **corredores verdes**, franjas con abundante flora, que conectan las islas de vegetación entre sí. Es muy importante, al momento de planificar la ciudad, evaluar la distancia entre dichas islas y la presencia de corredores verdes que aseguren su conectividad y funcionalidad.

El agua en los ecosistemas urbanos

En el ecosistema urbano, el agua sigue caminos muy peculiares. La lluvia se desliza rápidamente por superficies impermeables hacia desagües, cloacas y alcantarillas, en lugar de ser utilizada. Esto impide que penetre en el suelo y pase a formar parte del agua subterránea.

El agua que ingresa a las ciudades proviene de ríos, lagos y embalses, y se distribuye a través de una **red** luego de ser **purificada** y **potabilizada**.

En algunos barrios y zonas rurales, la extracción de agua se realiza directamente de la **napa freática**, a la que podemos imaginar como una lámina de agua subterránea en movimiento, a través de perforaciones y el uso de bombas.

Luego de ser utilizada en los hogares e industrias, el agua es transportada a través de una red cloacal hacia los vertederos. Este ciclo compone lo que se denomina **saneamiento básico**, e implica la provisión de **agua potable**, el mantenimiento del **servicio de cloacas** y la **depuración de las aguas residuales**.

enciclopedia

¿Qué es la potabilización del agua?
Es el proceso mediante el cual la calidad del agua extraída de ríos, lagos o napas subterráneas es modificada de modo que pueda ser apta para el consumo.

La potabilización del agua

En la Ciudad de Buenos Aires y en parte de la provincia de Buenos Aires el agua potable proviene del Río de la Plata. El proceso de potabilización comprende las siguientes etapas:

1. **Captación.** Es el proceso mediante el cual se toma el agua del Río de la Plata a partir de tomas ubicadas a 1.200 y 2.400 metros de la costa.
2. **Coagulación.** Consiste en el agregado de sustancias, principalmente sales de aluminio, que se unen a las partículas sólidas del agua, por ejemplo, arcillas, formando un coágulo.
3. **Sedimentación.** El agua pasa a piletas de decantación, donde los coágulos se aglutinan y finalmente decantan, o se depositan en el fondo de las piletas. Este proceso es muy importante, ya que más del 90% de las impurezas del agua queda retenida en las piletas.
4. **Filtración.** El agua decantada se filtra a través de filtros de arena, grava y canto rodado para retener las partículas que no fueron decantadas en los primeros pasos.
5. **Cloración.** Consiste en el agregado de cloro con el fin de eliminar microorganismos y desinfectar el agua.
6. **Alcalinización.** Consiste en el agregado de cal al agua para reducir la acidez que le agregó el coagulante.

Planta potabilizadora de agua.

La distribución del agua potable

Desde las plantas potabilizadoras, el agua es distribuida a través de una red de ríos subterráneos, formada por grandes conductos de hormigón armado, hasta las estaciones elevadoras que la bombean e inyectan a una red de cañerías intermedias. De esta red intermedia nacen otras cañerías de menor diámetro que llevan el agua hasta los consumidores.

Las aguas residuales

El ciclo del agua en el ecosistema urbano se completa cuando los **líquidos cloacales** provenientes del consumo domiciliario y los **líquidos residuales** provenientes de las industrias son **depurados**. De este modo, el agua depurada puede volver a la naturaleza.

El tratamiento de los líquidos residuales se realiza en **plantas depuradoras**. Comprende procesos físicos y químicos que incluyen la filtración, separación de las grasas y decantación, entre otros. Como residuo del tratamiento de los líquidos queda una gran cantidad de lodo que posteriormente es tratado en las plantas procesadoras de lodos.

Los residuos urbanos

Con el crecimiento de las ciudades, la cantidad de materiales residuales generados por el consumo humano crece en forma continua. Este fenómeno se desarrolla principalmente en las ciudades occidentales, donde existe la cultura de usar y tirar, fomentada por la presencia de envases y embalajes de un solo uso. La cantidad promedio de residuos generada por persona en Barcelona, por ejemplo, es de 1,2 kilos de basura, dentro de la cual el 50% en volumen corresponde a envases.

La razón del crecimiento descontrolado de los residuos se explica por el concepto mismo que tenemos de los residuos. Mientras que en los sistemas naturales, los componentes residuales siguen ciclos naturales y retornan al medio, donde son procesados por descomponedores, en los sistemas humanos los ciclos de materia se encuentran en cortocircuito. La desmesurada utilización de materiales genera mayor cantidad de residuos de los que el sistema puede absorber y los deposita, los concentra, en zonas aledañas a las ciudades.

¿Cómo es el camino de los residuos urbanos?

Se denominan residuos sólidos urbanos (RSU) a aquellos generados por actividades domésticas, comerciales, en escuelas o provenientes de la limpieza de calles y de plazas, entre otros.

En líneas generales, los RSU de una ciudad son recolectados y luego suelen seguir distintos caminos:

- **Separados y clasificados**.
- **Reciclados**, como en el caso de las latas, papel o vidrios, reingresando de esta manera al ciclo de la materia como nuevos recursos.
- Destinados a obtener **compost** o **abono orgánico** (únicamente aquellos de origen orgánico).
- **Incinerados**, para generar vapor de calefacción o energía eléctrica.
- Acumulados en **basurales a cielo abierto**.
- Depositados en **rellenos sanitarios**.

El relleno sanitario

El Área Metropolitana de Buenos Aires, habitada por más de 13 millones de personas, concentra el 50% de los RSU que se producen en el territorio nacional. La disposición final de los residuos está a cargo del CEAMSE (Coordinadora Ecológica Área Metropolitana Sociedad del Estado), una sociedad del Estado integrada por el gobierno de la provincia de Buenos Aires y el gobierno de la Ciudad Autónoma de Buenos Aires. En los centros de disposición final del CEAMSE se realiza el **relleno sanitario**. Allí los residuos son triturados, compactados y depositados. Cuando el depósito ha sido rellenado se lo cubre con una capa de tierra.

La ley "basura cero"

Diversos motivos, como la importancia creciente de reutilizar y reciclar la basura, y la necesidad de evitar la contaminación del ambiente han impulsado la implementación de medidas que buscan la recuperación y el reciclado de los residuos sólidos urbanos. En la ciudad de Buenos Aires, la ley 1854/05, conocida como "basura cero", establece un cronograma de reducción de disposición final de los residuos sólidos urbanos (RSU) que prevé la prohibición total de enterramiento de materiales reciclables para el año 2020.

En la actualidad, la mayor parte del reciclado de los residuos sólidos urbanos la realizan los recuperadores urbanos, llamados "cartoneros".

TALLER

Conocimiento del componente biológico del ecosistema urbano

Objetivos: reconocer los distintos componentes biológicos del ecosistema urbano.
Materiales: planillas de campo, lápices, guías de campo.
Procedimiento: elegir un parque o plaza próxima a la escuela.

En el terreno:

- Realicen un esquema (dibujo) del lugar elegido.
- Registren:
  - especies vegetales presentes, número de individuos observados de cada especie.
  - especies animales presentes, número de individuos observados de cada especie.

En el aula:

Sobre la base de los datos obtenidos, investiguen la procedencia u origen geográfico de las especies vegetales y animales encontradas en el terreno.

Completen la planilla de campo, de la derecha:

ESPECIES	Número de individuos	Procedencia
VEGETALES		
Especie 1		
Especie 2		
Especie x		
ANIMALES		
Especie 1		
Especie 2		
Especie x		

Para analizar:

¿Cuál es la proporción de especies nativas e introducidas que conforman el ecosistema del espacio verde estudiado?

¿Cuáles son más abundantes?

Investiguen cuáles son las especies vegetales y animales características de la región pampeana y comparen con los resultados.

autoevaluación

Elijan la respuesta correcta

1. **Las ciudades son sistemas:**
   a) cerrados, que se autoabastecen de materia y energía. ☐
   b) abiertos, que requieren materia y energía. ☐
   c) abiertos que sólo requieren importar energía. ☐

2. **El agua proveniente del Río de la Plata:**
   a) se distribuye directamente para el consumo humano. ☐
   b) es potabilizada antes de ser distribuida. ☐
   c) es potabilizada sólo cuando el nivel de contaminación del río es alto. ☐

3. **En los ecosistemas urbanos se crea un microclima que se caracteriza por tener:**
   a) temperaturas más altas en relación con las áreas rurales. ☐
   b) mayor circulación del aire que las áreas rurales. ☐
   c) temperaturas más bajas en relación con las áreas rurales. ☐

4. **El diseño de las ciudades:**
   a) no afecta directamente las condiciones climáticas. ☐
   b) afecta la circulación del aire, pero no la temperatura. ☐
   c) afecta la circulación del aire y la absorción de calor. ☐

5. **El agua de lluvia que cae sobre la ciudad:**
   a) circula más lento que en otros ecosistemas terrestres. ☐
   b) ingresa fácilmente a la napa de agua subterránea. ☐
   c) circula rápidamente sobre la superficie del suelo. ☐

6. **La sedimentación del agua en el proceso de potabilización tiene la función de:**
   a) filtrar pequeñas partículas de agua. ☐
   b) reducir la acidez del agua. ☐
   c) decantar y separar los coágulos. ☐

7. **Las aguas residuales de la Ciudad de Buenos Aires:**
   a) son volcadas directamente al Río de la Plata. ☐
   b) son tratadas en plantas depuradoras. ☐
   c) son tratadas en plantas potabilizadoras. ☐

8. **Los RSU de la Ciudad de Buenos Aires:**
   a) son depositados en rellenos sanitarios. ☐
   b) son acumulados a cielo abierto. ☐
   c) son incinerados. ☐

9. **Los ecosistemas urbanos:**
   a) albergan una diversidad de especies similar a la que se desarrollaba antes de la creación de la ciudad. ☐
   b) provocan cambios en la cantidad de especies y en el número de individuos por especie. ☐
   c) provocan el aumento de la diversidad de especies. ☐

10. **Los ecosistemas urbanos:**
    a) son independientes de los procesos naturales. ☐
    b) dependen de muchos procesos naturales como los ciclos hidrológicos, del oxígeno, de la energía solar, de la fotosíntesis, etcétera. ☐
    c) no modifican el ambiente natural. ☐

Problemas del crecimiento urbano

Desde siempre, la especie humana ha interactuado con el medio y lo ha modificado. Últimamente estas modificaciones se han acelerado y han adquirido un carácter masivo. El crecimiento de las ciudades y las consecuencias ambientales, que surgen de la alteración de los ciclos de energía, materia e información, se han convertido en un foco de atención en todo el mundo.

El crecimiento de las grandes urbes trae aparejado un aumento del tránsito.

Zona céntrica de la ciudad de Nueva York.

La crisis ambiental y los ecosistemas urbanos

El desmesurado crecimiento de las ciudades en estas últimas décadas, tan veloz como desorganizado, modificó los flujos de materia, energía e información, generando alteraciones que repercuten en todos los puntos del planeta. La producción de bienes y servicios en los ecosistemas urbanos implica la utilización de recursos no renovables y renovables, y produce contaminantes que se dispersan por tierra, agua y aire. La sobreexplotación de los recursos y la diseminación de contaminantes provocan importantes alteraciones en el ambiente.

Según las Naciones Unidas, el deterioro del medio ambiente urbano es responsable de que millones de habitantes de las ciudades de todo el mundo vivan en condiciones que amenazan seriamente su salud, y se expongan cotidianamente a altos niveles de contaminación del aire.

Frente a este problema, el reto de las ciudades es adoptar modelos de **desarrollo urbano sostenible** que permitan conciliar los intereses económicos con el cuidado del ambiente.

La clave del deterioro del medio natural a causa del crecimiento de las grandes ciudades se encuentra en la aceleración de los flujos de materia y energía que ocurren en el ecosistema urbano. En el ambiente natural, en cambio, los flujos de materia y energía ocurren más lentamente.

Las ciudades donde vivimos sufren de "males" que originan problemas ambientales y afectan la salud del hombre, entre ellos, el excesivo consumo que tiene lugar en el ecosistema urbano. Este problema se agrava debido a que poco y nada de lo que se consume se recicla, lo cual genera cada vez más residuos.

Las modificaciones que se producen en el ambiente como producto de una actividad, como la construcción de grandes edificios o el vertido a los ríos de sustancias contaminantes, se denominan **impacto ambiental**.

Sociedades de flujos lineales

Autos compactados vendidos como chatarra.

La mayoría de las ciudades actuales se caracterizan por tener un flujo de materia y energía lineal, es decir, los desechos no se reciclan, son las llamadas **sociedades de flujos lineales**. En ellas los residuos no reingresan al ecosistema, por lo tanto, el aprovechamiento de los recursos naturales es escaso. El **ciclo producción de recursos-consumo-producción de desechos** se realiza sin tener en cuenta que los recursos son agotables y se degradan.

Este mal funcionamiento se ve favorecido porque se paga muy poco por los recursos que se utilizan. Además, los residuos representan desechos que la naturaleza "cobra" muy poco por recibir.

Para que el ecosistema urbano se sostenga por sí mismo, los recursos renovables no pueden utilizarse más rápidamente que su capacidad para generarse, y los niveles de contaminación no pueden ser superiores a la capacidad del sistema para absorberlos. Es decir, el sistema no puede sobrepasar su **capacidad de carga (K)**. El funcionamiento de las ciudades alteró estas relaciones, que afectan la calidad del ambiente y la salud del hombre.

Sociedades de flujos cíclicos

La **sociedad de flujos cíclicos** "sabe" que, como en cualquier ecosistema, los recursos naturales son muy importantes. Considera que los residuos no son simplemente desechos, y que por su alto valor económico y ecológico deben ser reciclados y reingresados al ciclo de la materia. En este tipo de sociedades se reconoce el alto costo de extraer recursos naturales, ya que tarde o temprano se pagan muy caro las políticas de despilfarro e imprevisión.

El funcionamiento de las ciudades a través de flujos lineales las convierte en una de las principales causantes de problemas ecológicos, tanto **locales**, como **regionales** y **globales**, que ejemplificaremos a continuación.

Problemas locales

El transporte urbano

El tránsito en las grandes ciudades produce contaminación atmosférica y acústica.

En las ciudades, el tránsito es la principal fuente de **contaminación atmosférica**; prácticamente el 100% de las concentraciones de monóxido de carbono y plomo y el 60% de los óxidos de nitrógeno, que contribuyen a la formación de las llamadas "lluvias ácidas", se deben al tránsito. El transporte urbano es un importante **consumidor de energía**, representa entre el 25 y el 30% del consumo de energía proveniente del petróleo; además el funcionamiento de los motores es el principal causante de la contaminación acústica en la ciudad.

A estos impactos, se añaden la incesante **ocupación de espacios** destinados a estacionamientos y la **generación de residuos** en forma de chatarra.

Dentro del transporte urbano, el automóvil en particular es el que mayor desventaja presenta, si consideramos los efectos nocivos sobre los seres vivos, el agua, la tierra y el aire.

Problemas regionales

El consumo del suelo

La ciudad se ha convertido en una devoradora del suelo. **El consumo constante y acelerado del suelo** de los alrededores de la ciudad se hace a través de la ocupación y la extracción de materiales destinados a la construcción, como la fabricación de ladrillos, también la expansión de la ciudad ha llevado a la destrucción de espacios agrícolas y naturales. Estos espacios cumplen la función de mantener la diversidad biológica, evitar la erosión, producir oxígeno, regular el CO_2 y compensar los desequilibrios climáticos causados por las grandes ciudades.

El crecimiento de las ciudades provoca la progresiva **impermeabilización** del suelo, lo que altera el ciclo del agua y lleva a la desaparición de suelos agrícolas cercanos, a la vez que promueve un aumento del gasto energético en el transporte.

enciclopedia

El crecimiento del conglomerado urbano de Buenos Aires ha provocado la fragmentación de dos regiones muy importantes, la región pampeana y los bosques ribereños. Estos últimos representan la continuación de la selva paranaense, en la provincia de Misiones, que se extiende por la costa del Río de La Plata conformando bosques en galería a la altura del Delta, y culmina en los bosques de tala, en la Reserva de la Biosfera Parque Costero del Sur, en el partido de Magdalena, provincia de Buenos Aires.

Campos de cultivo, áreas urbanas y autopistas constituyen barreras infranqueables para numerosas especies cuyo hábitat natural ha pasado de ocupar extensas áreas ininterrumpidas a quedar dividido en fragmentos aislados de menor extensión.

Ejemplar de tala en la Reserva de la Biosfera Parque Costero del Sur.

La fragmentación del hábitat

El avance de la ciudad se realiza por sectores, provocando la **fragmentación** y el **aislamiento de los espacios no urbanizados**, que perjudica a muchos ecosistemas y acelera la pérdida de biodiversidad.

La fragmentación del hábitat es el proceso continuo de división de un hábitat en piezas más pequeñas. En los ecosistemas naturales este fenómeno se produce, por ejemplo, a causa de los incendios. Sin embargo, la fragmentación de muchos ecosistemas naturales ha ocurrido como resultado del uso del suelo por parte del hombre. Así como un rompecabezas armado muestra una figura que desaparece al quitar algunas piezas, las propiedades de los ecosistemas se pierden o se degradan al fragmentar el hábitat.

El consumo y la contaminación del agua

El agua es un recurso indispensable para el desarrollo de la vida y menos del 1% del agua disponible en el planeta es la que puede utilizarse para el consumo humano. La facilidad de acceso a este recurso y su costo relativamente bajo han creado la falsa imagen de que es inagotable.

En los ecosistemas urbanos, tres problemas fundamentales ponen en riesgo este recurso:

a) **Uso indiscriminado:** el aumento del consumo de agua por persona acompañado del crecimiento de la población han puesto en peligro la disponibilidad de este recurso para las generaciones futuras.

b) **Alteración del ciclo del agua:** el crecimiento de la ciudades y de las construcciones hechas por el hombre produce alteraciones en el ciclo del agua. Esto crea desequilibrios en su disponibilidad y cambios climáticos que afectan a las comunidades naturales.

El consumo de agua por habitante por día, en los países industrializados, es de alrededor de 300 litros.

c) **Contaminación:** la contaminación del agua se debe a la adición de sustancias químicas, como plomo, cromo y mercurio, que alteran su calidad. La contaminación puede producirse, por ejemplo, por el vertido de efluentes industriales o de desagües cloacales.

Problemas globales

La huella ecológica

¿Qué es la huella ecológica? Es el área equivalente de suelo o de ecosistemas acuáticos que se necesita para producir los recursos que una población determinada utiliza, y para asimilar los residuos que esa población genera.

La elevada densidad demográfica, el gran consumo de energía y recursos, y una producción desbordante de residuos y contaminantes provocan que las ciudades generen impactos ambientales en áreas cuya extensión supera ampliamente los límites geográficos de la ciudad.

La superficie de la huella ecológica se estima sobre la base de la cantidad de habitantes de la ciudad y la superficie para cubrir el consumo por habitante. La huella ecológica de la Región Metropolitana de Buenos Aires es de entre 71 a 94 veces su superficie y la de Barcelona es de 470 veces su superficie.

Los países industrializados son los principales responsables de la emisión de gases de efecto invernadero.

El cambio climático

Los ámbitos urbanos y las industrias de los países desarrollados son los principales emisores de gases como el dióxido de carbono, el metano, el óxido nitroso y los compuestos clorofluorocarbonados. La concentración de estos gases se ha incrementado principalmente por la utilización de combustibles fósiles (petróleo y derivados), la deforestación y la actividad agrícola. Una de las consecuencias más importantes de este fenómeno es el **calentamiento global de la superficie y de la atmósfera de la Tierra**, que afecta negativamente a los ecosistemas naturales y a la agricultura.

El aumento del efecto invernadero por la actividad humana

Hemos visto que el **efecto invernadero** es un fenómeno natural que se produce en la atmósfera y que permite mantener la temperatura sobre el planeta dentro de ciertos límites que hacen posible las distintas formas de vida. El problema es que este fenómeno natural se ve acentuado de forma alarmante como producto de la emisión de dióxido de carbono y de otros gases de efecto invernadero, a causa de las actividades humanas. Estos gases retienen el calor cerca de la Tierra impidiendo su normal trayectoria.

Entre las consecuencias más serias del efecto invernadero figuran: un aumento de la temperatura media global de 3 °C para el año 2030, un aumento de los niveles del mar (estimado en 3 centímetros por década). A pesar de estos signos de alerta, los países industrializados no han logrado reducir o estabilizar las emisiones.

Las ciudades se han constituido en verdaderas "islas de calor".

La lluvia ácida

Los gases emitidos al quemar combustibles fósiles se combinan con el vapor de agua y producen ácido sulfúrico diluido que cae a la Tierra como **lluvia ácida**. La lluvia ácida causa alteraciones en la calidad del agua, reduce la fertilidad de los suelos, perjudica las construcciones y, en general, a todos los seres vivos.

Todos estos procesos tienen efectos negativos sobre la biodiversidad planetaria. La pérdida de la biodiversidad describe uno de los procesos de empobrecimiento planetario más significativos de la crisis ecológica global.

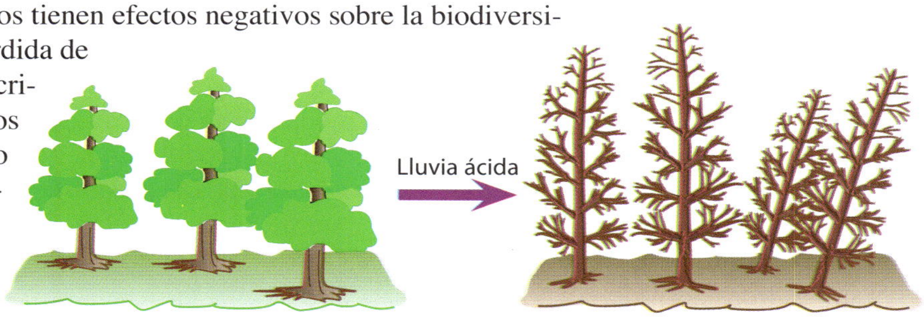

Hacia una ciudad sustentable

La noción de **desarrollo sustentable** ha ganado mucha popularidad en los últimos años. Las **ciudades sustentables** son aquellas en las que los intereses socioeconómicos se complementan armoniosamente con los aspectos ambientales y energéticos. Por el contrario, una **ciudad no sustentable** es aquella en la que se privilegian los intereses económicos sobre los factores ambientales y energéticos. Esto produce la degradación ambiental, sistemas de energía ineficientes, pérdida de empleo, emigración de industrias y servicios, etcétera.

Molinos de energía eólica en Punta Alta, provincia de Buenos Aires.

Flujos de información, materia y energía

En un planeta con más de 6.600 millones de habitantes, volver al campo no siempre es una solución a los problemas urbanos. Es necesario convertir los núcleos urbanos en sociedades que tiendan al autoequilibrio y a la autopreservación. Esto se logra principalmente: *consumiendo sólo lo necesario, reciclando todo lo posible y evitando evacuar desechos contaminantes.*

Para lograr estos objetivos es necesario evaluar los flujos de materia, energía e información en el ecosistema urbano, y cambiar los principios de una sociedad lineal a una de **flujos cíclicos**. Veamos algunas de las soluciones posibles:

1. **Flujo de información**: toda la población debe tener acceso a la información y a las decisiones que afecten las necesidades de la sociedad.
2. **Flujo de materia**: consumir sólo lo necesario y reciclar parte de lo que consumimos transformándolo en nueva materia utilizable.
3. **Flujo de energía**: disminuir el consumo de energía proveniente de los combustibles fósiles y fomentar el uso de energías limpias y renovables.

Planificación de la trama urbana

Una ciudad sustentable es aquella que facilita el desarrollo de un gran abanico de actividades, para las cuales los ciudadanos (obreros, estudiantes, empresarios, profesionales, etc.) no requieren trasladarse largas distancias, por lo cual, la energía invertida en movilidad es mucho menor. Este nuevo enfoque se basa en tratar de **reducir las distancias de los desplazamientos** y no en acortar los tiempos de los viajes. Así, disminuye la cantidad de kilómetros recorridos por habitante por día para ir al trabajo, a la escuela, a la casa, a un comercio, etc. Una situación ideal sería aquella en la que los ciudadanos pudieran llegar a pie a realizar todas sus actividades diarias. Un ideal con nombre de cuento: "La ciudad de las cortas distancias".

Es importante poner en marcha medidas que tiendan a disminuir el uso individual del automóvil en la ciudad y favorezcan los medios de transporte más ecológicos, como el tren, el subte y la bicicleta.

enciclopedia

La idea de **desarrollo sustentable** es mucho más amplia que la de **protección ambiental**. Se refiere al uso y al manejo balanceado del ambiente durante el proceso de desarrollo económico. El desarrollo sustentable tiene límites, por un lado, los propios de la tecnología de que dispone el hombre y, por el otro, la capacidad de la biosfera para absorber los efectos de las actividades humanas.

Diseño arquitectónico

El objetivo será lograr **casas más eficientes** desde el punto de vista **energético** y del **consumo de recursos**. La energía solar, hasta ahora escasamente utilizada, tendrá mucho que decir en un futuro amenazado por los cambios climáticos. Su empleo para proporcionar calefacción, agua caliente, etc., unido a la mejora de los sistemas de aislamiento y al diseño arquitectónico que favorezca la iluminación a partir de luz natural, supondrá una reducción sustancial en el consumo. El desarrollo de técnicas de construcción "verdes" permitirá la selección de aquellos materiales reutilizables y reciclables.

La utilización de paneles solares representa una forma ecológica y no contaminante del uso de energía.

Preservación de las áreas verdes

Detener la deforestación e iniciar programas de forestación y recuperación de espacios verdes contribuye no sólo a la regulación de gases en la atmósfera, sino también a reducir la erosión del suelo, a la vez que ofrece beneficios económicos y estéticos y protege la biodiversidad. La **preservación de áreas verdes** debe estar incorporada a la planificación de la ciudad. Más allá de la situación actual en la que se encuentra cada ciudad, su expansión da oportunidad de desarrollar espacios verdes.

La creación o rehabilitación de espacios verdes y el fomento de la agricultura periurbana, la recuperación de pequeñas áreas que pueden actuar como corredores biológicos (los lados de las autopistas o de las vías del tren, por ejemplo) son actividades que, además de favorecer la calidad de vida del ciudadano, ayudan a restaurar la diversidad biológica.

La Reserva Municipal Costanera Sur es un pulmón verde de la Ciudad de Buenos Aires. En este espacio convive una gran diversidad de especies vegetales y animales, al mismo tiempo que cumple importantes funciones recreativas para la población.

Disminución de los gases que generan el efecto invernadero

Los países industrializados no han logrado reducir o estabilizar las emisiones que generan el efecto invernadero, a pesar de haberse advertido que los daños causados por el cambio climático podrían ser irreversibles. Es necesario invertir esta tendencia y apostar por las llamadas "**energías limpias**", como la energía solar y la eólica que no producen contaminación en el ambiente.

Control de sustancias contaminantes

La **reducción** de las emisiones **de sustancias contaminantes** producidas por las industrias y los automóviles mejorará la calidad del aire en los centros urbanos y disminuirá la lluvia ácida.

El cuidado del agua

Las principales medidas para el cuidado de este recurso consisten en impedir su contaminación y degradación, controlando las emisiones de los efluentes industriales y urbanos para que no superen los niveles permitidos legalmente.

Proteger y garantizar las fuentes naturales de agua, como los ríos y los lagos. Es importante concienciar a los ciudadanos acerca del valor que este recurso tiene para nuestra vida a través de campañas educativas.

Los residuos

El manejo de los residuos urbanos es una estrategia fundamental para la protección del ambiente. En los últimos años, la **norma de las tres "ERRES"** (Reducción, Reutilización y Reciclaje) puede considerarse como una alternativa importante y más ecológica a los otros sistemas de eliminación:

Reducción: disminuir la generación de residuos y de envases del tipo "se usa y se tira" ayudará a detener el aumento actual de los residuos sólidos urbanos.

La generación de residuos y la producción de envases o embalajes reutilizables son parte de la solución que va directamente a detener el aumento actual de los residuos sólidos urbanos.

Reutilización: reparar cualquier objeto cuya vida útil pueda alargarse significa valorar el trabajo, la energía y los materiales empleados en producirlo.

Reciclaje: permite recuperar las materias primas utilizadas en la fabricación de un producto para volverlas a utilizar.

En la confección de estos carteles se han utilizado materiales reciclados, como envases del tipo tetra break y bolsas plásticas.

Reciclable.

TALLER

Actividad 1

Objetivo

Detectar la existencia de contaminación del aire en distintas zonas de la ciudad.

Materiales

Papel secante, lápiz o birome, regla, tijeras, glicerina líquida, pincel, lupa, tres recipientes.

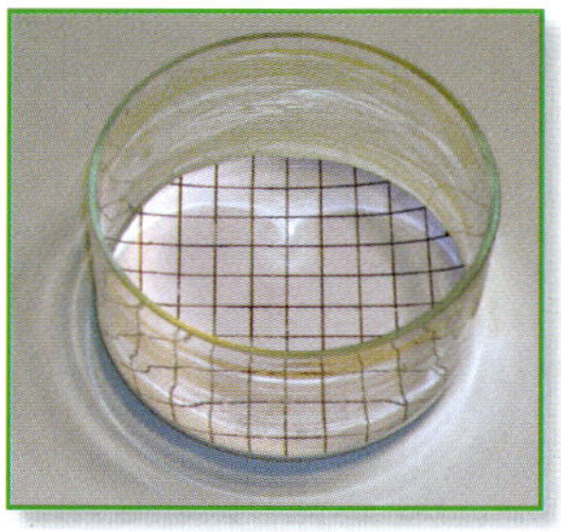

Procedimiento

1. Dibujen cuadrados de 1 cm de lado sobre el papel secante.
2. Recorten el papel secante del tamaño y forma del fondo de los recipientes e introdúzcanlos dentro de ellos.
3. Cubran los papeles con la glicerina.
4. Coloquen los recipientes al aire libre en tres zonas diferentes de la ciudad y déjenlos por 3 o 4 días.
5. Con la ayuda de la lupa, cuenten el número de partículas presentes en cada cuadro.

Conclusiones

Basándose en los resultados comparen el nivel de contaminación en cada zona. ¿Dónde fue mayor? ¿A qué pueden atribuir este resultado?

Actividad 2

Objetivo

Reconocer cómo afecta la lluvia ácida a las plantas.

Materiales

Un frasco con tapa, un litro de vinagre, 1 vaporizador, lápiz, 3 plantas iguales.

Procedimiento

1. Preparen en el frasco una mezcla de una parte de vinagre con tres partes de agua. Manténganlo tapado.
2. Enumeren las plantas y colóquenlas en un lugar con las mismas condiciones de luz y aire.
3. Rieguen una planta con agua sola, otra con agua y vinagre, y en la tercera, además de regarla con la mezcla agua-vinagre, usen la mezcla para vaporizar las hojas y tallos.
4. Observen cómo reaccionan las plantas y registren los datos en la siguiente planilla:

MEDIOS DE RIEGO	OBSERVACIONES
Agua en tierra	
Agua + vinagre en tierra	
Agua + vinagre en tierra, tallo y hojas	

Conclusiones

Sobre la base de las observaciones realizadas, ¿cuáles son los efectos de la lluvia ácida sobre las plantas? ¿Cuál de las plantas se vio más afectada y por qué?

¿Por qué fue necesario que las tres plantas tuviesen las mismas condiciones de luz y aire?

¿Por qué fue necesario regar una de las plantas sólo con agua, si lo que se pretendía era ver el efecto de la solución ácida?

TALLER

Actividad 3

Indiquen con cruces cuáles de las siguientes propiedades y características responden a un modelo de ciudad sustentable y cuáles a uno de ciudad no sustentable.

Característica de la ciudad	Sustentable	No sustentable
Recicla los residuos		
Reduce las necesidades de desplazamiento		
Favorece la fragmentación del hábitat		
No planifica el diseño de la ciudad		
Tiene controles ineficientes de emisiones de contaminantes		
Utiliza los recursos para cubrir la demanda de hoy sin pensar en el mañana		
Promueve el uso del automóvil		
Limita el uso del automóvil		
Favorece la utilización de energías renovables		

autoevaluación

Elijan la respuesta correcta

1. **Las sociedades de flujos lineales son aquellas que:**
   a) consumen pocos recursos y no necesitan reciclarlos. ☐
   b) consumen y producen gran cantidad de recursos pero con muy poco gasto energético. ☐
   c) no aprovechan adecuadamente los recursos y los residuos no se reciclan por lo que no reingresan al ciclo. ☐

2. **El modelo de sociedad de flujos cíclicos:**
   a) predomina actualmente en la mayoría de las ciudades del mundo. ☐
   b) valora los recursos y recicla los residuos, reingresándolos al ciclo. ☐
   c) utiliza únicamente energía renovable y no necesita reciclar los residuos. ☐

3. **Los problemas vinculados al transporte urbano y al cambio climático:**
   a) son independientes y no se relacionan entre sí. ☐
   b) tienen efectos que pueden potenciarse al emitir gases que colaboran con el cambio climático. ☐
   c) son problemas locales. ☐

4. **En áreas urbanas la mayor fuente de contaminación atmosférica es:**
   a) el tráfico. ☐
   b) la incineración de residuos sólidos urbanos. ☐
   c) las emisiones industriales. ☐

5. **La huella ecológica:**
   a) abarca una superficie siempre menor a la superficie de la ciudad. ☐
   b) en general representa un área mayor a la superficie de la ciudad. ☐
   c) es equivalente a la superficie de la ciudad. ☐

6. **Se conoce como regla de las tres ERRES a:**
   a) reconocer la importancia de los espacios verdes, reutilizar sitios abandonados para la creación de parques y reciclar los desechos. ☐
   b) reducir la generación de residuos, reutilizar los materiales y reciclar la materia. ☐
   c) reducir los gases de invernadero, reutilizar los materiales y reciclar la materia. ☐

7. **La consecuencia principal de la fragmentación del hábitat es:**
   a) pérdida de la biodiversidad. ☐
   b) aumento local de la biodiversidad. ☐
   c) aumento de la temperatura. ☐

8. **La contaminación del agua se produce principalmente por:**
   a) la adición de sustancias químicas como el plomo, el mercurio, etcétera. ☐
   b) el uso indiscriminado. ☐
   c) la radiación solar. ☐

9. **En una ciudad sustentable:**
   a) se privilegian los intereses económicos por sobre los factores ambientales. ☐
   b) se busca el equilibrio entre los intereses económicos y los aspectos ambientales y energéticos. ☐
   c) se intenta reciclar lo menos posible. ☐

10. **Una ciudad no sustentable se caracteriza por:**
    a) la tendencia a reducir los residuos, reutilizarlos y reciclarlos. ☐
    b) el control de la emisión de sustancias contaminantes. ☐
    c) el progresivo deterioro del ambiente. ☐

Respuestas de la autoevaluación

1

1. c)
2. b)
3. c)
4. c)
5. a)
6. a)
7. a)
8. c)
9. c)
10. a)

2

1. c)
2. c)
3. b)
4. a)
5. c)
6. b)
7. a)
8. a)
9. c)
10. a)

3

1. c)
2. a)
3. a)
4. a)
5. b)
6. a)
7. c)
8. b)
9. c)
10. a)

4

1. b)
2. a)
3. a)
4. c)
5. b)
6. b)
7. a)
8. b)
9. a)
10. a)

5

1. b)
2. c)
3. a)
4. c)
5. b)
6. b)
7. a)
8. b)
9. a)
10. c)

6

1. a)
2. b)
3. c)
4. c)
5. c)
6. a)
7. a)
8. c)
9. c)
10. c)

7

1. c)
2. a)
3. b)
4. c)
5. b)
6. b)
7. c)
8. c)
9. c)
10. b)

8

1. b)
2. b)
3. b)
4. c)
5. c)
6. c)
7. a)
8. c)
9. b)
10. b)

9

1. b)
2. b)
3. c)
4. b)
5. a)
6. a)
7. b)
8. a)
9. c)
10. b)

10

1. a)
2. b)
3. b)
4. c)
5. a)
6. a)
7. a)
8. c)
9. c)
10. b)

11

1. b)
2. a)
3. b)
4. c)
5. c)
6. a)
7. a)
8. c)
9. a)
10. a)

12

1. b)
2. c)
3. a)
4. a)
5. c)
6. c)
7. a)
8. a)
9. a)
10. b)

13

1. b)
2. c)
3. a)
4. b)
5. a)
6. c)
7. b)
8. a)
9. c)
10. c)

14

1. a)
2. c)
3. a)
4. b)
5. c)
6. a)
7. a)
8. b)
9. c)
10. a)

15

1. b)
2. a)
3. c)
4. a)
5. b)
6. a)
7. a)
8. a)
9. c)
10. c)

16

1. b)
2. b)
3. a)
4. c)
5. c)
6. c)
7. b)
8. a)
9. b)
10. b)

17

1. c)
2. b)
3. b)
4. a)
5. b)
6. b)
7. a)
8. a)
9. b)
10. c)

Índice analítico

Esta obra se terminó de imprimir en Gráfica Mendez S.R.L.
Miller 3260 Piso 2 Unidad L, Ciudad Autónoma de Buenos Aires,
en el mes de junio de 2013.
Impreso en Argentina. Printed in Argentina.